21 世纪高等院校教材

线性代数

太原理工大学数学系　编

科学出版社
北　京

内 容 简 介

本书以教育部高等教育面向二十一世纪教学内容和课程体系改革计划为编写依据，结合近年来国内外《线性代数》教材改革、发展的形势及取得的教学成果编写而成.全书共分为6章，主要内容为行列式、n维向量、矩阵、线性方程组、相似矩阵与二次型、线性空间与线性变换.

本书可作为大学本科非数学类各专业基础课程线性代数的教材，也可作为非数学类各专业教师、学生及相关工程技术人员线性代数知识方面的参考书.

图书在版编目(CIP)数据

线性代数/太原理工大学数学系 编. —北京：科学出版社，2007
21世纪高等院校教材

ISBN 978-7-03-020725-8

Ⅰ.线… Ⅱ.太… Ⅲ.线性代数-高等学校-教材 Ⅳ.O151.2

中国版本图书馆CIP数据核字(2007)第188304号

责任编辑：王 静 / 责任校对：陈玉凤
责任印制：徐晓晨 / 封面设计：陈 敬

科学出版社出版
北京东黄城根北街16号
邮政编码：100717
http://www.sciencep.com
北京建宏印刷有限公司印刷
科学出版社发行 各地新华书店经销
*
2007年12月第 一 版 开本：B5(720×1000)
2017年 2 月第十二次印刷 印张：10
字数：187 000
定价：18.00元
(如有印装质量问题，我社负责调换)

前　言

众所周知，线性问题广泛存在于科学技术的各个领域，而实际上许多非线性问题，在一定条件下，也可以转化为线性问题. 因此，线性代数的理论和方法已成为从事科学研究与技术工作者必不可少的数学知识. 特别是随着计算机技术的高速发展与广泛应用，使许多科学技术问题可以通过离散化的数值计算得到定量分析. 从而使得以处理离散变量为主的线性代数课程在大学教育中占有越来越重要的地位.

本书是在太原理工大学数学系编写出版的《线性代数》教材的基础上，经过多年使用后，由太原理工大学数学系的三位教授修改而成的. 其中第 1、2 章由杨晋编写，第 3、4 章由刘进生编写，第 5、6 章由张建文编写. 书中融入了近十年来线性代数教学改革的新成果与教学实践的经验与体会，吸收了许多教师及学生的有益建议.

鉴于线性代数具有较强的抽象性与逻辑性，为帮助读者理解、掌握其中的概念、定理及相互间的关系，从教与学的实际出发，书中对各部分内容作了详尽的说明，并配置了适量的例题与习题，书末给出了部分习题的参考答案.

由于作者水平有限，书中不妥与谬误之处再所难免，恳请读者批评指正.

编　者

2007 年 11 月

目　录

第1章 行 列 式

本章通过求解线性方程组的消元法引出二阶行列式与三阶行列式的定义.在此基础上重点介绍 n 阶行列式的定义、性质及其计算方法,并给出行列式的一个重要应用,即用 n 阶行列式求解 n 元线性方程组的克拉默(Cramer)法则.行列式也是以后各章中常用的基本工具之一.

1.1 行列式的定义

这一节首先通过求解线性方程组的消元法引出二阶行列式与三阶行列式的定义,并在此基础上进行讨论分析,然后给出 n 阶行列式的定义.

1.1.1 二阶与三阶行列式

对二元一次线性方程组

$$\begin{cases} a_{11}x_1 + a_{12}x_2 = b_1, & ① \\ a_{21}x_1 + a_{22}x_2 = b_2. & ② \end{cases}$$

用加减消元法求解,即由 $a_{22}\times$①$-a_{12}\times$②消去 x_2 得

$$(a_{11}a_{22} - a_{12}a_{21})x_1 = b_1a_{22} - a_{12}b_2;$$

由 $a_{11}\times$②$-a_{21}\times$①消去 x_1 得

$$(a_{11}a_{22} - a_{12}a_{21})x_2 = a_{11}b_2 - b_1a_{21}.$$

当 $a_{11}a_{22}-a_{12}a_{21}\neq 0$ 时,方程组有唯一的解

$$x_1 = \frac{b_1a_{22} - a_{12}b_2}{a_{11}a_{22} - a_{12}a_{21}}, \quad x_2 = \frac{a_{11}b_2 - b_1a_{21}}{a_{11}a_{22} - a_{12}a_{21}}.$$

这个结果可以作为二元一次线性方程组的求解公式.为了容易记忆和便于推广,我们引入了二阶行列式的概念.

二阶行列式定义为

$$\begin{vmatrix} a_{11} & a_{12} \\ a_{21} & a_{22} \end{vmatrix} = a_{11}a_{22} - a_{12}a_{21},$$

左端记号中有二行二列的 4 个数 a_{ij} $(i=1,2;j=1,2)$ 称为行列式的元素,每个元素 a_{ij} 有两个下标 i 和 j.第一个下标 i 表示该元素所在的行,称为行指标;第二个下标 j 表示该元素所在的列,称为列指标.

上述二阶行列式定义的展开式可用对角线法则来记忆,把 a_{11} 到 a_{22} 连线称为

主对角线，a_{12} 到 a_{21} 连线称为副对角线，于是二阶行列式便是主对角线上的两元素之积与副对角线上的两元素之积的差. 如图 1.1 所示：

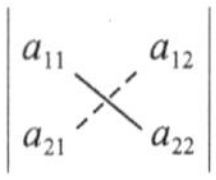

图 1.1

利用二阶行列式的概念，二元一次线性方程组的求解公式中 x_1，x_2 的分母可写成二阶行列式

$$a_{11}a_{22}-a_{12}a_{21}=\begin{vmatrix} a_{11} & a_{12} \\ a_{21} & a_{22} \end{vmatrix}.$$

分子也可分别写成二阶行列式

$$b_1a_{22}-a_{12}b_2=\begin{vmatrix} b_1 & a_{12} \\ b_2 & a_{22} \end{vmatrix},\quad a_{11}b_2-b_1a_{21}=\begin{vmatrix} a_{11} & b_1 \\ a_{21} & b_2 \end{vmatrix}.$$

若记

$$D=\begin{vmatrix} a_{11} & a_{12} \\ a_{21} & a_{22} \end{vmatrix},\quad D_1=\begin{vmatrix} b_1 & a_{12} \\ b_2 & a_{22} \end{vmatrix},\quad D_2=\begin{vmatrix} a_{11} & b_1 \\ a_{21} & b_2 \end{vmatrix}.$$

则有

$$x_1=\frac{D_1}{D}=\frac{\begin{vmatrix} b_1 & a_{12} \\ b_2 & a_{22} \end{vmatrix}}{\begin{vmatrix} a_{11} & a_{12} \\ a_{21} & a_{22} \end{vmatrix}},\quad x_2=\frac{D_2}{D}=\frac{\begin{vmatrix} a_{11} & b_1 \\ a_{21} & b_2 \end{vmatrix}}{\begin{vmatrix} a_{11} & a_{12} \\ a_{21} & a_{22} \end{vmatrix}}.$$

注意这里的分母 D 是由线性方程组的系数所确定的二阶行列式(称为系数行列式)，D_1 是用常数项 b_1，b_2 替换 D 中 x_1 的系数 a_{11}，a_{21} 所得的二阶行列式，D_2 是用常数项 b_1，b_2 替换 D 中 x_2 的系数 a_{12}，a_{22} 所得的二阶行列式.

例 1.1.1　求解二元一次线性方程组

$$\begin{cases} 3x_1-2x_2=4, \\ 2x_1+3x_2=7. \end{cases}$$

解　由于

$$D=\begin{vmatrix} 3 & -2 \\ 2 & 3 \end{vmatrix}=3\times3-(-2)\times2=9+4=13,$$

$$D_1=\begin{vmatrix} 4 & -2 \\ 7 & 3 \end{vmatrix}=4\times3-(-2)\times7=12+14=26,$$

$$D_2=\begin{vmatrix} 3 & 4 \\ 2 & 7 \end{vmatrix}=3\times7-4\times2=21-8=13,$$

所以解为

$$x_1 = \frac{D_1}{D} = \frac{26}{13} = 2, \quad x_2 = \frac{D_2}{D} = \frac{13}{13} = 1.$$

类似地,如果用消元法解三元一次线性方程组,可得出三阶行列式的概念.

三阶行列式定义为

$$\begin{vmatrix} a_{11} & a_{12} & a_{13} \\ a_{21} & a_{22} & a_{23} \\ a_{31} & a_{32} & a_{33} \end{vmatrix} = a_{11}a_{22}a_{33} + a_{12}a_{23}a_{31} + a_{13}a_{21}a_{32} - a_{11}a_{23}a_{32} - a_{12}a_{21}a_{33} - a_{13}a_{22}a_{31}.$$

左端记号中有三行三列 9 个数,定义的展开式可用类似对角线法则来记忆,如图 1.2 所示.即实线相连的 3 个数乘起来前面赋予正号,虚线相连的 3 个数乘起来前面赋予负号,其代数和就是三阶行列式的值.

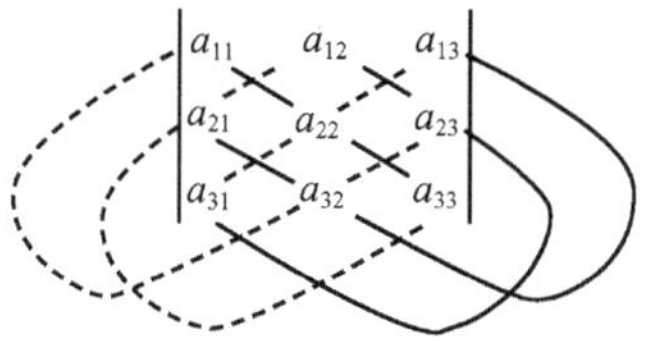

图 1.2

例如

$$\begin{vmatrix} -2 & -4 & 6 \\ 3 & 6 & 5 \\ 1 & 4 & -1 \end{vmatrix} = (-2)\times 6\times(-1) + (-4)\times 5\times 1 + 6\times 3\times 4$$

$$-(-2)\times 5\times 4 - (-4)\times 3\times(-1) - 6\times 6\times 1$$

$$= 12 - 20 + 72 + 40 - 12 - 36 = 56.$$

注 对角线法则只适用二阶与三阶行列式,为研究四阶及更高阶行列式,需要有关全排列的概念及性质.

1.1.2 全排列及其逆序数

定义 1.1.1 自然数 $1,2,\cdots,n$ 按照一定的次序排成一列,称为一个 n 级全排列,简称排列.

例如,321 是一个 3 级全排列,2413 是一个 4 级全排列.

若 n 级全排列的所有排列的个数用 P_n 表示,易知 $P_n = n!$,即 n 级全排列的总数为 $n!$.

为下面讨论方便,将任意一个 n 级全排列记为 $p_1 p_2 \cdots p_n$.

对自然数 $1,2,\cdots,n$,规定从小到大的次序为标准次序,这个排列我们称为标准排列(自然排列),即为 $12\cdots n$.

定义 1.1.2　在任一个 n 级全排列 $p_1p_2\cdots p_n$ 中，若其中两个数的先后次序与标准次序不同，则称这两个数构成一个逆序. 一个排列中所有逆序的总数，叫做这个排列的逆序数. 记为 $\tau(p_1p_2\cdots p_n)$.

下面一般地讨论排列逆序数的求法.

显然，标准排列的逆序数等于 0，即 $\tau(12\cdots n)=0$.

设 $p_1p_2\cdots p_n$ 是一个 n 级排列，对于数 $p_i(i=1,2,\cdots,n)$ 来说，排在它前面比它小的数，与 p_i 不构成逆序；排在它前面比它大的数，与 p_i 构成逆序. 于是，若记排列 $p_1p_2\cdots p_i\cdots p_n$ 中排在 p_i 前面且比 p_i 大的数有 t_i 个，则称 p_i 前面逆序有 t_i 个，那么按照定义 1.1.2 就有

$$\tau(p_1p_2\cdots p_n)=t_1+t_2+\cdots+t_n.$$

这就是这一排列 $p_1p_2\cdots p_n$ 的逆序数.

例 1.1.2　求排列 43152 的逆序数.

解　排列 43152 有 5 个元素，其中

4 排在首位，其前面逆序有 0 个，即 $t_1=0$；

3 前面比 3 大的数有 4，故前面逆序有 1 个，即 $t_2=1$；

1 前面比 1 大的数有 4、3，故前面逆序有 2 个，即 $t_3=2$；

5 是最大数，它的前面逆序有 0 个，即 $t_4=0$；

2 前面比 2 大的数有 4、3、5，故前面逆序有 3 个，即 $t_5=3$.

因此排列 43152 的逆序数为

$$\tau(43152)=0+1+2+0+3=6.$$

例 1.1.3　求排列 $13\cdots(2n-1)(2n)(2n-2)\cdots2$ 的逆序数.

解　该排列有 $2n$ 个数，其中前 $n+1$ 个数 $1,3,\cdots,(2n-1),2n$ 从小到大排列，故前面逆序均为 0，而数 $2n-2$ 前面比其大的有 2 个，数 $2n-4$ 前面比其大的有 4 个，……，数 2 前面比其大的有 $2n-2$ 个，故所求排列的逆序数为

$$\tau(13\cdots(2n-1)(2n)(2n-2)\cdots2)=0+2+4+\cdots+(2n-2)=n(n-1).$$

定义 1.1.3　逆序数为偶数的排列称为偶排列；逆序数为奇数的排列称为奇排列.

例如排列 43152 是偶排列，排列 321 是奇排列，标准排列 $12\cdots n$ 是偶排列.

下面对排列中元素之间的位置关系作分析，引入对换概念.

定义 1.1.4　在一个排列中，把任意两个数的位置对调，而其他数的位置不变，就得到一个新的排列，对于排列所施行的这样一个变换叫做一个对换. 将相邻的两个数对换，叫做相邻对换.

例如，排列 3124，经过数 3 和 4 的对换，变成新排列 4123. 易知 3124 为偶排列，而 4123 为奇排列。一般地，我们有

定理 1.1.1　对换改变排列的奇偶性.

这就是说,经过一次对换,奇排列变成偶排列,偶排列变成奇排列.

根据定理 1.1.1 知,经过奇数次对换后,排列改变其奇偶性;经过偶数次对换后,排列不改变其奇偶性.因标准排列是偶排列,于是有

推论 奇排列调成标准排列的对换次数是奇数,偶排列调成标准排列的对换次数是偶数.

将所有 n 级全排列按照每个排列的奇偶性分类,可以得到

定理 1.1.2 所有 n 级全排列中($n\geqslant 2$),奇排列和偶排列的个数相等,各为$\frac{n!}{2}$个.

1.1.3 n 阶行列式的定义

为了给出 n 阶行列式的定义,我们先研究三阶行列式的结构,由三阶行列式的展开式

$$\begin{vmatrix} a_{11} & a_{12} & a_{13} \\ a_{21} & a_{22} & a_{23} \\ a_{31} & a_{32} & a_{33} \end{vmatrix} = a_{11}a_{22}a_{33}+a_{12}a_{23}a_{31}+a_{13}a_{21}a_{32}-a_{11}a_{23}a_{32}-a_{12}a_{21}a_{33}-a_{13}a_{22}a_{31}. \tag{1.1.1}$$

我们容易得到(1.1.1)式右端是 6 项的代数和,其中每一项都是位于不同行、不同列的三个元素的乘积.因此每一项都可以写成 $a_{1p_1}a_{2p_2}a_{3p_3}$,其中行指标的排列为标准排列 123,列指标的排列 $p_1p_2p_3$ 为数 1,2,3 的某个排列,这样的排列共有 $3!=6$ 个,正好对应三阶行列式中的各项.

再来考察每一项的符号,(1.1.1)式右端中前面三项取正号,它们的列指标排列依次是 123,231,312,这些都是偶排列;后面三项取负号,它们的列指标排列依次是 132,213,321,这些都是奇排列.因此各项所取的符号可写成$(-1)^t$,其中 t 是列标排列 $p_1p_2p_3$ 的逆序数,或写成$(-1)^{\tau(p_1p_2p_3)}$.

综合以上分析我们知道三阶行列式等于所有取自不同行、不同列的三个元素乘积的代数和.

于是三阶行列式(1.1.1)可以写成

$$\begin{vmatrix} a_{11} & a_{12} & a_{13} \\ a_{21} & a_{22} & a_{23} \\ a_{31} & a_{32} & a_{33} \end{vmatrix} = \sum (-1)^{\tau(p_1p_2p_3)} a_{1p_1}a_{2p_2}a_{3p_3},$$

其中和号$\sum$表示对 1,2,3 这三个数的所有排列 $p_1p_2p_3$ 进行求和.

根据三阶行列式这一定义形式,可以把行列式概念推广到 n 阶的情形.

定义 1.1.5 设有 n^2 个数 $a_{ij}(i=1,2,\cdots,n;j=1,2,\cdots,n)$,$n$ 阶行列式定义为

$$\begin{vmatrix} a_{11} & a_{12} & \cdots & a_{1n} \\ a_{21} & a_{22} & \cdots & a_{2n} \\ \vdots & \vdots & & \vdots \\ a_{n1} & a_{n2} & \cdots & a_{nn} \end{vmatrix} = \sum (-1)^{\tau(p_1 p_2 \cdots p_n)} a_{1p_1} a_{2p_2} \cdots a_{np_n}, \tag{1.1.2}$$

其中 $p_1p_2\cdots p_n$ 为自然数 $1,2,\cdots,n$ 的一个排列，$\sum$ 表示对 $1,2,\cdots,n$ 这 n 个数的所有排列 $p_1p_2\cdots p_n$ 进行求和.

一般行列式记为 D，或记为 $D=|a_{ij}|$，其中数 $a_{ij}(i,j=1,2,\cdots,n)$ 称为行列式 D 的位于第 i 行第 j 列的元素.

用此定义所得到的二阶和三阶行列式，显然与前面给出的定义是一致的.

当 $n=1$ 时，一阶行列式 $|a|=a$. 注意与数 a 的绝对值区别开.

下面看几个特殊行列式的例子.

例 1.1.4　证明

(1) $$\begin{vmatrix} a_{11} & & & \\ & a_{22} & & \\ & & \ddots & \\ & & & a_{nn} \end{vmatrix} = a_{11}a_{22}\cdots a_{nn};$$

(2) $$\begin{vmatrix} & & & a_{1n} \\ & & a_{2,n-1} & \\ & \iddots & & \\ a_{n1} & & & \end{vmatrix} = (-1)^{\frac{n(n-1)}{2}} a_{1n}a_{2,n-1}\cdots a_{n1},$$

其中未写出的元素都是 0.

证明　(1) 显然，由定义可知此行列式除了 $(-1)^{\tau(12\cdots n)}a_{11}a_{22}\cdots a_{nn}$ 这一项外，其他项都含有 0 元素，故其他项的值均为 0，由于 $\tau(12\cdots n)=0$，从而得

$$\begin{vmatrix} a_{11} & & & \\ & a_{22} & & \\ & & \ddots & \\ & & & a_{nn} \end{vmatrix} = a_{11}a_{22}\cdots a_{nn},$$

即该行列式的值等于主对角线上所有元素的乘积.

(2) 类似于(1)，该行列式中除了 $(-1)^t a_{1n}a_{2,n-1}\cdots a_{n1}$ 一项外，其他项都为 0. 而此项的列指标排列为 $n(n-1)\cdots 21$，它的逆序数

$$t=\tau(n(n-1)\cdots 21)=0+1+2+\cdots+(n-1)=\frac{n(n-1)}{2}.$$

所以

$$\begin{vmatrix} & & & a_{1n} \\ & & a_{2,n-1} & \\ & \iddots & & \\ a_{n1} & & & \end{vmatrix} = (-1)^{\frac{n(n-1)}{2}} a_{1n}a_{2,n-1}\cdots a_{n1}.$$

应该注意的是乘积 $a_{1n}a_{2,n-1}\cdots a_{n1}$ 所带的符号与行列式的阶数有关.

例 1.1.4 中的行列式,除了对角线上的元素以外,其他的元素全为 0,这种行列式我们称为对角行列式.它的计算比较方便.

例 1.1.5 证明行列式

$$D = \begin{vmatrix} a_{11} & a_{12} & \cdots & a_{1n} \\ 0 & a_{22} & \cdots & a_{2n} \\ \vdots & \vdots & & \vdots \\ 0 & 0 & \cdots & a_{nn} \end{vmatrix} = a_{11}a_{22}\cdots a_{nn}.$$

证明 对行列式 D 中的任意一项 $(-1)^t a_{1p_1}a_{2p_2}\cdots a_{np_n}$,当 n 个元素 a_{1p_1},a_{2p_2},…,a_{np_n} 中有一个等于 0 时,则该项为 0,故只需计算那些可能不为 0 的项即可.

在 D 的第 n 行中除了 a_{nn} 外,其他元素均为 0,因此只能取 $p_n=n$;在第 $n-1$ 行中除了 a_{n-1n-1} 和 a_{n-1n} 两个元素外,其他元素均为 0,因此 p_{n-1} 可以取 $n-1$ 和 n,而前面已取 $p_n=n$,所以只能取 $p_{n-1}=n-1$,……,依次类推,只能取 $p_2=2$,$p_1=1$,这样 D 中可能不为零的项就只有一项 $(-1)^t a_{11}a_{22}\cdots a_{nn}$,这里 $t=\tau(12\cdots n)=0$,故得

$$D = a_{11}a_{22}\cdots a_{nn}.$$

在例 1.1.5 中的行列式,它的主对角线以下的元素都为零,这种行列式称为上三角形行列式.类似地,主对角线以上的元素都为零的行列式称为下三角形行列式.用与上三角形行列式相仿的证明,对下三角形行列式我们也有相同的结果为

$$D = \begin{vmatrix} a_{11} & 0 & \cdots & 0 \\ a_{21} & a_{22} & \cdots & 0 \\ \vdots & \vdots & & \vdots \\ a_{n1} & a_{n2} & \cdots & a_{nn} \end{vmatrix} = a_{11}a_{22}\cdots a_{nn}.$$

上三角形行列式与下三角形行列式统称为三角形行列式.在计算行列式时,常常先把行列式化为三角形行列式,然后再用上述结果计算之.

例 1.1.6 求下列行列式的值

$$D = \begin{vmatrix} a & 0 & 0 & b \\ 0 & c & d & 0 \\ 0 & 0 & e & 0 \\ f & 0 & 0 & g \end{vmatrix}.$$

解 在4阶行列式 D 的所有项中，除 $aceg$、$bcef$ 这两项外，其余项都为0. 而 $aceg$ 的列指标排列为1234是偶排列；$bcef$ 的列指标排列为4231，逆序数 $\tau(4231)=5$，它是奇排列，所以得到

$$D=\begin{vmatrix} a & 0 & 0 & b \\ 0 & c & d & 0 \\ 0 & 0 & e & 0 \\ f & 0 & 0 & g \end{vmatrix}=aceg-bcef.$$

为了使用起来方便，下面给出 n 阶行列式定义的另一种表示形式.

设

$$D=\sum(-1)^t a_{1p_1}a_{2p_2}\cdots a_{np_n},$$

对 D 中的任一项 $(-1)^t a_{1p_1}\cdots a_{ip_i}\cdots a_{jp_j}\cdots a_{np_n}$，行指标排列 $1\cdots i\cdots j\cdots n$ 为标准排列，列指标排列 $p_1\cdots p_i\cdots p_j\cdots p_n$ 为某一个排列，$t=\tau(p_1\cdots p_i\cdots p_j\cdots p_n)$. 现在交换乘积中的两个元素 a_{ip_i} 与 a_{jp_j} 的位置，则这一项的值不会变，可写成

$$(-1)^t a_{1p_1}\cdots a_{jp_j}\cdots a_{ip_i}\cdots a_{np_n}.$$

这时该项的行指标排列为 $1\cdots j\cdots i\cdots n$，列指标排列为 $p_1\cdots p_j\cdots p_i\cdots p_n$. 它们都是由原来的排列经过一次相应对换而得到的，所以排列的奇偶性同时改变，但它们的逆序数之和不会改变奇偶性，即有

$$(-1)^t=(-1)^{\tau(1\cdots j\cdots i\cdots n)+\tau(p_1\cdots p_j\cdots p_i\cdots p_n)}.$$

于是

$$(-1)^t a_{1p_1}\cdots a_{ip_i}\cdots a_{jp_j}\cdots a_{np_n}=(-1)^{\tau(1\cdots j\cdots i\cdots n)+\tau(p_1\cdots p_j\cdots p_i\cdots p_n)}a_{1p_1}\cdots a_{jp_j}\cdots a_{ip_i}\cdots a_{np_n}. \tag{1.1.3}$$

将乘积中的两个元素交换一次有这样的结论，那么交换多次(1.1.3)式也是成立的. 于是经过若干次交换后，我们总可使得列指标排列由 $p_1p_2\cdots p_n$ 变为 $12\cdots n$，而行指标排列则由 $12\cdots n$ 变为某一排列 $q_1q_2\cdots q_n$. 设 $s=\tau(q_1q_2\cdots q_n)$，那么就有

$$(-1)^t a_{1p_1}a_{2p_2}\cdots a_{np_n}=(-1)^s a_{q_11}a_{q_22}\cdots a_{q_nn}.$$

这里

$$(-1)^t=(-1)^{\tau(p_1p_2\cdots p_n)}=(-1)^{\tau(q_1q_2\cdots q_n)+\tau(12\cdots n)}=(-1)^s.$$

显然，这里的排列 $q_1q_2\cdots q_n$ 是由排列 $p_1p_2\cdots p_n$ 唯一确定，且不同的排列 $p_1p_2\cdots p_n$ 对应不同的排列 $q_1q_2\cdots q_n$. 根据这样的对应，由 $n!$ 个项 $(-1)^t a_{1p_1}a_{2p_2}\cdots a_{np_n}$ 就对应得到 $n!$ 个项 $(-1)^s a_{q_11}a_{q_22}\cdots a_{q_nn}$，即为 $q_1q_2\cdots q_n$ 所有可能排列对应的项，于是有

$$D=\sum(-1)^t a_{1p_1}a_{2p_2}\cdots a_{np_n}=\sum(-1)^s a_{q_11}a_{q_22}\cdots a_{q_nn}.$$

因此我们得到行列式的一个等价的定义

定义 1.1.6 n 阶行列式 $D=|a_{ij}|$ 可定义为

$$D=\sum(-1)^s a_{q_1 1}a_{q_2 2}\cdots a_{q_n n},$$

其中 $s=\tau(q_1q_2\cdots q_n)$，$\sum$ 表示对 $1,2,\cdots,n$ 这 n 个数的所有排列 $q_1q_2\cdots q_n$ 进行求和.

习 题 1.1

1. 用二阶行列式求解二元线性方程组

$$\begin{cases}5x_1+4x_2=22,\\2x_1-3x_2=-5.\end{cases}$$

2. 设三阶行列式为

$$f(x)=\begin{vmatrix}1&2&1\\1&4&x\\1&8&x^2\end{vmatrix},$$

计算 $f(x)$，并求方程 $f(x)=0$ 的全部根.

3. 求下列全排列的逆序数，并说明其奇偶性.

(1) 4312；

(2) 365412；

(3) $(n-1)(n-2)\cdots 21n$.

4. 已知 n 阶全排列 $p_1p_2\cdots p_n$ 的逆序数为 k，求 n 阶全排列 $p_np_{n-1}\cdots p_1$ 的逆序数，如果 k 是偶数，试讨论全排列 $p_np_{n-1}\cdots p_1$ 的奇偶性.

5. 写出由排列 315462 到排列 123456 所作的对换.

6. 写出 4 阶行列式中含有因子 $a_{11}a_{32}$ 的项.

1.2 行列式的性质

行列式的计算是一个重要的问题，但根据行列式的定义，计算一个 n 阶行列式要求出 $n!$ 个项的代数和，而每一项要计算 n 个元素的乘积，显然当 n 比较大时，这样的计算量是很大的，因此我们有必要讨论行列式的其他计算方法.

在这一节，我们给出行列式的运算性质，并利用这些性质可以得到行列式一些简化的计算方法.

1.2.1 行列式的性质

设行列式

$$D=\begin{vmatrix}a_{11}&a_{12}&\cdots&a_{1n}\\a_{21}&a_{22}&\cdots&a_{2n}\\\vdots&\vdots&&\vdots\\a_{n1}&a_{n2}&\cdots&a_{nn}\end{vmatrix}.$$

记行列式

$$D^{\mathrm{T}} = \begin{vmatrix} a_{11} & a_{21} & \cdots & a_{n1} \\ a_{12} & a_{22} & \cdots & a_{n2} \\ \vdots & \vdots & & \vdots \\ a_{1n} & a_{2n} & \cdots & a_{nn} \end{vmatrix},$$

即把 D 的各行换成同序号的列(即行列互换),所得到的行列式 D^{T} 称为行列式 D 的转置行列式. 显然,D 与 D^{T} 是互为转置行列式.

性质 1　行列式与它的转置行列式的值相等,即 $D=D^{\mathrm{T}}$.

证明　记 $D=|a_{ij}|$的转置行列式为

$$D^{\mathrm{T}} = |\ b_{ij}\ | = \begin{vmatrix} b_{11} & b_{12} & \cdots & b_{1n} \\ b_{21} & b_{22} & \cdots & b_{2n} \\ \vdots & \vdots & & \vdots \\ b_{n1} & b_{n2} & \cdots & b_{nn} \end{vmatrix},$$

则有元素 $b_{ij}=a_{ji}(i,j=1,2,\cdots,n)$.

由行列式定义即得

$$D^{\mathrm{T}} = \sum(-1)^t b_{1p_1} b_{2p_2} \cdots b_{np_n} = \sum(-1)^t a_{p_1 1} a_{p_2 2} \cdots a_{p_n n} = D.$$

由性质 1 知,行列式中"行"与"列"具有同等的地位,行列式的性质凡是对行成立的对列也同样成立,反之亦然,故下面的讨论中只对其中一种情形说明即可.

性质 2　互换行列式的其中两行(列),所得行列式与原行列式差一符号.

证明　设

$$D_1 = \begin{vmatrix} b_{11} & b_{12} & \cdots & b_{1n} \\ b_{21} & b_{22} & \cdots & b_{2n} \\ \vdots & \vdots & & \vdots \\ b_{n1} & b_{n2} & \cdots & b_{nn} \end{vmatrix},$$

是由行列式 $D=|a_{ij}|$交换 $i,j(i<j)$两行得到的,那么对 $p=1,2,\cdots,n$ 有

$$b_{ip} = a_{jp},\quad b_{jp} = a_{ip},\quad b_{kp} = a_{kp}\quad (k \neq i,j).$$

于是有

$$\begin{aligned} D_1 &= \sum(-1)^t b_{1p_1} \cdots b_{ip_i} \cdots b_{jp_j} \cdots b_{np_n} \\ &= \sum(-1)^t a_{1p_1} \cdots a_{jp_i} \cdots a_{ip_j} \cdots a_{np_n} \\ &= \sum(-1)^t a_{1p_1} \cdots a_{ip_j} \cdots a_{jp_i} \cdots a_{np_n}, \end{aligned}$$

其中 $t=\tau(p_1 \cdots p_i \cdots p_j \cdots p_n)$,最后一式中的行标排列 $1 \cdots i \cdots j \cdots n$ 是标准排列,列标排列 $p_1 \cdots p_j \cdots p_i \cdots p_n$ 是由标排 $p_1 \cdots p_i \cdots p_j \cdots p_n$ 经一次对换得到的. 设 $s=$

$\tau(p_1\cdots p_j\cdots p_i\cdots p_n)$，则由对换性质有$(-1)^t=-(-1)^s$，从而

$$D_1=-\sum(-1)^s a_{1p_1}\cdots a_{ip_j}\cdots a_{jp_i}\cdots a_{np_n}=-D.$$

推论 1 如果行列式中有两行(列)完全相同，那么行列式等于零.

证明 交换行列式 D 中相同的两行，由性质 2 有 $D=-D$，于是得 $D=0$.

性质 3 将行列式的某一行(列)中所有的元素都乘以数 k，等于用数 k 乘此行列式.

证明 记行列式 $D=|a_{ij}|$，用数 k 乘以行列式 D 的第 i 行所有的元素，得

$$D_1=\begin{vmatrix} a_{11} & a_{12} & \cdots & a_{1n}\\ \vdots & \vdots & & \vdots\\ ka_{i1} & ka_{i2} & \cdots & ka_{in}\\ \vdots & \vdots & & \vdots\\ a_{n1} & a_{n2} & \cdots & a_{nn}\end{vmatrix}.$$

由行列式的定义即得

$$\begin{aligned} D_1&=\sum(-1)^t a_{1p_1}a_{2p_2}\cdots(ka_{ip_i})\cdots a_{np_n}\\ &=k\sum(-1)^t a_{1p_1}a_{2p_2}\cdots(a_{ip_i})\cdots a_{np_n}\\ &=kD.\end{aligned}$$

推论 2 行列式中某一行(列)所有元素的公因子可以提到行列式符号的外面.

由推论 1 和推论 2 即得下列结论.

推论 3 如果行列式中有两行(列)的元素对应成比例，那么行列式等于零.

性质 4 如果行列式的某一行(列)元素都是两个数之和，那么可以把行列式表示成两个行列式的和，即

$$\begin{vmatrix} a_{11} & a_{12} & \cdots & a_{1n}\\ \vdots & \vdots & & \vdots\\ b_{i1}+c_{i1} & b_{i2}+c_{i2} & \cdots & b_{in}+c_{in}\\ \vdots & \vdots & & \vdots\\ a_{n1} & a_{n2} & \cdots & a_{nn}\end{vmatrix}=\begin{vmatrix} a_{11} & a_{12} & \cdots & a_{1n}\\ \vdots & \vdots & & \vdots\\ b_{i1} & b_{i2} & \cdots & b_{in}\\ \vdots & \vdots & & \vdots\\ a_{n1} & a_{n2} & \cdots & a_{nn}\end{vmatrix}+\begin{vmatrix} a_{11} & a_{12} & \cdots & a_{1n}\\ \vdots & \vdots & & \vdots\\ c_{i1} & c_{i2} & \cdots & c_{in}\\ \vdots & \vdots & & \vdots\\ a_{n1} & a_{n2} & \cdots & a_{nn}\end{vmatrix}.$$

证明 根据行列式的定义即得

$$\begin{aligned} \text{左端}&=\sum(-1)^t a_{1p_1}a_{2p_2}\cdots(b_{ip_i}+c_{ip_i})\cdots a_{np_n}\\ &=\sum(-1)^t a_{1p_1}a_{2p_2}\cdots b_{ip_i}\cdots a_{np_n}+\sum(-1)^t a_{1p_1}a_{2p_2}\cdots c_{ip_i}\cdots a_{np_n}=\text{右端}.\end{aligned}$$

性质 5 把行列式某一行(列)的元素同乘以数 k 加到另一行(列)对应元素上去，行列式的值不变，即

$$\begin{vmatrix} a_{11} & a_{12} & \cdots & a_{1n} \\ \vdots & \vdots & & \vdots \\ a_{i1} & a_{i2} & \cdots & a_{in} \\ \vdots & \vdots & & \vdots \\ a_{j1} & a_{j2} & \cdots & a_{jn} \\ \vdots & \vdots & & \vdots \\ a_{n1} & a_{n2} & \cdots & a_{nn} \end{vmatrix} = \begin{vmatrix} a_{11} & a_{12} & \cdots & a_{1n} \\ \vdots & \vdots & & \vdots \\ a_{i1}+ka_{j1} & a_{i2}+ka_{j2} & \cdots & a_{in}+ka_{jn} \\ \vdots & \vdots & & \vdots \\ a_{j1} & a_{j2} & \cdots & a_{jn} \\ \vdots & \vdots & & \vdots \\ a_{n1} & a_{n2} & \cdots & a_{nn} \end{vmatrix}.$$

证明　设原行列式为 D,变形后得到的行列式为 D_1,由性质 4 与推论 3 得

$$D_1 = \begin{vmatrix} a_{11} & a_{12} & \cdots & a_{1n} \\ \vdots & \vdots & & \vdots \\ a_{i1} & a_{i2} & \cdots & a_{in} \\ \vdots & \vdots & & \vdots \\ a_{j1} & a_{j2} & \cdots & a_{jn} \\ \vdots & \vdots & & \vdots \\ a_{n1} & a_{n2} & \cdots & a_{nn} \end{vmatrix} + \begin{vmatrix} a_{11} & a_{12} & \cdots & a_{1n} \\ \vdots & \vdots & & \vdots \\ ka_{j1} & ka_{j2} & \cdots & ka_{jn} \\ \vdots & \vdots & & \vdots \\ a_{j1} & a_{j2} & \cdots & a_{jn} \\ \vdots & \vdots & & \vdots \\ a_{n1} & a_{n2} & \cdots & a_{nn} \end{vmatrix} = D + 0 = D.$$

利用行列式的以上性质,我们可以把给定的行列式化为一个三角行列式的形式,从而能够方便地求出行列式的值.

为了能反映出计算行列式过程中所用到的性质,我们给出一些记号,一般用 r_i 表示行列式的第 i 行,用 c_i 表示行列式的第 i 列. 交换行列式的第 i 行(列)与第 j 行(列),记为 $r_i \leftrightarrow r_j(c_i \leftrightarrow c_j)$;第 i 行(列)提出公因子 k,记为 $r_i \times \frac{1}{k}\left(c_i \times \frac{1}{k}\right)$;用数 k 乘以第 j 行(列)加到第 i 行(列)上去,记为 $r_i + kr_j(c_i + kc_j)$.

例 1.2.1　计算

$$D = \begin{vmatrix} 2 & 0 & 1 & -1 \\ -5 & 1 & 3 & -4 \\ 1 & -5 & 3 & -3 \\ 3 & 1 & -1 & 2 \end{vmatrix}.$$

解

$$D \xlongequal{c_1 \leftrightarrow c_3} -\begin{vmatrix} 1 & 0 & 2 & -1 \\ 3 & 1 & -5 & -4 \\ 3 & -5 & 1 & -3 \\ -1 & 1 & 3 & 2 \end{vmatrix} \xlongequal[r_4 + r_1]{\substack{r_2 - 3r_1 \\ r_3 - 3r_1}} -\begin{vmatrix} 1 & 0 & 2 & -1 \\ 0 & 1 & -11 & -1 \\ 0 & -5 & -5 & 0 \\ 0 & 1 & 5 & 1 \end{vmatrix}$$

$$\xlongequal{r_3 \times \left(-\frac{1}{5}\right)} 5\begin{vmatrix} 1 & 0 & 2 & -1 \\ 0 & 1 & -11 & -1 \\ 0 & 1 & 1 & 0 \\ 0 & 1 & 5 & 1 \end{vmatrix} \xlongequal[r_4 - r_2]{r_3 - r_2} 5\begin{vmatrix} 1 & 0 & 2 & -1 \\ 0 & 1 & -11 & -1 \\ 0 & 0 & 12 & 1 \\ 0 & 0 & 16 & 2 \end{vmatrix}$$

$$\xlongequal{r_4-\frac{4}{3}r_3}5\begin{vmatrix}1&0&2&-1\\0&1&-11&-1\\0&0&12&1\\0&0&0&\dfrac{2}{3}\end{vmatrix}=5\times 8=40.$$

例 1.2.2 证明

$$\begin{vmatrix}a^2&(a+1)^2&(a+2)^2&(a+3)^2\\b^2&(b+1)^2&(b+2)^2&(b+3)^2\\c^2&(c+1)^2&(c+2)^2&(c+3)^2\\d^2&(d+1)^2&(d+2)^2&(d+3)^2\end{vmatrix}=0.$$

证明 设此行列式为 D,先把 D 化简,由行列式的性质即得

$$D\xlongequal[c_4-c_1]{\substack{c_2-c_1\\c_3-c_1}}\begin{vmatrix}a^2&2a+1&4a+4&6a+9\\b^2&2b+1&4b+4&6b+9\\c^2&2c+1&4c+4&6c+9\\d^2&2d+1&4d+4&6d+9\end{vmatrix}\xlongequal[c_4-3c_2]{c_3-2c_2}\begin{vmatrix}a^2&2a+1&2&6\\b^2&2b+1&2&6\\c^2&2c+1&2&6\\d^2&2d+1&2&6\end{vmatrix}=0.$$

1.2.2 行列式按行(列)展开定理

下面介绍计算行列式的另一种方法——降阶法.一般来说,低阶行列式比高阶行列式的计算要简单,因此我们考虑用低阶行列式来表示高阶行列式,从而将高阶行列式的计算问题转化为低阶行列式的计算.

我们先看三阶行列式的计算,按第一行的 3 个元素分为 3 个式子相加就有

$$\begin{vmatrix}a_{11}&a_{12}&a_{13}\\a_{21}&a_{22}&a_{23}\\a_{31}&a_{32}&a_{33}\end{vmatrix}=a_{11}a_{22}a_{33}+a_{12}a_{23}a_{31}+a_{13}a_{21}a_{32}-a_{11}a_{23}a_{32}-a_{12}a_{21}a_{33}-a_{13}a_{22}a_{31}$$

$$=a_{11}(a_{22}a_{33}-a_{23}a_{32})+a_{12}(a_{23}a_{31}-a_{21}a_{33})+a_{13}(a_{21}a_{32}-a_{22}a_{31})$$

$$=a_{11}\begin{vmatrix}a_{22}&a_{23}\\a_{32}&a_{33}\end{vmatrix}-a_{12}\begin{vmatrix}a_{21}&a_{23}\\a_{31}&a_{33}\end{vmatrix}+a_{13}\begin{vmatrix}a_{21}&a_{22}\\a_{31}&a_{32}\end{vmatrix}.$$

由此我们得到,第一行的每个元素都乘以一个相对应二阶行列式的代数和就等于这个三阶行列式,并且每个二阶行列式的值都与第一行的元素无关,但与第一行的元素所在的位置有关,这样我们就把一个三阶行列式的计算转化为 3 个二阶行列式的计算.

为了把上面的结果推广到 n 阶行列式中,我们先介绍余子式和代数余子式的概念.

定义 1.2.1 在 n 阶行列式 $D=|a_{ij}|$ 中,把元素 a_{ij} 所在的第 i 行和第 j 列去掉,留下的元素按原来的次序排成的 $n-1$ 阶行列式,称为元素 a_{ij} 的余子式,记作

M_{ij}，对 M_{ij} 冠以符号 $(-1)^{i+j}$，记作 $A_{ij}=(-1)^{i+j}M_{ij}$，则 A_{ij} 称为元素 a_{ij} 的代数余子式.

例如，在 4 阶行列式 $D=\begin{vmatrix} a_{11} & a_{12} & a_{13} & a_{14} \\ a_{21} & a_{22} & a_{23} & a_{24} \\ a_{31} & a_{32} & a_{33} & a_{34} \\ a_{41} & a_{42} & a_{43} & a_{44} \end{vmatrix}$ 中，a_{23} 的余子式是 $M_{23}=\begin{vmatrix} a_{11} & a_{12} & a_{14} \\ a_{31} & a_{32} & a_{34} \\ a_{41} & a_{42} & a_{44} \end{vmatrix}$，代数余子式是 $A_{23}=(-1)^{2+3}M_{23}=-M_{23}$.

注　显然在 n 阶行列式 $D=|a_{ij}|$ 中，每个元素 a_{ij} 对应着一个余子式 M_{ij} 及代数余子式 A_{ij}，并且 M_{ij} 及 A_{ij} 的值与 a_{ij} 无关.

下面就给出这一节的重要结论.

定理 1.2.1（行列式按行（列）展开定理）　n 阶行列式 $D=|a_{ij}|$ 等于它的任一行（列）的各元素与其对应的代数余子式乘积之和，即

$$D=a_{i1}A_{i1}+a_{i2}A_{i2}+\cdots+a_{in}A_{in}\quad (i=1,2,\cdots,n),$$

及

$$D=a_{1j}A_{1j}+a_{2j}A_{2j}+\cdots+a_{nj}A_{nj}\quad (j=1,2,\cdots,n).$$

证明　因为元素 a_{ij} 的余子式 M_{ij} 按行列式定义写出来为

$$M_{ij}=\begin{vmatrix} a_{11} & \cdots & a_{1\,j-1} & a_{1\,j+1} & \cdots & a_{1n} \\ \vdots & & \vdots & \vdots & & \vdots \\ a_{i-1\,1} & \cdots & a_{i-1\,j-1} & a_{i-1\,j+1} & \cdots & a_{i-1\,n} \\ a_{i+1\,1} & \cdots & a_{i+1\,j-1} & a_{i+1\,j+1} & \cdots & a_{i+1\,n} \\ \vdots & & \vdots & \vdots & & \vdots \\ a_{n\,1} & \cdots & a_{n\,j-1} & a_{n\,j+1} & \cdots & a_{nn} \end{vmatrix}$$

$$=\sum(-1)^{\tau(p_1\cdots p_{i-1}p_{i+1}\cdots p_n)}a_{1p_1}\cdots a_{i-1p_{i-1}}a_{i+1p_{i+1}}\cdots a_{np_n},$$

按行列式第 i 行 n 个元素分为 n 个式子相加，再利用 1.1.1 节中的(1.1.3)式就有

$$\begin{aligned} D=|a_{ij}| &= \sum(-1)^{\tau(p_1\cdots p_{i-1}jp_{i+1}\cdots p_n)}a_{1p_1}\cdots a_{i-1p_{i-1}}a_{ij}a_{i+1p_{i+1}}\cdots a_{np_n} \\ &= \sum(-1)^{\tau(i1\cdots(i-1)(i+1)\cdots n)+\tau(jp_1\cdots p_{i-1}p_{i+1}\cdots p_n)}a_{ij}a_{1p_1}\cdots a_{i-1p_{i-1}}a_{i+1p_{i+1}}\cdots a_{np_n} \\ &= \sum(-1)^{(i-1)+(j-1)+\tau(p_1\cdots p_{i-1}p_{i+1}\cdots p_n)}a_{ij}(a_{1p_1}\cdots a_{i-1p_{i-1}}a_{i+1p_{i+1}}\cdots a_{np_n}) \\ &= \sum_{j=1}^{n}a_{ij}(-1)^{(i+j)}\left(\sum(-1)^{\tau(p_1\cdots p_{i-1}p_{i+1}\cdots p_n)}a_{1p_1}\cdots a_{i-1p_{i-1}}a_{i+1p_{i+1}}\cdots a_{np_n}\right) \\ &= \sum_{j=1}^{n}a_{ij}(-1)^{(i+j)}M_{ij} \end{aligned}$$

$$= \sum_{j=1}^{n} a_{ij}A_{ij} = a_{i1}A_{i1} + a_{i2}A_{i2} + \cdots + a_{in}A_{in} \quad (i = 1,2,\cdots,n).$$

这就是行列式 D 按第 i 行展开的公式.

类似地,若按行列式第 j 列 n 个元素分为 n 个式子相加来证明,可得行列式 D 按第 j 列展开的公式

$$D = a_{1j}A_{1j} + a_{2j}A_{2j} + \cdots + a_{nj}A_{nj} \quad (j = 1,2,\cdots,n).$$

从而定理得证.

该定理也叫做行列式按行(列)展开法则.根据这一法则,能够把 n 阶行列式用 $n-1$ 阶行列式来表示.

如果直接用定理 1.2.1,把一个 n 阶行列式的计算转化为 n 个 $n-1$ 阶行列式来计算,可能计算量并没有减少.所以在利用这一法则时,通常是把它与行列式的其他性质结合使用,先将行列式的某一行(列)中除一元素外的其他元素化为 0,然后再展开降低阶数,这样便可以简化行列式的计算,一般按第 i 行(列)展开,记为 $r_i(c_i)$.

例 1.2.3 计算

$$D = \begin{vmatrix} 1 & 2 & 3 & 4 \\ 1 & 0 & 1 & 2 \\ 3 & -1 & -1 & 0 \\ 1 & 2 & 0 & -5 \end{vmatrix}.$$

解

$$D \xlongequal[c_4 - 2c_3]{c_1 - c_3} \begin{vmatrix} -2 & 2 & 3 & -2 \\ 0 & 0 & 1 & 0 \\ 4 & -1 & -1 & 2 \\ 1 & 2 & 0 & -5 \end{vmatrix} \xlongequal{r_2} (-1)^{2+3} \begin{vmatrix} -2 & 2 & -2 \\ 4 & -1 & 2 \\ 1 & 2 & -5 \end{vmatrix}$$

$$\xlongequal[c_3 - c_1]{c_2 + c_1} - \begin{vmatrix} -2 & 0 & 0 \\ 4 & 3 & -2 \\ 1 & 3 & -6 \end{vmatrix} \xlongequal{r_1} 2 \times (-1)^{1+1} \begin{vmatrix} 3 & -2 \\ 3 & -6 \end{vmatrix} = 2 \times (-12) = -24.$$

定理 1.2.2 n 阶行列式 $D = |a_{ij}|$ 的任一行(列)的所有元素与另一行(列)对应元素的代数余子式的乘积之和等于零,即

$$a_{i1}A_{j1} + a_{i2}A_{j2} + \cdots + a_{in}A_{jn} = 0 \quad (i \neq j),$$

及

$$a_{1i}A_{1j} + a_{2i}A_{2j} + \cdots + a_{ni}A_{nj} = 0 \quad (i \neq j).$$

证明 设 $D = |a_{ij}|$ 的第 j 行元素 $a_{j1}, a_{j2}, \cdots, a_{jn}$ 的代数余子式为 $A_{j1}, A_{j2}, \cdots, A_{jn}$.

把 D 的第 j 行元素换成第 i 行元素,其余行元素不变,即 $a_{jk} = a_{ik}$ ($k = 1,2,\cdots,$

n),得

$$D_1=\begin{vmatrix} a_{11} & a_{12} & \cdots & a_{1n} \\ \vdots & \vdots & & \vdots \\ a_{i1} & a_{i2} & \cdots & a_{in} \\ \vdots & \vdots & & \vdots \\ a_{i1} & a_{i2} & \cdots & a_{in} \\ \vdots & \vdots & & \vdots \\ a_{n1} & a_{n2} & \cdots & a_{nn} \end{vmatrix} \begin{matrix} \\ \\ 第 i 行 \\ \\ 第 j 行 \\ \\ \\ \end{matrix},$$

当 $j\neq i$ 时,$D_1=0$,按第 j 行把 D_1 展开,有

$$a_{i1}A_{j1}+a_{i2}A_{j2}+\cdots+a_{in}A_{jn}=D_1 \quad (j\neq i).$$

所以

$$a_{i1}A_{j1}+a_{i2}A_{j2}+\cdots+a_{in}A_{jn}=0 \quad (j\neq i).$$

同理可证

$$a_{1i}A_{1j}+a_{2i}A_{2j}+\cdots+a_{ni}A_{nj}=0 \quad (j\neq i).$$

定理 1.2.2 得证.

定理 1.2.1 与定理 1.2.2 的结果综合起来可记为

$$a_{i1}A_{j1}+a_{i2}A_{j2}+\cdots+a_{in}A_{jn}=\sum_{k=1}^{n}a_{ik}A_{jk}=\begin{cases} D & (j=i), \\ 0 & (j\neq i). \end{cases}$$

及

$$a_{1i}A_{1j}+a_{2i}A_{2j}+\cdots+a_{ni}A_{nj}=\sum_{k=1}^{n}a_{ki}A_{kj}=\begin{cases} D & (j=i), \\ 0 & (j\neq i). \end{cases}$$

习　题　1.2

1. 计算行列式

(1) $\begin{vmatrix} 2 & 1 & 4 & 1 \\ 3 & -1 & 2 & 1 \\ 1 & 2 & 3 & 2 \\ 5 & 0 & 6 & 2 \end{vmatrix}$;　　(2) $\begin{vmatrix} 4 & 1 & 2 & 4 \\ 1 & 2 & 0 & 2 \\ 10 & 5 & 2 & 0 \\ 0 & 1 & 1 & 7 \end{vmatrix}$;

(3) $\begin{vmatrix} 100 & 2 & 0.002 & -2 \\ 300 & 1 & 0.003 & -4 \\ 200 & 0 & 0.001 & 0 \\ 400 & 3 & 0 & -1 \end{vmatrix}$;　　(4) $\begin{vmatrix} -ab & ac & ae \\ bd & -cd & de \\ bf & cf & -ef \end{vmatrix}$.

2. 设 4 阶行列式为

$$\begin{vmatrix} 1 & 0 & -3 & 7 \\ 0 & 1 & 2 & 1 \\ -3 & 4 & 0 & 3 \\ 1 & -2 & 2 & -1 \end{vmatrix}.$$

(1) 求代数余子式 A_{24}, A_{41};

(2) 求代数余子式的和 $A_{11}+A_{12}+A_{13}+A_{14}$.

3. 已知 4 阶行列式

$$\begin{vmatrix} 1 & 2 & 3 & 4 \\ 3 & 3 & 4 & 4 \\ 1 & 5 & 6 & 7 \\ 1 & 1 & 2 & 2 \end{vmatrix} = -6,$$

试求 $A_{41}+A_{42}$ 与 $A_{43}+A_{44}$.

1.3 行列式的计算与应用

在 1.2 节中我们给出了 n 阶行列式的性质,已经可以比较方便的计算一些行列式的值,这一节我们再给出一些有代表性的 n 阶行列式的计算,以便大家掌握更多的计算行列式的方法.最后给出行列式的一个重要应用,即克拉默法则.

1.3.1 *n* 阶行列式的计算

下面我们给出几个具有代表性的 n 阶行列式类型.

例 1.3.1 证明 $n(n\geqslant 2)$阶范德蒙德行列式

$$V(x_1,x_2,\cdots,x_n) = \begin{vmatrix} 1 & 1 & \cdots & 1 \\ x_1 & x_2 & \cdots & x_n \\ x_1^2 & x_2^2 & \cdots & x_n^2 \\ \vdots & \vdots & & \vdots \\ x_1^{n-1} & x_2^{n-1} & \cdots & x_n^{n-1} \end{vmatrix} = \prod_{1\leqslant j<i\leqslant n}(x_i-x_j),$$

其中记号"Π"表示所有满足条件因子的乘积.

证明 对 n 用数学归纳法.

当 $n=2$ 时,因为

$$V(x_1,x_2) = \begin{vmatrix} 1 & 1 \\ x_1 & x_2 \end{vmatrix} = x_2-x_1 = \prod_{1\leqslant j<i\leqslant 2}(x_i-x_j).$$

所以结论成立,现在假设结论对 $n-1$ 阶范德蒙德行列式也成立,那么对 n 阶范德蒙德行列式有

$$V(x_1,x_2,\cdots,x_n) \xlongequal[\substack{\cdots\cdots\cdots \\ r_2-x_1r_1}]{\substack{r_n-x_1r_{n-1} \\ r_{n-1}-x_1r_{n-2}}} \begin{vmatrix} 1 & 1 & \cdots & 1 \\ 0 & x_2-x_1 & \cdots & x_n-x_1 \\ 0 & x_2(x_2-x_1) & \cdots & x_n(x_n-x_1) \\ \vdots & \vdots & & \vdots \\ 0 & x_2^{n-2}(x_2-x_1) & \cdots & x_n^{n-2}(x_n-x_1) \end{vmatrix}$$

$$\overset{c_1}{=}\begin{vmatrix} x_2-x_1 & x_3-x_1 & \cdots & x_n-x_1 \\ x_2(x_2-x_1) & x_3(x_3-x_1) & \cdots & x_n(x_n-x_1) \\ \vdots & \vdots & & \vdots \\ x_2^{n-2}(x_2-x_1) & x_3^{n-2}(x_3-x_1) & \cdots & x_n^{n-2}(x_n-x_1) \end{vmatrix}$$

$$\xlongequal[\substack{\cdots\cdots\cdots \\ c_{n-1}\div(x_n-x_1)}]{\substack{c_1\div(x_2-x_1) \\ c_2\div(x_3-x_1)}}(x_2-x_1)(x_3-x_1)\cdots(x_n-x_1)\begin{vmatrix} 1 & 1 & \cdots & 1 \\ x_2 & x_3 & \cdots & x_n \\ \vdots & \vdots & & \vdots \\ x_2^{n-2} & x_3^{n-2} & \cdots & x_n^{n-2} \end{vmatrix}.$$

注意上式最后一个行列式是 $n-1$ 阶范德蒙德行列式，由归纳假设

$$V(x_2,x_3,\cdots,x_n)=\begin{vmatrix} 1 & 1 & \cdots & 1 \\ x_2 & x_3 & \cdots & x_n \\ \vdots & \vdots & & \vdots \\ x_2^{n-2} & x_3^{n-2} & \cdots & x_n^{n-2} \end{vmatrix}=\prod_{2\leqslant j<i\leqslant n}(x_i-x_j),$$

于是得

$$\begin{aligned} V(x_1,x_2,\cdots,x_n) &= (x_2-x_1)(x_3-x_1)\cdots(x_n-x_1)\prod_{2\leqslant j<i\leqslant n}(x_i-x_j) \\ &= \prod_{1\leqslant j<i\leqslant n}(x_i-x_j). \end{aligned}$$

注　由 $V(x_1,x_2,\cdots,x_n)=\prod\limits_{1\leqslant j<i\leqslant n}(x_i-x_j)$ 易知

$V(x_1,x_2,\cdots,x_n)=0$ 当且仅当 $x_1,x_2,\cdots,x_n$ 中至少有两个元素相等；也就是 $V(x_1,x_2,\cdots,x_n)\neq 0$ 当且仅当 $x_1,x_2,\cdots,x_n$ 中的元素互不相等.

例 1.3.2　计算 n 阶行列式(行和相等的情形)

$$D=\begin{vmatrix} a & b & \cdots & b \\ b & a & \cdots & b \\ \vdots & \vdots & & \vdots \\ b & b & \cdots & a \end{vmatrix}.$$

解　从行列式 D 中的元素排列特点看出，每一行 n 个元素的和都相等. 因此先把第 $2,3,\cdots,n$ 列同时加到第 1 列，提出公因子 $a+(n-1)b$，然后把第 $2,3,\cdots,n$ 行都减去第 1 行，就得到

$$D=\begin{vmatrix} a+(n-1)b & b & \cdots & b \\ a+(n-1)b & a & \cdots & b \\ \vdots & \vdots & & \vdots \\ a+(n-1)b & b & \cdots & a \end{vmatrix}$$

$$= [a+(n-1)b]\begin{vmatrix} 1 & b & \cdots & b \\ 1 & a & \cdots & b \\ \vdots & \vdots & & \vdots \\ 1 & b & \cdots & a \end{vmatrix} = [a+(n-1)b]\begin{vmatrix} 1 & b & \cdots & b \\ 0 & a-b & \cdots & 0 \\ \vdots & \vdots & & \vdots \\ 0 & 0 & \cdots & a-b \end{vmatrix}$$

$$= [a+(n-1)b](a-b)^{n-1}.$$

例 1.3.3 计算 n 阶行列式(三对角形行列式)

$$D_n = \begin{vmatrix} a+b & b & 0 & 0 & \cdots & 0 & 0 & 0 \\ a & a+b & b & 0 & \cdots & 0 & 0 & 0 \\ 0 & a & a+b & b & \cdots & 0 & 0 & 0 \\ \vdots & \vdots & \vdots & \vdots & & \vdots & \vdots & \vdots \\ 0 & 0 & 0 & 0 & \cdots & a & a+b & b \\ 0 & 0 & 0 & 0 & \cdots & 0 & a & a+b \end{vmatrix}.$$

解 直接计算有

$$D_1 = a+b,\quad D_2 = \begin{vmatrix} a+b & b \\ a & a+b \end{vmatrix} = a^2+ab+b^2.$$

在 $n\geqslant 3$ 时按第一行展开,得到递推公式

$$D_n = (a+b)D_{n-1} - abD_{n-2}.$$

整理可得

$$D_n - aD_{n-1} = b(D_{n-1} - aD_{n-2}) = \cdots = b^{n-2}(D_2 - aD_1) = b^{n-2}b^2 = b^n, \quad ①$$

同理由 a 与 b 位置的对称性又得到

$$D_n - bD_{n-1} = a^n, \quad ②$$

当 $b\neq a$ 时,由 ②$\times a-$①$\times b$ 得

$$D_n = \frac{a^{n+1}-b^{n+1}}{a-b}.$$

当 $b=a$ 时,由②式 $D_n-aD_{n-1}=a^n$ 得

$$\begin{aligned} D_n &= a^n + aD_{n-1} = a^n + a(a^{n-1}+aD_{n-2}) = 2a^n + a^2D_{n-2} \\ &= \cdots = (n-1)a^n + a^{n-1}D_1 = (n-1)a^n + a^{n-1}(2a) = (n+1)a^n. \end{aligned}$$

上面两个结果直接验证可知对 $n=1,2$ 时也成立,综合即得

$$D_n = \begin{cases} \dfrac{a^{n+1}-b^{n+1}}{a-b} & (b\neq a), \\ (n+1)a^n & (b=a) \end{cases} \text{(或写成 } D_n = \sum_{k=0}^{n} a^{n-k}b^k \text{ 也可以)}.$$

例 1.3.4 设 $a_i\neq 0(i=1,2,\cdots,n)$,计算 $n+1$ 阶行列式(箭形行列式)

$$D=\begin{vmatrix} a_0 & b_1 & b_2 & \cdots & b_n \\ d_1 & a_1 & 0 & \cdots & 0 \\ d_2 & 0 & a_2 & \cdots & 0 \\ \vdots & \vdots & \vdots & & \vdots \\ d_n & 0 & 0 & \cdots & a_n \end{vmatrix}.$$

解　利用行列式的性质,得

$$D\xlongequal[(i=1,2,\cdots,n)]{r_{i+1}\div a_i} a_1a_2\cdots a_n\begin{vmatrix} a_0 & b_1 & b_2 & \cdots & b_n \\ \frac{d_1}{a_1} & 1 & 0 & \cdots & 0 \\ \frac{d_2}{a_2} & 0 & 1 & \cdots & 0 \\ \vdots & \vdots & \vdots & & \vdots \\ \frac{d_n}{a_n} & 0 & 0 & \cdots & 1 \end{vmatrix}$$

$$\xlongequal[(j=1,2,\cdots,n)]{c_1-\frac{d_j}{a_j}c_{j+1}} a_1a_2\cdots a_n\begin{vmatrix} a_0-\sum\limits_{i=1}^{n}\frac{b_id_i}{a_i} & b_1 & b_2 & \cdots & b_n \\ 0 & 1 & 0 & \cdots & 0 \\ 0 & 0 & 1 & \cdots & 0 \\ \vdots & \vdots & \vdots & & \vdots \\ 0 & 0 & 0 & \cdots & 1 \end{vmatrix}$$

$$=a_1a_2\cdots a_n\left(a_0-\sum_{i=1}^{n}\frac{b_id_i}{a_i}\right).$$

例 1.3.5　计算 n 阶行列式(N 形行列式)

$$D=\begin{vmatrix} a_{11} & 0 & 0 & \cdots & a_{1n} \\ a_{21} & a_{22} & 0 & \cdots & a_{2n} \\ a_{31} & 0 & a_{33} & \cdots & a_{3n} \\ \vdots & \vdots & \vdots & & \vdots \\ a_{n1} & 0 & 0 & \cdots & a_{nn} \end{vmatrix}.$$

解　利用行列式的性质,当 $a_{11}\neq 0$ 时,得

$$D\xlongequal[(i=2,3,\cdots,n)]{r_i-\frac{a_{i1}}{a_{11}}r_1}\begin{vmatrix} a_{11} & 0 & 0 & \cdots & a_{1n} \\ 0 & a_{22} & 0 & \cdots & a_{2n}-\frac{a_{21}}{a_{11}}a_{1n} \\ 0 & 0 & a_{33} & \cdots & a_{3n}-\frac{a_{31}}{a_{11}}a_{1n} \\ \vdots & \vdots & \vdots & & \vdots \\ 0 & 0 & 0 & \cdots & a_{nn}-\frac{a_{n1}}{a_{11}}a_{1n} \end{vmatrix}$$

$$= a_{11}a_{22}\cdots a_{nn} - a_{1n}a_{22}\cdots a_{n-1n-1}a_{n1}.$$

当 $a_{11}=0$ 时得

$$D=\begin{vmatrix} 0 & 0 & 0 & \cdots & a_{1n} \\ a_{21} & a_{22} & 0 & \cdots & a_{2n} \\ a_{31} & 0 & a_{33} & \cdots & a_{3n} \\ \vdots & \vdots & \vdots & & \vdots \\ a_{n1} & 0 & 0 & \cdots & a_{nn} \end{vmatrix} \overset{r_1}{=} (-1)^{1+n}a_{1n}\begin{vmatrix} a_{21} & a_{22} & 0 & \cdots & 0 \\ a_{31} & 0 & a_{33} & \cdots & 0 \\ \vdots & \vdots & \vdots & & \vdots \\ a_{n-11} & 0 & 0 & \cdots & a_{n-1n-1} \\ a_{n1} & 0 & 0 & \cdots & 0 \end{vmatrix}$$

$$\overset{r_{n-1}}{=\!=\!=} (-1)^{1+n}a_{1n}(-1)^{(n-1)+1}a_{n1}\begin{vmatrix} a_{22} & 0 & \cdots & 0 \\ 0 & a_{33} & \cdots & 0 \\ \vdots & \vdots & & \vdots \\ 0 & 0 & \cdots & a_{n-1n-1} \end{vmatrix}$$

$$= -a_{1n}a_{22}\cdots a_{n-1n-1}a_{n1}.$$

综合即得

$$D = a_{11}a_{22}\cdots a_{nn} - a_{1n}a_{22}\cdots a_{n-1n-1}a_{n1}.$$

n 阶行列式计算的方法多种多样，只有在平时多作题、多练习、多讨论、多研究，就可以掌握更多的计算方法，对 n 阶行列式的计算也就更加熟练.

1.3.2 克拉默(Cramer)法则

在 1.1.1 节中我们已经知道用二阶行列式可以表示二元一次线性方程组的解.现在我们对这个结果进行推广，即对含有 n 个未知量 n 个方程的 n 元一次线性方程组，在一定条件下，它的解也可以用 n 阶行列式表示，一般地有下面的结果

定理 1.3.1(克拉默法则) 设有 n 元线性方程组

$$\begin{cases} a_{11}x_1 + a_{12}x_2 + \cdots + a_{1n}x_n = b_1, \\ a_{21}x_1 + a_{22}x_2 + \cdots + a_{2n}x_n = b_2, \\ \qquad\cdots\cdots \\ a_{n1}x_1 + a_{n2}x_2 + \cdots + a_{nn}x_n = b_n. \end{cases} \tag{1.3.1}$$

记方程组(1.3.1)的系数行列式为

$$D = \begin{vmatrix} a_{11} & a_{12} & \cdots & a_{1n} \\ a_{21} & a_{22} & \cdots & a_{2n} \\ \vdots & \vdots & & \vdots \\ a_{n1} & a_{n2} & \cdots & a_{nn} \end{vmatrix}.$$

再记 n 个行列式为

$$D_j=\begin{vmatrix} a_{11} & \cdots & a_{1,j-1} & b_1 & a_{1,j+1} & \cdots & a_{1n} \\ a_{21} & \cdots & a_{2,j-1} & b_2 & a_{2,j+1} & \cdots & a_{2n} \\ \vdots & & \vdots & \vdots & \vdots & & \vdots \\ a_{n1} & \cdots & a_{n,j-1} & b_n & a_{n,j+1} & \cdots & a_{nn} \end{vmatrix} \quad (j=1,2,\cdots,n).$$

如果 $D\neq 0$,那么,方程组(1.3.1)有唯一解,且解为

$$x_1=\frac{D_1}{D},x_2=\frac{D_2}{D},\cdots,x_n=\frac{D_n}{D}. \tag{1.3.2}$$

注　行列式 $D_j(j=1,2,\cdots,n)$是把行列式 D 的第 j 列元素用方程组(1.3.1)右端的常数项 $b_1,b_2,\cdots,b_n$ 代替后所得到的 n 阶行列式.

证明　用 D 中第 j 列元素的代数余子式 $A_{j1},A_{j2},\cdots,A_{jn}$ 依次乘方程组(1)的 n 个方程,然后把它们相加,得到

$$\Big(\sum_{k=1}^{n}a_{k1}A_{kj}\Big)x_1+\cdots+\Big(\sum_{k=1}^{n}a_{kj}A_{kj}\Big)x_j+\cdots+\Big(\sum_{k=1}^{n}a_{kn}A_{kn}\Big)x_n$$
$$=\sum_{k=1}^{n}b_{kj}A_{kj}\quad(j=1,2,\cdots,n),$$

再根据1.2节中的定理1.2.1和定理1.2.2即得方程组

$$Dx_j=D_j\quad(j=1,2,\cdots,n), \tag{1.3.3}$$

因为 $D\neq 0$,所以方程组(1.3.3)有唯一解,即(1.3.2)

$$x_1=\frac{D_1}{D},x_2=\frac{D_2}{D},\cdots,x_n=\frac{D_n}{D}.$$

由消元法知方程组(1.3.3)与方程组(1.3.1)是同解方程组,所以(1.3.2)也是(1.3.1)的唯一解.

例 1.3.6　解线性方程组

$$\begin{cases} x_1+x_2+x_3=5, \\ 2x_1+x_2-x_3+x_4=1, \\ x_1+2x_2-x_3+x_4=2, \\ x_2+2x_3+3x_4=3. \end{cases}$$

解　因为方程组的系数行列式

$$D=\begin{vmatrix} 1 & 1 & 1 & 0 \\ 2 & 1 & -1 & 1 \\ 1 & 2 & -1 & 1 \\ 0 & 1 & 2 & 3 \end{vmatrix}=18\neq 0,$$

所以由克拉默法则知,此方程组有唯一解.经计算

$$D_1=\begin{vmatrix}5&1&1&0\\1&1&-1&1\\2&2&-1&1\\3&1&2&3\end{vmatrix}=18,\quad D_2=\begin{vmatrix}1&5&1&0\\2&1&-1&1\\1&2&-1&1\\0&3&2&3\end{vmatrix}=36,$$

$$D_3=\begin{vmatrix}1&1&5&0\\2&1&1&1\\1&2&2&1\\0&1&3&3\end{vmatrix}=36,\quad D_4=\begin{vmatrix}1&1&1&5\\2&1&-1&1\\1&2&-1&2\\0&1&2&3\end{vmatrix}=-18.$$

由公式(1.3.2)得解为

$$x_1=\frac{18}{18}=1,\quad x_2=\frac{36}{18}=2,\quad x_3=\frac{36}{18}=2,\quad x_4=\frac{-18}{18}=-1.$$

克拉默法则给出的结论是很完美的，对 n 元一次线性方程组(1.3.1)，当系数行列式不为零时，解决了方程组(1.3.1)解的存在性、唯一性，并给出了用行列式表示的求解公式，这在理论上是有重大价值的. 但需要注意它的应用范围，第一，方程组中的方程个数必须等于未知量的个数；第二，系数行列式必须不等于零.

在线性方程组(1.3.1)中，右端的常数 $b_1,b_2,\cdots,b_n$ 不全为零时，(1.3.1)称为非齐次线性方程组，当 $b_1,b_2,\cdots,b_n$ 全为零时，(1.3.1)称为齐次线性方程组，即

$$\begin{cases}a_{11}x_1+a_{12}x_2+\cdots+a_{1n}x_n=0,\\a_{21}x_1+a_{22}x_2+\cdots+a_{2n}x_n=0,\\\qquad\cdots\cdots\\a_{n1}x_1+a_{n2}x_2+\cdots+a_{nn}x_n=0.\end{cases}\tag{1.3.4}$$

显然 $x_1=0,x_2=0,\cdots,x_n=0$ 是齐次线性方程组(1.3.4)的一个解，我们把这个解称为齐次线性方程组(1.3.4)的零解；如果有 $x_1=a_1,x_2=a_2,\cdots,x_n=a_n$ 是齐次线性方程组(1.3.4)的解，且 $a_1,a_2,\cdots,a_n$ 不全为零，则把它称为齐次线性方程组(1.3.4)的非零解.

注　齐次线性方程组一定有解，但不一定有非零解.

对于齐次线性方程组(1.3.4)应用定理 1.3.1，则可以得到

定理 1.3.2　如果齐次线性方程组(1.3.4)的系数行列式 $D\neq0$，则方程组(1.3.4)只有零解.

根据定理 1.3.2 知，如果齐次线性方程组(1.3.4)有非零解，则它的系数行列式必为零，即 $D=0$ 是齐次线性方程组(1.3.4)有非零解的必要条件. 我们在第 4 章中将证明这一条件也是充分条件.

例 1.3.7　问 λ 取何值时，齐次线性方程组

$$\begin{cases}(\lambda+3)x_1+x_2+2x_3=0,\\\lambda x_1+x_3=0,\\2x_2+(\lambda+3)x_3=0.\end{cases}$$

有非零解？

解　若方程组有非零解，则由定理 1.3.2 知，它的系数行列式

$$D=\begin{vmatrix}\lambda+3 & 1 & 2\\ \lambda & 0 & 1\\ 0 & 2\lambda & \lambda+3\end{vmatrix}=\lambda(\lambda-9)=0,$$

解得 $\lambda=0$ 或 $\lambda=9$. 可以验证，当 $\lambda=0$ 或 $\lambda=9$ 时，方程组确有非零解.

习　题　1.3

1. 计算 n 阶行列式

$$\begin{vmatrix}1 & 1 & 1 & \cdots & 1\\ 1 & 0 & 1 & \cdots & 1\\ 1 & 1 & 0 & \cdots & 1\\ \vdots & \vdots & \vdots & & \vdots\\ 1 & 1 & 1 & \cdots & 0\end{vmatrix}.$$

2. 计算 n 阶行列式

$$\begin{vmatrix}a_1 & x & x & \cdots & x\\ x & a_2 & x & \cdots & x\\ x & x & a_3 & \cdots & x\\ \vdots & \vdots & \vdots & & \vdots\\ x & x & x & \cdots & a_n\end{vmatrix}\quad (x\neq a_i, i=1,2,\cdots,n).$$

3. 计算 n 阶行列式

$$\begin{vmatrix}1 & 1 & 1 & \cdots & 1\\ 1 & 2 & 0 & \cdots & 0\\ 1 & 0 & 3 & \cdots & 0\\ \vdots & \vdots & \vdots & & \vdots\\ 1 & 0 & 0 & \cdots & n\end{vmatrix}.$$

4. 计算 n 阶行列式

$$\begin{vmatrix}a & a+b & b & & & \\ & a & a+b & b & & \\ & & \ddots & \ddots & \ddots & \\ & & & a & a+b & b\end{vmatrix}.$$

5. 计算 n 阶行列式

$$\begin{vmatrix}1 & a+b & ab & & & \\ & 1 & a+b & ab & & \\ & & \ddots & \ddots & \ddots & \\ & & & 1 & a+b & ab\end{vmatrix}.$$

6. 计算 n 阶行列式

$$\begin{vmatrix} 1+a_1 & 1 & 1 & \cdots & 1 \\ 1 & 1+a_2 & 1 & \cdots & 1 \\ 1 & 1 & 1+a_3 & \cdots & 1 \\ \vdots & \vdots & \vdots & & \vdots \\ 1 & 1 & 1 & \cdots & 1+a_n \end{vmatrix}.$$

7. 计算 $n+1$ 阶行列式

$$\begin{vmatrix} a_1^n & a_1^{n-1}b_1 & \cdots & a_1b_1^{n-1} & b_1^n \\ a_2^n & a_2^{n-1}b_2 & \cdots & a_2b_2^{n-1} & b_2^n \\ \vdots & \vdots & & \vdots & \vdots \\ a_{n+1}^n & a_{n+1}^{n-1}b_{n+1} & \cdots & a_{n+1}b_{n+1}^{n-1} & b_{n+1}^n \end{vmatrix} \quad (a_k \neq 0, k=1,2,\cdots,n+1).$$

8. 解线性方程组

$$\begin{cases} x_1+2x_2+3x_3-2x_4=6, \\ 2x_1-x_2-2x_3-3x_4=8, \\ 3x_1+2x_2-x_3+2x_4=4, \\ 2x_1-3x_2+3x_3+x_4=-8. \end{cases}$$

9. 若齐次线性方程组

$$\begin{cases} x_1+x_2+x_3+ax_4=0, \\ x_1+2x_2+x_3+x_4=0, \\ x_1+x_2-3x_3+x_4=0, \\ x_1+x_2-ax_3+bx_4=0. \end{cases}$$

有非零解,则 a,b 应满足什么条件?

10. 已知线性方程组 $\begin{cases} x+y+z=a, \\ x+y-z=b, \\ x-y+z=c \end{cases}$ 有唯一解,且 $x=1$,计算行列式 $\begin{vmatrix} a & b & c \\ 1 & -1 & 1 \\ 1 & 1 & -1 \end{vmatrix}$.

第 2 章　n 维 向 量

本章研究向量的有关理论，介绍 n 维向量的概念以及线性运算，重点讨论向量组的线性相关性，给出向量组线性相关性的几个判别条件，并给出向量组的秩的概念及应用，最后介绍向量空间的一些基本概念.

2.1　n 维向量及其线性运算

2.1.1　n 维向量的基本概念

在许多实际问题中，常常遇到由 n 个有顺序的数确定的数组，为了描述这一形式，引入如下定义.

定义 2.1.1　n 个有顺序的数 $a_1,a_2,\cdots,a_n$ 所组成的 n 元有序数组

$$(a_1,a_2,\cdots,a_n)$$

称为 n 维向量. 一般用小写希腊字母 $\boldsymbol{\alpha},\boldsymbol{\beta},\boldsymbol{\gamma},\cdots$ 表示，即

$$\boldsymbol{\alpha}=(a_1,a_2,\cdots,a_n).$$

数 $a_1,a_2,\cdots,a_n$ 称为向量 $\boldsymbol{\alpha}$ 的分量（或坐标），a_i 称为 $\boldsymbol{\alpha}$ 的第 i 个分量（或坐标）.

分量都是实数的向量称为实向量，分量是复数的向量称为复向量. 除特别声明外本书讨论的向量都是实向量.

在解析几何中我们学过的平面向量、空间向量分别是二元有序数组、三元有序数组，称为 2 维向量、3 维向量，故 n 维向量是这两种向量概念的推广.

例 2.1.1　在齐次线性方程组

$$\begin{cases}a_{11}x_1+a_{12}x_2+\cdots+a_{1n}x_n=0,\\ a_{21}x_1+a_{22}x_2+\cdots+a_{2n}x_n=0,\\ \qquad\cdots\cdots\\ a_{m1}x_1+a_{m2}x_2+\cdots+a_{mn}x_n=0\end{cases}\tag{2.1.1}$$

中每一个方程的系数都可以看成一个 n 元有序数组，因而是 n 维向量，如果把第 i 个方程的系数构成的向量记为

$$\boldsymbol{\alpha}_i=(a_{i1},a_{i2},\cdots,a_{in})\quad(i=1,2,\cdots,m),$$

则方程组(2.1.1)就由这 m 个 n 维向量 $\boldsymbol{\alpha}_1,\boldsymbol{\alpha}_2,\cdots,\boldsymbol{\alpha}_m$ 完全确定了.

一个 n 维向量可以写成一行的形式

$$(a_1,a_2,\cdots,a_n),$$

称为行向量;也可以写成一列的形式

$$\begin{pmatrix} a_1 \\ a_2 \\ \vdots \\ a_n \end{pmatrix},$$

称为列向量.行向量与列向量只是向量的两种不同写法,意义是相同的.

同样方程组(2.1.1)的每个未知量的系数也构成一个 m 维列向量,如果把未知量 x_j 的系数构成的列向量记为

$$\boldsymbol{\beta}_j = \begin{pmatrix} a_{1j} \\ a_{2j} \\ \vdots \\ a_{mj} \end{pmatrix} \quad (j = 1,2,\cdots,n),$$

则方程组(2.1.1)也就由这 n 个 m 维列向量 $\boldsymbol{\beta}_1,\boldsymbol{\beta}_2,\cdots,\boldsymbol{\beta}_n$ 完全确定了.以后我们会看到方程组(2.1.1)解的性质可以通过这些向量 $\boldsymbol{\beta}_1,\boldsymbol{\beta}_2,\cdots,\boldsymbol{\beta}_n$ 来刻画.

下面给出 n 维向量的一些基本概念.

分量都是 0 的 n 维向量,称为 n 维零向量.记作 $\mathbf{0}$,即

$$\mathbf{0} = (0,0,\cdots,0).$$

设向量 $\boldsymbol{\alpha}=(a_1,a_2,\cdots,a_n)$,$\boldsymbol{\beta}=(b_1,b_2,\cdots,b_n)$,当且仅当它们的每个对应分量都相等,即 $a_i=b_i(i=1,2,\cdots,n)$时,则称向量 $\boldsymbol{\alpha}$ 与 $\boldsymbol{\beta}$ 相等,记为 $\boldsymbol{\alpha}=\boldsymbol{\beta}$.

注 维数不同的向量没有相等的概念.

对向量 $\boldsymbol{\alpha}=(a_1,a_2,\cdots,a_n)$,作向量

$$(-a_1,-a_2,\cdots,-a_n).$$

它称为向量 $\boldsymbol{\alpha}$ 的负向量,记为 $-\boldsymbol{\alpha}$.

2.1.2 n 维向量的线性运算

定义 2.1.2 设 $\boldsymbol{\alpha}=(a_1,a_2,\cdots,a_n)$,$\boldsymbol{\beta}=(b_1,b_2,\cdots,b_n)$都是 n 维向量,则向量

$$(a_1+b_1,a_2+b_2,\cdots,a_n+b_n).$$

称为向量 $\boldsymbol{\alpha}$ 与 $\boldsymbol{\beta}$ 的和,记为 $\boldsymbol{\alpha}+\boldsymbol{\beta}$,即有

$$\boldsymbol{\alpha}+\boldsymbol{\beta} = (a_1+b_1,a_2+b_2,\cdots,a_n+b_n).$$

用负向量的概念可以定义向量的减法,即有

$$\boldsymbol{\alpha}-\boldsymbol{\beta} = \boldsymbol{\alpha}+(-\boldsymbol{\beta}) = (a_1-b_1,a_2-b_2,\cdots,a_n-b_n).$$

定义 2.1.3 设向量 $\boldsymbol{\alpha}=(a_1,a_2,\cdots,a_n)$,$\lambda$ 为实数,则向量$(\lambda a_1,\lambda a_2,\cdots,\lambda a_n)$称为数 λ 与向量 $\boldsymbol{\alpha}$ 的乘积,简称为数乘,记作 $\lambda\boldsymbol{\alpha}$,即有

$$\lambda\boldsymbol{\alpha} = (\lambda a_1,\lambda a_2,\cdots,\lambda a_n).$$

例 2.1.2 设向量 $\boldsymbol{\alpha}_1=(1,1,0,2)$,$\boldsymbol{\alpha}_2=(0,1,1,1)$,$\boldsymbol{\alpha}_3=(3,4,0,2)$,求 $3\boldsymbol{\alpha}_1+$

$2\boldsymbol{\alpha}_2-\boldsymbol{\alpha}_3$.

解　$3\boldsymbol{\alpha}_1+2\boldsymbol{\alpha}_2-\boldsymbol{\alpha}_3=3(1,1,0,2)+2(0,1,1,1)-(3,4,0,2)$

$=(3,3,0,6)+(0,2,2,2)-(3,4,0,2)$

$=(0,1,2,6)$.

我们把向量的加法及数乘运算称为向量的线性运算.

如例 2.1.1 中所给的齐次线性方程组可用向量的线性运算表示出来,即有

$$x_1\boldsymbol{\beta}_1+x_2\boldsymbol{\beta}_2+\cdots+x_n\boldsymbol{\beta}_n=\mathbf{0}.$$

设 $\boldsymbol{\alpha}$、$\boldsymbol{\beta}$、$\boldsymbol{\gamma}$ 为 n 维向量,λ、μ 为实数,容易验证,向量的加法与数乘两种运算满足以下运算规律:

(1) $\boldsymbol{\alpha}+\boldsymbol{\beta}=\boldsymbol{\beta}+\boldsymbol{\alpha}$;

(2) $(\boldsymbol{\alpha}+\boldsymbol{\beta})+\boldsymbol{\gamma}=\boldsymbol{\alpha}+(\boldsymbol{\beta}+\boldsymbol{\gamma})$;

(3) $\boldsymbol{\alpha}+\mathbf{0}=\boldsymbol{\alpha}$;

(4) $\boldsymbol{\alpha}+(-\boldsymbol{\alpha})=\mathbf{0}$;

(5) $1\boldsymbol{\alpha}=\boldsymbol{\alpha}$;

(6) $\lambda(\mu\boldsymbol{\alpha})=(\lambda\mu)\boldsymbol{\alpha}$;

(7) $\lambda(\boldsymbol{\alpha}+\boldsymbol{\beta})=\lambda\boldsymbol{\alpha}+\lambda\boldsymbol{\beta}$;

(8) $(\lambda+\mu)\boldsymbol{\alpha}=\lambda\boldsymbol{\alpha}+\mu\boldsymbol{\alpha}$.

2.1.3　向量的线性组合与线性表示

一般我们把若干个同维数的向量(行向量或列向量)称为向量组.如例 2.1.1 中确定方程组的有行向量组 $\boldsymbol{\alpha}_1,\boldsymbol{\alpha}_2,\cdots,\boldsymbol{\alpha}_m$ 与列向量组 $\boldsymbol{\beta}_1,\boldsymbol{\beta}_2,\cdots,\boldsymbol{\beta}_n$.

下面我们讨论一个向量与一个向量组以及两个向量组之间的关系.

定义 2.1.4　给定向量组 $A:\boldsymbol{\alpha}_1,\boldsymbol{\alpha}_2,\cdots,\boldsymbol{\alpha}_m$ 和向量 $\boldsymbol{\beta}$,如果存在一组实数 $\lambda_1,\lambda_2,\cdots,\lambda_m$,使

$$\boldsymbol{\beta}=\lambda_1\boldsymbol{\alpha}_1+\lambda_2\boldsymbol{\alpha}_2+\cdots+\lambda_m\boldsymbol{\alpha}_m$$

成立,则向量 $\boldsymbol{\beta}$ 称为向量组 A 的一个线性组合,其中 $\lambda_1,\lambda_2,\cdots,\lambda_m$ 称为这个线性组合的系数,这时也称向量 $\boldsymbol{\beta}$ 能由向量组 A 线性表示.

如例 2.1.2 中向量组 $\boldsymbol{\alpha}_1=(1,1,0,2)$,$\boldsymbol{\alpha}_2=(0,1,1,1)$,$\boldsymbol{\alpha}_3=(3,4,0,2)$的一个线性组合为

$$3\boldsymbol{\alpha}_1+2\boldsymbol{\alpha}_2-\boldsymbol{\alpha}_3=(0,1,2,6).$$

这个线性组合的系数为 3,2,-1,如果记向量 $\boldsymbol{\beta}=(0,1,2,6)$,则向量 $\boldsymbol{\beta}$ 能由向量组 $\boldsymbol{\alpha}_1,\boldsymbol{\alpha}_2,\boldsymbol{\alpha}_3$ 线性表示.

定义 2.1.5　设有两个向量组 $A:\boldsymbol{\alpha}_1,\boldsymbol{\alpha}_2,\cdots,\boldsymbol{\alpha}_m$ 及 $B:\boldsymbol{\beta}_1,\boldsymbol{\beta}_2,\cdots,\boldsymbol{\beta}_s$,如果 B 组中的每个向量都能由向量组 A 线性表示,则称向量组 B 能由向量组 A 线性表示,如果向量组 A 与向量组 B 能相互线性表示,则称这两个向量组等价.

例 2.1.3 设有向量组 A：$\boldsymbol{\alpha}_1=(1,0)$，$\boldsymbol{\alpha}_2=(0,1)$ 与向量组 B：$\boldsymbol{\beta}_1=(2,1)$，$\boldsymbol{\beta}_2=(1,1)$，因为有下面的线性组合关系

$$\boldsymbol{\beta}_1=2\boldsymbol{\alpha}_1+\boldsymbol{\alpha}_2,\quad \boldsymbol{\beta}_2=\boldsymbol{\alpha}_1+\boldsymbol{\alpha}_2;$$

$$\boldsymbol{\alpha}_1=\boldsymbol{\beta}_1-\boldsymbol{\beta}_2,\quad \boldsymbol{\alpha}_2=-\boldsymbol{\beta}_1+2\boldsymbol{\beta}_2.$$

所以向量组 A 与向量组 B 等价.

向量组之间的等价关系具有下述性质：

设 A,B,C 为三个向量组，则有

(1) 反身性 A 与 A 等价；

(2) 对称性 若 A 与 B 等价，则 B 与 A 等价；

(3) 传递性 若 A 与 B 等价，且 B 与 C 等价，则 A 与 C 等价.

习 题 2.1

1. 已知向量 $\boldsymbol{\alpha}_1=(1,1,0,2,6)$，$\boldsymbol{\alpha}_2=(0,1,1,1,-3)$，$\boldsymbol{\alpha}_3=(3,4,0,2,-4)$，求它的一个线性组合 $2\boldsymbol{\alpha}_1-3\boldsymbol{\alpha}_2+4\boldsymbol{\alpha}_3$.

2. 已知向量 $\boldsymbol{\alpha}_1=(2,5,1,3)$，$\boldsymbol{\alpha}_2=(10,1,5,10)$，$\boldsymbol{\alpha}_3=(4,1,-1,1)$，且有

$$3(\boldsymbol{\alpha}_1-\boldsymbol{x})+2(\boldsymbol{\alpha}_2+\boldsymbol{x})=5(\boldsymbol{\alpha}_3+\boldsymbol{x}),$$

求向量 $\boldsymbol{x}$.

3. 已知向量 $\boldsymbol{\alpha}=(1,0,a)$，$\boldsymbol{\beta}=(3,-2,1)$，$\boldsymbol{\gamma}=(b,4,3)$满足

$$5\boldsymbol{\alpha}+c\boldsymbol{\beta}-\boldsymbol{\gamma}-\boldsymbol{0},$$

试求常数 a,b,c.

4. 设有向量组 $\boldsymbol{\alpha}_1=(1,1,1,1)$，$\boldsymbol{\alpha}_2=(1,1,-1,-1)$，$\boldsymbol{\alpha}_3=(1,-1,1,-1)$，$\boldsymbol{\alpha}_4=(1,-1,-1,1)$及向量 $\boldsymbol{\beta}=(1,2,1,1)$，试将向量 $\boldsymbol{\beta}$ 表示成 $\boldsymbol{\alpha}_1,\boldsymbol{\alpha}_2,\boldsymbol{\alpha}_3,\boldsymbol{\alpha}_4$ 的线性组合.

5. 已知 $\begin{cases}\boldsymbol{\beta}_1=\boldsymbol{\alpha}_1+\boldsymbol{\alpha}_2+\boldsymbol{\alpha}_3,\\ \boldsymbol{\beta}_2=\boldsymbol{\alpha}_1+\boldsymbol{\alpha}_2+2\boldsymbol{\alpha}_3,\\ \boldsymbol{\beta}_3=\boldsymbol{\alpha}_1+2\boldsymbol{\alpha}_2+3\boldsymbol{\alpha}_3.\end{cases}$ 证明 $\boldsymbol{\alpha}_1,\boldsymbol{\alpha}_2,\boldsymbol{\alpha}_3$ 与 $\boldsymbol{\beta}_1,\boldsymbol{\beta}_2,\boldsymbol{\beta}_3$ 等价.

2.2 向量组的线性相关性

本节讨论向量组的一种重要性质——向量组的线性相关性，它描述的是向量组中有没有某个向量能由其余向量线性表示的问题. 这个性质对后面的学习起着重要的作用.

2.2.1 向量组的线性相关性

定义 设向量组 A：$\boldsymbol{\alpha}_1,\boldsymbol{\alpha}_2,\cdots,\boldsymbol{\alpha}_m$，如果存在一组不全为零的实数 $k_1,k_2,\cdots,k_m$，使得等式

$$k_1\boldsymbol{\alpha}_1+k_2\boldsymbol{\alpha}_2+\cdots+k_m\boldsymbol{\alpha}_m=\boldsymbol{0}. \tag{2.2.1}$$

成立,那么向量组 A 称为线性相关的. 否则向量组 A 称为线性无关的.

注　如果向量组 $A:\boldsymbol{\alpha}_1,\boldsymbol{\alpha}_2,\cdots,\boldsymbol{\alpha}_m$ 线性无关,且(2.2.1)式成立,则只有 $k_1=k_2=\cdots=k_m=0$.

由定义 2.2.1 可以看出,一个向量组不是线性相关,就是线性无关的.

例如对一个 3 维向量组 $\boldsymbol{\alpha}_1=(1,1,0),\boldsymbol{\alpha}_2=(0,1,1),\boldsymbol{\alpha}_3=(1,3,2)$,因为 $\boldsymbol{\alpha}_1+2\boldsymbol{\alpha}_2-\boldsymbol{\alpha}_3=\mathbf{0}$,所以向量组 $\boldsymbol{\alpha}_1,\boldsymbol{\alpha}_2,\boldsymbol{\alpha}_3$ 线性相关.

再如 2.1 节中的例 2.1.1,对齐次线性方程组可用线性运算表示,即

$$x_1\boldsymbol{\beta}_1+x_2\boldsymbol{\beta}_2+\cdots+x_n\boldsymbol{\beta}_n=\mathbf{0}, \tag{2.2.2}$$

其中 $\boldsymbol{\beta}_1,\boldsymbol{\beta}_2,\cdots,\boldsymbol{\beta}_n$ 为方程组未知量 $x_1,x_2,\cdots,x_n$ 的系数构成的列向量组,可以看出,如果齐次线性方程组有非零解 $(x_1,x_2,\cdots,x_n)$,也就是存在一组不全为零的实数 $x_1,x_2,\cdots,x_n$ 使得(2.2.2)式成立,亦即向量组 $\boldsymbol{\beta}_1,\boldsymbol{\beta}_2,\cdots,\boldsymbol{\beta}_n$ 线性相关,反之亦然.

由此可得到向量组 $\boldsymbol{\beta}_1,\boldsymbol{\beta}_2,\cdots,\boldsymbol{\beta}_n$ 的线性相关性与齐次线性方程组解的关系:

向量组 $\boldsymbol{\beta}_1,\boldsymbol{\beta}_2,\cdots,\boldsymbol{\beta}_n$ 线性相关的充分必要条件是齐次线性方程组(2.2.2)有非零解;向量组 $\boldsymbol{\beta}_1,\boldsymbol{\beta}_2,\cdots,\boldsymbol{\beta}_n$ 线性无关的充分必要条件是齐次线性方程组(2.2.2)只有零解.

例 2.2.1　讨论向量组

$$\boldsymbol{\alpha}_1=\begin{pmatrix}1\\1\\1\end{pmatrix},\quad \boldsymbol{\alpha}_2=\begin{pmatrix}0\\2\\5\end{pmatrix},\quad \boldsymbol{\alpha}_3=\begin{pmatrix}1\\3\\6\end{pmatrix}$$

的线性相关性.

解　设有实数 k_1,k_2,k_3,使

$$k_1\boldsymbol{\alpha}_1+k_2\boldsymbol{\alpha}_2+k_3\boldsymbol{\alpha}_3=\mathbf{0},$$

即

$$k_1\begin{pmatrix}1\\1\\1\end{pmatrix}+k_2\begin{pmatrix}0\\2\\5\end{pmatrix}+k_3\begin{pmatrix}1\\3\\6\end{pmatrix}=\mathbf{0},$$

即

$$\begin{pmatrix}k_1+k_3\\k_1+2k_2+3k_3\\k_1+5k_2+6k_3\end{pmatrix}=\begin{pmatrix}0\\0\\0\end{pmatrix},$$

从而有齐次线性方程组

$$\begin{cases}k_1+k_3=0,\\k_1+2k_2+3k_3=0,\\k_1+5k_2+6k_3=0.\end{cases}$$

由第 1 式得 $k_1=-k_3$，代入后面两式，得

$$2k_2+2k_3=0,\quad 5k_2+5k_3=0.$$

取 $k_3=-1$，则有 $k_1=k_2=1$. 于是得到一组不全为零的数 1,1,−1，使得

$$\boldsymbol{\alpha}_1+\boldsymbol{\alpha}_2-\boldsymbol{\alpha}_3=\mathbf{0}.$$

所以向量组 $\boldsymbol{\alpha}_1,\boldsymbol{\alpha}_2,\boldsymbol{\alpha}_3$ 是线性相关的.

例 2.2.2 n 维向量组 $\boldsymbol{\varepsilon}_1=(1,0,\cdots,0),\boldsymbol{\varepsilon}_2=(0,1,\cdots,0),\cdots,\boldsymbol{\varepsilon}_n=(0,0,\cdots,1)$ 称为 n 维单位坐标向量组，试讨论它的线性相关性.

解 设存在一组实数 $\lambda_1,\lambda_2,\cdots,\lambda_n$，使得

$$\lambda_1\boldsymbol{\varepsilon}_1+\lambda_2\boldsymbol{\varepsilon}_2+\cdots+\lambda_n\boldsymbol{\varepsilon}_n=\mathbf{0},$$

即

$$\lambda_1(1,0,\cdots,0)+\lambda_2(0,1,\cdots,0)+\cdots+\lambda_n(0,0,\cdots,1)=(0,0,\cdots,0),$$

即

$$(\lambda_1,\lambda_2,\cdots,\lambda_n)=(0,0,\cdots,0),$$

于是只有

$$\lambda_1=\lambda_2=\cdots=\lambda_n=0.$$

所以向量组 $\boldsymbol{\varepsilon}_1,\boldsymbol{\varepsilon}_2,\cdots,\boldsymbol{\varepsilon}_n$ 线性无关.

例 2.2.3 已知向量组 $\boldsymbol{\alpha}_1,\boldsymbol{\alpha}_2,\boldsymbol{\alpha}_3$ 线性无关，记向量组 $\boldsymbol{\beta}_1=\boldsymbol{\alpha}_1+\boldsymbol{\alpha}_2,\boldsymbol{\beta}_2=\boldsymbol{\alpha}_2+\boldsymbol{\alpha}_3,\boldsymbol{\beta}_3=\boldsymbol{\alpha}_3+\boldsymbol{\alpha}_1$，证明向量组 $\boldsymbol{\beta}_1,\boldsymbol{\beta}_2,\boldsymbol{\beta}_n$ 也线性无关.

证明 设有实数 x_1,x_2,x_3，使得

$$x_1\boldsymbol{\beta}_1+x_2\boldsymbol{\beta}_2+x_3\boldsymbol{\beta}_3=\mathbf{0},$$

即

$$x_1(\boldsymbol{\alpha}_1+\boldsymbol{\alpha}_2)+x_2(\boldsymbol{\alpha}_2+\boldsymbol{\alpha}_3)+x_3(\boldsymbol{\alpha}_3+\boldsymbol{\alpha}_1)=\mathbf{0},$$

亦即

$$(x_1+x_3)\boldsymbol{\alpha}_1+(x_1+x_2)\boldsymbol{\alpha}_2+(x_2+x_3)\boldsymbol{\alpha}_3=\mathbf{0},$$

因为向量组 $\boldsymbol{\alpha}_1,\boldsymbol{\alpha}_2,\boldsymbol{\alpha}_3$ 线性无关，故得齐次线性方程组

$$\begin{cases}x_1+x_3=0,\\x_1+x_2=0,\\x_2+x_3=0.\end{cases}$$

由于此方程组的系数行列式

$$D=\begin{vmatrix}1&0&1\\1&1&0\\0&1&1\end{vmatrix}=2\neq 0,$$

根据克拉默法则知道此齐次线性方程组只有零解，即 $x_1=x_2=x_3=0$. 从而向量组 $\boldsymbol{\beta}_1,\boldsymbol{\beta}_2,\boldsymbol{\beta}_3$ 是线性无关的.

再给一个非常明显的结论.

含有零向量的向量组一定线性相关.

事实上,设向量组 $A:\mathbf{0},\boldsymbol{\alpha}_2,\cdots,\boldsymbol{\alpha}_m$,因为有不全为零的实数 1,0,…,0,使得

$$1\cdot\mathbf{0}+0\cdot\boldsymbol{\alpha}_2+\cdots+0\cdot\boldsymbol{\alpha}_m=\mathbf{0}.$$

所以向量组 A 线性相关.

2.2.2 向量组线性相关性与线性组合的关系

用向量组的线性组合概念来刻画向量组线性相关性就有如下定理.

定理 2.2.1 向量组 $A:\boldsymbol{\alpha}_1,\boldsymbol{\alpha}_2,\cdots,\boldsymbol{\alpha}_m(m\geqslant 2)$线性相关的充分必要条件是向量组 A 中至少有一个向量能由其余 $m-1$ 个向量线性表示.

证明 充分性.不妨设向量 $\boldsymbol{\alpha}_m$ 能由其余向量 $\boldsymbol{\alpha}_1,\boldsymbol{\alpha}_2,\cdots,\boldsymbol{\alpha}_{m-1}$ 线性表示,即有一组实数 $\lambda_1,\lambda_2,\cdots,\lambda_{m-1}$,使得

$$\boldsymbol{\alpha}_m=\lambda_1\boldsymbol{\alpha}_1+\cdots+\lambda_{m-1}\boldsymbol{\alpha}_{m-1},$$

从而

$$\lambda_1\boldsymbol{\alpha}_1+\cdots+\lambda_{m-1}\boldsymbol{\alpha}_{m-1}-\boldsymbol{\alpha}_m=\mathbf{0},$$

其中 $\lambda_1,\lambda_2,\cdots,\lambda_{m-1},-1$ 这 m 个数是不全为零(至少 $-1\neq 0$)的,因此向量组 A 线性相关.

必要性.因为向量组 A 线性相关,由定义 2.2.1 存在一组不全为零的实数 k_1, $k_2,\cdots,k_m$,使得

$$k_1\boldsymbol{\alpha}_1+k_2\boldsymbol{\alpha}_2+\cdots+k_m\boldsymbol{\alpha}_m=\mathbf{0}.$$

因为 $k_1,k_2,\cdots,k_m$ 中至少有一个不为零,不妨设 $k_1\neq 0$,则有

$$\boldsymbol{\alpha}_1=-\frac{k_2}{k_1}\boldsymbol{\alpha}_2-\frac{k_3}{k_1}\boldsymbol{\alpha}_3-\cdots-\frac{k_m}{k_1}\boldsymbol{\alpha}_m,$$

即 $\boldsymbol{\alpha}_1$ 能由 $\boldsymbol{\alpha}_2,\boldsymbol{\alpha}_3,\cdots,\boldsymbol{\alpha}_m$ 线性表示,因此 A 中至少有一个向量能由其余 $m-1$ 个向量线性表示.

定理 2.2.1 更清楚地刻画了向量组线性相关与线性组合的本质.

例如,向量组 $\boldsymbol{\alpha}_1=(2,2,2,0)$,$\boldsymbol{\alpha}_2=(1,1,1,0)$,$\boldsymbol{\alpha}_3=(0,0,0,1)$是线性相关的,有

$$\boldsymbol{\alpha}_1=2\boldsymbol{\alpha}_2+0\boldsymbol{\alpha}_3.$$

但是 $\boldsymbol{\alpha}_3$ 不能由 $\boldsymbol{\alpha}_1,\boldsymbol{\alpha}_2$ 线性表示.

这个例子说明在线性相关的向量组 $\boldsymbol{\alpha}_1,\boldsymbol{\alpha}_2,\cdots,\boldsymbol{\alpha}_m(m\geqslant 2)$中,并不能保证每一个向量都能由其余 $m-1$ 个向量线性表示.

进一步我们还有如下结论.

定理 2.2.2 设向量组 $\boldsymbol{\alpha}_1,\boldsymbol{\alpha}_2,\cdots,\boldsymbol{\alpha}_m$ 线性无关,而向量组 $\boldsymbol{\alpha}_1,\boldsymbol{\alpha}_2,\cdots,\boldsymbol{\alpha}_m,\boldsymbol{\beta}$ 线性相关,则 $\boldsymbol{\beta}$ 能由向量组 $\boldsymbol{\alpha}_1,\boldsymbol{\alpha}_2,\cdots,\boldsymbol{\alpha}_m$ 线性表示,且表示式是唯一的.

证明 由于向量组 $\boldsymbol{\alpha}_1,\boldsymbol{\alpha}_2,\cdots,\boldsymbol{\alpha}_m,\boldsymbol{\beta}$ 线性相关,故有不全为零的实数 $k_1,\cdots$,

k_m, k_{m+1}，使得

$$k_1\boldsymbol{\alpha}_1+\cdots+k_m\boldsymbol{\alpha}_m+k_{m+1}\boldsymbol{\beta}=\mathbf{0}.$$

现在证明 $k_{m+1}\neq0$. 用反证法，假设 $k_{m+1}=0$，则 $k_1,k_2,\cdots,k_m$ 是不全为零的实数，并且有

$$k_1\boldsymbol{\alpha}_1+k_1\boldsymbol{\alpha}_2+\cdots+k_m\boldsymbol{\alpha}_m=\mathbf{0}.$$

而这与向量组 $\boldsymbol{\alpha}_1,\boldsymbol{\alpha}_2,\cdots,\boldsymbol{\alpha}_m$ 线性无关矛盾，所以 $k_{m+1}\neq0$. 这样就有

$$\boldsymbol{\beta}=-\frac{k_1}{k_{m+1}}\boldsymbol{\alpha}_1-\frac{k_2}{k_{m+1}}\boldsymbol{\alpha}_2-\cdots-\frac{k_m}{k_{m+1}}\boldsymbol{\alpha}_m.$$

因此向量 $\boldsymbol{\beta}$ 能由向量组 $\boldsymbol{\alpha}_1,\boldsymbol{\alpha}_2,\cdots,\boldsymbol{\alpha}_m$ 线性表示.

再证表示式的唯一性. 设向量 $\boldsymbol{\beta}$ 由向量组 $\boldsymbol{\alpha}_1,\boldsymbol{\alpha}_2,\cdots,\boldsymbol{\alpha}_m$ 有两种线性表示，即有

$$\boldsymbol{\beta}=\lambda_1\boldsymbol{\alpha}_1+\lambda_2\boldsymbol{\alpha}_2+\cdots+\lambda_m\boldsymbol{\alpha}_m,$$

及

$$\boldsymbol{\beta}=\mu_1\boldsymbol{\alpha}_1+\mu_2\boldsymbol{\alpha}_2+\cdots+\mu_m\boldsymbol{\alpha}_m.$$

两式相减，得

$$(\lambda_1-\mu_1)\boldsymbol{\alpha}_1+(\lambda_2-\mu_2)\boldsymbol{\alpha}_2+\cdots+(\lambda_m-\mu_m)\boldsymbol{\alpha}_m=\mathbf{0}.$$

因为向量组 $\boldsymbol{\alpha}_1,\boldsymbol{\alpha}_2,\cdots,\boldsymbol{\alpha}_m$ 线性无关，所以只有

$$\lambda_i-\mu_i=0\quad(i=1,2,\cdots,m),$$

即

$$\lambda_i=\mu_i\quad(i=1,2,\cdots,m).$$

故向量 $\boldsymbol{\beta}$ 的表示式是唯一的.

2.2.3 向量组线性相关性与向量个数及向量维数的关系

先讨论两种特殊情形的向量组，即向量个数分别为一个和两个，它们的线性相关性比较明显.

如果向量组仅有一个向量 $\boldsymbol{\alpha}$，由 $k\boldsymbol{\alpha}=\mathbf{0}$ 知，则当 $\boldsymbol{\alpha}\neq\mathbf{0}$ 时，$k=0$；当 $\boldsymbol{\alpha}=\mathbf{0}$ 时，k 可以取非零数. 故由定义 2.2.1 得

当 $\boldsymbol{\alpha}\neq\mathbf{0}$ 时，$\boldsymbol{\alpha}$ 线性无关；当 $\boldsymbol{\alpha}=\mathbf{0}$ 时，$\boldsymbol{\alpha}$ 线性相关.

如果向量组只含有两个向量 $\boldsymbol{\alpha},\boldsymbol{\beta}$，根据定理 2.2.1，$\boldsymbol{\alpha},\boldsymbol{\beta}$ 线性相关的充分必要条件是存在常数 k，使 $\boldsymbol{\alpha}=k\boldsymbol{\beta}$ 或 $\boldsymbol{\beta}=k\boldsymbol{\alpha}$ 成立，即 $\boldsymbol{\alpha},\boldsymbol{\beta}$ 的对应分量成比例.

例如，对向量组 $\boldsymbol{\alpha}=(1,2,1)$，$\boldsymbol{\beta}=(-2,1,0)$，因为向量 $\boldsymbol{\alpha},\boldsymbol{\beta}$ 中对应分量显然不成比例，所以向量组 $\boldsymbol{\alpha},\boldsymbol{\beta}$ 线性无关.

定理 2.2.3(替换定理) 设有向量组 $A:\boldsymbol{\alpha}_1,\boldsymbol{\alpha}_2,\cdots,\boldsymbol{\alpha}_r$ 与向量组 $B:\boldsymbol{\beta}_1,\boldsymbol{\beta}_2,\cdots,\boldsymbol{\beta}_s$，如果满足条件

(1) 向量组 A 线性无关；

(2) 向量组 A 能由向量组 B 线性表示，

则必有 $r\leqslant s$，并且 B 中存在 r 个向量用 A 替换后得到的向量组与 B 等价.

证明　对 r 用数学归纳法.

当 $r=1$ 时，因为 A 能由 B 线性表示，即 $\boldsymbol{\alpha}_1$ 能由 B 线性表示，设为

$$\boldsymbol{\alpha}_1=k_1\boldsymbol{\beta}_1+k_2\boldsymbol{\beta}_2+\cdots+k_s\boldsymbol{\beta}_s,$$

所以必有 $1\leqslant s$. 又因为 A 线性无关，所以 $\boldsymbol{\alpha}_1\neq\mathbf{0}$，从而至少有一个 $k_i\neq 0$，不妨设 $k_1\neq 0$，于是有

$$\boldsymbol{\beta}_1=\frac{1}{k_1}\boldsymbol{\alpha}_1-\frac{k_2}{k_1}\boldsymbol{\beta}_2-\cdots-\frac{k_s}{k_1}\boldsymbol{\beta}_s,$$

所以 B 中的 $\boldsymbol{\beta}_1$ 用 $\boldsymbol{\alpha}_1$ 替换后得到的向量组

$$C:\boldsymbol{\alpha}_1,\boldsymbol{\beta}_2,\cdots,\boldsymbol{\beta}_s,$$

与 B 等价. 因此 $r=1$ 时结论成立.

假设结论对 $r-1$ 成立，即有 $r-1\leqslant s$，且用 $\boldsymbol{\alpha}_1,\boldsymbol{\alpha}_2,\cdots,\boldsymbol{\alpha}_{r-1}$ 替换 B 中 $r-1$ 向量（为方便起见，不妨设替换了 $\beta_1,\beta_2,\cdots,\beta_{r-1}$）后的向量组

$$D:\boldsymbol{\alpha}_1,\boldsymbol{\alpha}_2,\cdots,\boldsymbol{\alpha}_{r-1},\boldsymbol{\beta}_r,\cdots,\boldsymbol{\beta}_s$$

与 B 等价. 现在来证明结论对 r 也成立.

首先有 $r-1\neq s$，因为如果 $r-1=s$，则 D 中已无 $\boldsymbol{\beta}_i$，由归纳法假设

$$D:\boldsymbol{\alpha}_1,\boldsymbol{\alpha}_2,\cdots,\boldsymbol{\alpha}_{r-1}\text{ 与 }B:\boldsymbol{\beta}_1,\boldsymbol{\beta}_2,\cdots,\boldsymbol{\beta}_s$$

等价，又因为 $\boldsymbol{\alpha}_r$ 能由 B 线性表示，从而 $\boldsymbol{\alpha}_r$ 可由 D 线性表示，即 $\boldsymbol{\alpha}_r$ 可由 $\boldsymbol{\alpha}_1,\boldsymbol{\alpha}_2,\cdots,\boldsymbol{\alpha}_{r-1}$ 线性表示，根据定理 2.2.2 知道这与 A 线性无关矛盾，于是有 $r-1<s$，即 $r\leqslant s$ 成立. 所以向量组

$$D:\boldsymbol{\alpha}_1,\boldsymbol{\alpha}_2,\cdots,\boldsymbol{\alpha}_{r-1},\boldsymbol{\beta}_r,\cdots,\boldsymbol{\beta}_s$$

与 B 等价，D 现中至少有一个 $\boldsymbol{\beta}_r$ 存在.

其次因为 $\boldsymbol{\alpha}_r$ 能由 B 线性表示，以及 D 与 B 等价，则 $\boldsymbol{\alpha}_r$ 能由 D 线性表示，设有

$$\boldsymbol{\alpha}_r=k_1\boldsymbol{\alpha}_1+k_2\boldsymbol{\alpha}_2+\cdots+k_{r-1}\boldsymbol{\alpha}_{r-1}+l_r\boldsymbol{\beta}_r+\cdots+l_s\boldsymbol{\beta}_s,$$

则必有一个 $l_j\neq 0$. 事实上，如果 l_j 都为零，则 $\boldsymbol{\alpha}_r$ 能由 $\boldsymbol{\alpha}_1,\boldsymbol{\alpha}_2,\cdots,\boldsymbol{\alpha}_{r-1}$ 线性表示，根据定理 2.2.1 知道这与 A 线性无关矛盾. 不妨设 $l_r\neq 0$，因此 $\boldsymbol{\beta}_r$ 能由

$$E:\boldsymbol{\alpha}_1,\boldsymbol{\alpha}_2,\cdots,\boldsymbol{\alpha}_r,\boldsymbol{\beta}_{r+1},\cdots,\boldsymbol{\beta}_s$$

线性表示，又 E 与 D 中除 $\boldsymbol{\alpha}_r$ 与 $\boldsymbol{\beta}_r$ 外其他向量一致，于是 E 与 D 等价，从而 E 与 B 等价.

例如，对向量组 $A:\boldsymbol{\alpha}_1=(1,0,0,0)$，$\boldsymbol{\alpha}_2=(0,1,0,0)$ 与向量组 $B:\boldsymbol{\beta}_1=(2,1,0,0)$，$\boldsymbol{\beta}_2=(1,1,0,0)$，$\boldsymbol{\beta}_3=(2,0,0,0)$，显然 A 线性无关，且有 $\boldsymbol{\alpha}_1=\boldsymbol{\beta}_1-\boldsymbol{\beta}_2$，$\boldsymbol{\alpha}_2=\boldsymbol{\beta}_1-\boldsymbol{\beta}_3$，即 A 能由 B 线性表示，A 的向量个数为 $r=2$，B 的向量个数为 $s=3$.

因为 $\boldsymbol{\beta}_1=\boldsymbol{\alpha}_1+\boldsymbol{\beta}_2$，所以可用 $\boldsymbol{\alpha}_1$ 替换 $\boldsymbol{\beta}_1$，又因为 $\boldsymbol{\beta}_3=\boldsymbol{\beta}_1-\boldsymbol{\alpha}_2=(\boldsymbol{\alpha}_1+\boldsymbol{\beta}_2)-\boldsymbol{\alpha}_2=\boldsymbol{\alpha}_1-\boldsymbol{\alpha}_2+\boldsymbol{\beta}_2$，所以可用 $\boldsymbol{\alpha}_2$ 替换 $\boldsymbol{\beta}_3$，显然，这样 B 中的向量 $\boldsymbol{\beta}_1,\boldsymbol{\beta}_3$ 用 A 替换后得到的向量组 $C:\boldsymbol{\alpha}_1,\boldsymbol{\beta}_2,\boldsymbol{\alpha}_3$ 与 B 等价.

由定理 2.2.3 不难得到如下结论：

推论 1 设有向量组 A：$\boldsymbol{\alpha}_1,\boldsymbol{\alpha}_2,\cdots,\boldsymbol{\alpha}_r$ 与向量组 B：$\boldsymbol{\beta}_1,\boldsymbol{\beta}_2,\cdots,\boldsymbol{\beta}_s$，如果满足条件

(1) $r>s$；

(2) 向量组 A 能由向量组 B 线性表示，

则向量组 A 必线性相关.

推论 2 等价的线性无关向量组所含向量个数相等.

证明 设线性无关的向量组 A 与向量组 B 等价，A 所含的向量个数为 r，B 所含的向量个数为 s，根据定理 2.2.3 得到 $r\leqslant s$ 且 $s\leqslant r$，所以 $r=s$.

定理 2.2.4 若向量组 $\boldsymbol{\alpha}_1,\boldsymbol{\alpha}_2,\cdots,\boldsymbol{\alpha}_r$ 线性相关，则再任意添加上 $m-r$ 个向量的向量组 $\boldsymbol{\alpha}_1,\cdots,\boldsymbol{\alpha}_r,\boldsymbol{\alpha}_{r+1},\cdots,\boldsymbol{\alpha}_m$ 也线性相关.

证明 因 $\boldsymbol{\alpha}_1,\cdots,\boldsymbol{\alpha}_r$ 线性相关，故存在 $k_1,\cdots,k_r$，不全为零，使得

$$k_1\boldsymbol{\alpha}_1+\cdots+k_r\boldsymbol{\alpha}_r=\boldsymbol{0},$$

从而

$$k_1\boldsymbol{\alpha}_1+\cdots+k_r\boldsymbol{\alpha}_r+0\boldsymbol{\alpha}_{r+1}+\cdots+0\boldsymbol{\alpha}_m=\boldsymbol{0},$$

其中 $k_1,\cdots,k_r,0,\cdots,0$ 这 m 个数不全为零. 故向量组 $\boldsymbol{\alpha}_1,\cdots,\boldsymbol{\alpha}_r,\boldsymbol{\alpha}_{r+1},\cdots,\boldsymbol{\alpha}_m$ 线性相关.

定理 2.2.4 的逆否命题为：如果一个向量组线性无关，那么它的部分向量组成的向量组也线性无关.

上面讨论了向量组线性相关性与向量组所含向量个数的关系，下面再讨论向量组线性相关性与向量维数的关系.

定理 2.2.5 如果 r 维向量组

$$\boldsymbol{\alpha}_i=(a_{i1},a_{i2},\cdots,a_{ir})\quad(i=1,2,\cdots,m)$$

线性无关，则对每个向量再各添上一个分量后，得到的 $r+1$ 维向量组

$$\boldsymbol{\beta}_i=(a_{i1},\cdots,a_{ir},a_{i,r+1})\quad(i=1,2,\cdots,m)$$

也线性无关.

证明 用反证法. 假设 $\boldsymbol{\beta}_1,\boldsymbol{\beta}_2,\cdots,\boldsymbol{\beta}_m$ 线性相关，则存在不全为零的数 k_1，$k_2,\cdots,k_m$，使得

$$k_1\boldsymbol{\beta}_1+k_2\boldsymbol{\beta}_2+\cdots+k_m\boldsymbol{\beta}_m=\boldsymbol{0},$$

按分量写出来即有齐次线性方程组

$$\begin{cases}k_1a_{11}+k_2a_{21}+\cdots+k_ma_{m1}=0,\\ k_1a_{12}+k_2a_{22}+\cdots+k_ma_{m2}=0,\\ \qquad\cdots\cdots\\ k_1a_{1r}+k_2a_{2r}+\cdots+k_ma_{mr}=0,\\ k_1a_{1,r+1}+k_2a_{2,r+1}+\cdots+k_ma_{m,r+1}=0.\end{cases}$$

而前 r 个式子再写成向量形式，即有

$$k_1\boldsymbol{\alpha}_1 + k_2\boldsymbol{\alpha}_2 + \cdots + k_m\boldsymbol{\alpha}_m = \mathbf{0}.$$

于是得到向量组 $\boldsymbol{\alpha}_1,\boldsymbol{\alpha}_2,\cdots,\boldsymbol{\alpha}_m$ 线性相关，而这与已知条件矛盾. 所以向量组 $\boldsymbol{\beta}_1,\boldsymbol{\beta}_2,\cdots,\boldsymbol{\beta}_m$ 线性无关.

推论 3　如果一个 r 维的向量组线性无关，并对向量组中每个向量的第 $k(1\leqslant k\leqslant r)$ 分量前(后)再添上任意 $n-r$ 个分量，则这样所得到的一个 n 维向量组也线性无关；反言之，如果所得到的 n 维向量组线性相关，则原来的 r 维向量组也线性相关.

例 2.2.4　已知向量组 $\boldsymbol{\alpha}_1=(1,a,1,1),\boldsymbol{\alpha}_2=(1,b,1,0),\boldsymbol{\alpha}_3=(1,c,0,0)$，其中 a,b,c 为任意实数，讨论这个向量组的线性相关性.

证明　对向量组 $\boldsymbol{\alpha}_1,\boldsymbol{\alpha}_2,\boldsymbol{\alpha}_3$ 中每个向量都去掉第二分量得向量组

$$\boldsymbol{\beta}_1 = (1,1,1),\quad \boldsymbol{\beta}_2 = (1,1,0),\quad \boldsymbol{\beta}_3 = (1,0,0).$$

则向量组 $\boldsymbol{\beta}_1,\boldsymbol{\beta}_2,\boldsymbol{\beta}_3$ 线性无关，事实上，设有实数 k_1,k_2,k_3 使得

$$k_1\boldsymbol{\beta}_1 + k_2\boldsymbol{\beta}_2 + k_3\boldsymbol{\beta}_3 = \mathbf{0},$$

按分量写出来即有齐次线性方程组

$$\begin{cases} k_1 + k_2 + k_3 = 0, \\ \qquad k_1 + k_2 = 0, \\ \qquad\qquad k_1 = 0. \end{cases}$$

而系数行列式

$$\begin{vmatrix} 1 & 1 & 1 \\ 1 & 1 & 0 \\ 1 & 0 & 0 \end{vmatrix} = -1 \neq 0.$$

所以方程组只有零解，即 $k_1=k_2=k_3=0$，从而向量组 $\boldsymbol{\beta}_1,\boldsymbol{\beta}_2,\boldsymbol{\beta}_3$ 线性无关，进而根据定理 2.2.5 的推论 3 得到向量组 $\boldsymbol{\alpha}_1,\boldsymbol{\alpha}_2,\boldsymbol{\alpha}_3$ 线性无关.

例 2.2.5　设向量组 $\boldsymbol{\alpha}_1,\boldsymbol{\alpha}_2,\boldsymbol{\alpha}_3$ 线性相关，而向量组 $\boldsymbol{\alpha}_2,\boldsymbol{\alpha}_3,\boldsymbol{\alpha}_4$ 线性无关，证明向量 $\boldsymbol{\alpha}_1$ 能由向量组 $\boldsymbol{\alpha}_2,\boldsymbol{\alpha}_3$ 线性表示.

证明　因为向量组 $\boldsymbol{\alpha}_2,\boldsymbol{\alpha}_3,\boldsymbol{\alpha}_4$ 线性无关，所以根据定理 2.2.4 的逆否命题可知向量组 $\boldsymbol{\alpha}_2,\boldsymbol{\alpha}_3$ 也线性无关，又由于向量组 $\boldsymbol{\alpha}_1,\boldsymbol{\alpha}_2,\boldsymbol{\alpha}_3$ 线性相关，从而根据定理 2.2.2 向量 $\boldsymbol{\alpha}_1$ 能由 $\boldsymbol{\alpha}_2,\boldsymbol{\alpha}_3$ 线性表示.

习　题　2.2

1. 判断下列向量组的线性相关性

(1) $\boldsymbol{\alpha}_1=(1,1,0),\boldsymbol{\alpha}_2=(0,1,1),\boldsymbol{\alpha}_3=(3,0,0)$；

(2) $\boldsymbol{\alpha}_1=(1,1,2),\boldsymbol{\alpha}_2=(1,3,0),\boldsymbol{\alpha}_3=(3,-1,10)$；

(3) $\boldsymbol{\alpha}_1=(1,1,3),\boldsymbol{\alpha}_2=(2,4,5),\boldsymbol{\alpha}_3=(1,-1,0),\boldsymbol{\alpha}_4=(2,2,6)$.

2. 求数 a 的取值，使下面的向量组线性相关

$$\boldsymbol{\alpha}_1 = (a,1,1), \quad \boldsymbol{\alpha}_2 = (1,a,1), \quad \boldsymbol{\alpha}_3 = (1,1,a).$$

3. 已知向量组 $\boldsymbol{\alpha}_1,\boldsymbol{\alpha}_2,\cdots,\boldsymbol{\alpha}_m$ 线性无关,证明向量组 $\boldsymbol{\alpha}_1-\boldsymbol{\alpha}_m,\boldsymbol{\alpha}_2-\boldsymbol{\alpha}_m,\cdots,\boldsymbol{\alpha}_{m-1}-\boldsymbol{\alpha}_m$ 也线性无关.

4. 设 $\boldsymbol{\beta}_1=\boldsymbol{\alpha}_1,\boldsymbol{\beta}_2=\boldsymbol{\alpha}_1+\boldsymbol{\alpha}_2,\cdots,\boldsymbol{\beta}_m=\boldsymbol{\alpha}_1+\boldsymbol{\alpha}_2+\cdots+\boldsymbol{\alpha}_m$,且向量组 $\boldsymbol{\alpha}_1,\boldsymbol{\alpha}_2,\cdots,\boldsymbol{\alpha}_m$ 线性无关,证明向量组 $\boldsymbol{\beta}_1,\boldsymbol{\beta}_2,\cdots,\boldsymbol{\beta}_m$ 也线性无关.

5. 对任意一个向量组 $\boldsymbol{\alpha}_1,\boldsymbol{\alpha}_2,\boldsymbol{\alpha}_3,\boldsymbol{\alpha}_4$,设

$$\boldsymbol{\beta}_1 = \boldsymbol{\alpha}_1+\boldsymbol{\alpha}_2, \quad \boldsymbol{\beta}_2 = \boldsymbol{\alpha}_2+\boldsymbol{\alpha}_3, \quad \boldsymbol{\beta}_3 = \boldsymbol{\alpha}_3+\boldsymbol{\alpha}_4, \quad \boldsymbol{\beta}_m = \boldsymbol{\alpha}_4+\boldsymbol{\alpha}_1$$

证明向量组 $\boldsymbol{\beta}_1,\boldsymbol{\beta}_2,\boldsymbol{\beta}_3,\boldsymbol{\beta}_4$ 线性相关.

6. 判断下列命题的对与错,并说明理由

(1) 因为 $0\boldsymbol{\alpha}_1+0\boldsymbol{\alpha}_2+\cdots+0\boldsymbol{\alpha}_m=\boldsymbol{0}$,所有向量组 $\boldsymbol{\alpha}_1,\boldsymbol{\alpha}_2,\cdots,\boldsymbol{\alpha}_m$ 线性无关;

(2) 如果对任何不全为零的数 $k_1,k_2,\cdots,k_m$ 都有 $k_1\boldsymbol{\alpha}_1+k_2\boldsymbol{\alpha}_2+\cdots+k_m\boldsymbol{\alpha}_m\neq\boldsymbol{0}$,则向量组 $\boldsymbol{\alpha}_1,\boldsymbol{\alpha}_2,\cdots,\boldsymbol{\alpha}_m$ 线性无关;

(3) 因为向量组 $\boldsymbol{\alpha}_1,\boldsymbol{\alpha}_2,\cdots,\boldsymbol{\alpha}_m$ 线性无关,所以向量组 $\boldsymbol{\alpha}_1,\boldsymbol{\alpha}_2,\cdots,\boldsymbol{\alpha}_m,\boldsymbol{\beta}$ 也线性无关;

(4) 因为向量组

$$\begin{gathered}\boldsymbol{\alpha}_1 = (a_{11},a_{12},\cdots,a_{1n}),\\ \boldsymbol{\alpha}_2 = (a_{21},a_{22},\cdots,a_{2n}),\\ \cdots\cdots\\ \boldsymbol{\alpha}_m = (a_{m1},a_{m2},\cdots,a_{mn})\end{gathered}$$

线性相关,所以向量组

$$\begin{gathered}\boldsymbol{\beta}_1 = (a_{11},a_{12},\cdots,a_{1n},1),\\ \boldsymbol{\beta}_2 = (a_{21},a_{22},\cdots,a_{2n},1),\\ \cdots\cdots\\ \boldsymbol{\beta}_m = (a_{m1},a_{m2},\cdots,a_{mn},1)\end{gathered}$$

也线性相关;

(5) 已知向量组 $\boldsymbol{\alpha}_1=(1,2),\boldsymbol{\alpha}_2=(0,4)$ 线性无关,则向量组 $\boldsymbol{\beta}_1=(1,2,0),\boldsymbol{\beta}_2=(0,4,0)$ 也线性无关;

(6) 已知向量组 $\boldsymbol{\alpha}_1=(1,2,0),\boldsymbol{\alpha}_2=(2,4,0)$ 线性相关,则向量组 $\boldsymbol{\beta}_1=(1,2,0,0),\boldsymbol{\beta}_2=(2,4,0,0)$ 也线性相关.

2.3 向量组的秩

在前面的讨论中我们已经知道,对给定的一个向量组,可能线性无关也可能线性相关,在线性相关时,则至少有一个向量能由其余的向量线性表示. 现在的问题是,在一个向量组中能不能找到几个线性无关的向量把向量组的每个向量都线性表示呢? 这就是本节将要介绍的向量组的最大无关组概念和向量组的秩的概念.

2.3.1　向量组的最大无关组

定义 2.3.1　设有向量组 A,如果在 A 中有 r 个向量 $\boldsymbol{\alpha}_1,\boldsymbol{\alpha}_2,\cdots,\boldsymbol{\alpha}_r$ 满足:

(1) 向量组 $\boldsymbol{\alpha}_1,\boldsymbol{\alpha}_2,\cdots,\boldsymbol{\alpha}_r$ 线性无关;

(2) A 中任意向量 $\boldsymbol{\alpha}$ 都能由向量组 $\boldsymbol{\alpha}_1,\boldsymbol{\alpha}_2,\cdots,\boldsymbol{\alpha}_r$ 线性表示,

则 $\boldsymbol{\alpha}_1,\boldsymbol{\alpha}_2,\cdots,\boldsymbol{\alpha}_r$ 称为向量组 A 的一个最大线性无关向量组,简称最大无关组.

例 2.3.1　求向量组 $\boldsymbol{\alpha}_1=(1,0,0),\boldsymbol{\alpha}_2=(0,1,0),\boldsymbol{\alpha}_3=(2,3,0)$的一个最大无关组.

解　在这个向量组中,容易看出 $\boldsymbol{\alpha}_1,\boldsymbol{\alpha}_2$ 线性无关,且有 $\boldsymbol{\alpha}_3=2\boldsymbol{\alpha}_1+3\boldsymbol{\alpha}_2$,所以根据定义 1 得到,$\boldsymbol{\alpha}_1,\boldsymbol{\alpha}_2$ 是该向量组的一个最大无关组.

在例 2.3.1 中可以验证 $\boldsymbol{\alpha}_2,\boldsymbol{\alpha}_3$ 和 $\boldsymbol{\alpha}_1,\boldsymbol{\alpha}_3$ 也是该向量组的最大无关组.

从例 2.3.1 中看出,一个向量组的最大无关组不一定是唯一的,可能有许多个.那么它们之间有什么关系呢?

由定义 2.3.1 知道,一个向量组可以用它的最大无关组线性表示,而最大无关组又包含在该向量组中,当然也能用该向量组线性表示,所以有最大无关组的性质.

性质 1　向量组与它的任一个最大无关组都等价.

由等价的传递性,可得到一个向量组中两个最大无关组之间有如下关系.

性质 2　向量组的任意两个最大无关组都等价.

再由 2.2 节中的推论 2 得到最大无关组的又一个性质.

性质 3　一个向量组的任意两个最大无关组所含的向量个数相等.

此外还有如下性质.

性质 4　一个向量组线性无关的充分必要条件是它的最大无关组就是向量组本身.

2.3.2　向量组的秩

由上述性质 3 知道,一个向量组的所有最大无关组所含的向量个数是一个定数,它是向量组的一个重要属性. 于是有

定义 2.3.2　一个向量组 A 的最大线性无关组所含向量的个数,称为向量组 A 的秩,记为 $R(A)$或 $r(A)$.

由于只含零向量的向量组没有最大无关组,所以规定它的秩为 0.

例 2.3.2　求向量组 $\boldsymbol{\alpha}_1=(1,0,0),\boldsymbol{\alpha}_2=(0,1,0),\boldsymbol{\alpha}_3=(2,3,0)$的秩.

解　由例 2.3.1 已经知道 $\boldsymbol{\alpha}_3=2\boldsymbol{\alpha}_1+3\boldsymbol{\alpha}_2$,所以 $\boldsymbol{\alpha}_1,\boldsymbol{\alpha}_2,\boldsymbol{\alpha}_3$ 线性相关,又 $\boldsymbol{\alpha}_1,\boldsymbol{\alpha}_2$ 是线性无关的,故 $\boldsymbol{\alpha}_1,\boldsymbol{\alpha}_2$ 是向量组 $\boldsymbol{\alpha}_1,\boldsymbol{\alpha}_2,\boldsymbol{\alpha}_3$ 的一个最大无关组,从而得 $R(\boldsymbol{\alpha}_1,\boldsymbol{\alpha}_2,\boldsymbol{\alpha}_3)=2$.

根据最大无关组的性质 4 得到

定理 2.3.1 向量组线性无关的充要条件是它所含向量的个数等于它的秩.

由此可见,向量组的秩能够刻画出向量组的线性相关性.设向量组的向量个数为 m,向量组的秩为 r,则当 $m>r$ 时,向量组线性相关;当 $m=r$ 时,向量组线性无关.

由定理 2.2.3 可以得到

定理 2.3.2 设向量组 A 的秩为 r_1,向量组 B 的秩为 r_2,如果向量组 A 能由向量组 B 线性表示,则必有 $r_1 \leqslant r_2$.

证明 设 A_1 是向量组 A 的一个最大无关组,B_1 是向量组 B 的一个最大无关组.由于向量组 A 能由向量组 B 线性表示,且 $A_1 \subset A$,所以向量组 A_1 能由向量组 B 线性表示.又因为向量组 B 能由向量组 B_1 线性表示,因此由线性表示的传递性知道向量组 A_1 能由向量组 B_1 线性表示.而向量组 A_1 是线性无关的,再根据定理 2.2.3 即有 $r_1 \leqslant r_2$.

根据定理 2.3.2 得到

推论 1 等价的向量组有相同的秩.

证明 设向量组 A 的秩为 r_1,向量组 B 的秩为 r_2,因为向量组 A 与向量组 B 等价,由定理 2.3.2 有 $r_1 \leqslant r_2$ 且 $r_2 \leqslant r_1$,故得 $r_1 = r_2$.

例 2.3.3 设由全体 n 维向量构成的向量组记为 $\mathbf{R}^n$,证明 n 维单位坐标向量组 $\boldsymbol{\varepsilon}_1, \boldsymbol{\varepsilon}_2, \cdots, \boldsymbol{\varepsilon}_n$ 是向量组 $\mathbf{R}^n$ 的一个最大无关组,并求向量组 $\mathbf{R}^n$ 的秩.

证明 前面已经证明向量组 $\varepsilon_1, \varepsilon_2, \cdots, \varepsilon_n$ 是线性无关的,因为对任一个 n 维向量 $\boldsymbol{\alpha}$,设 $\boldsymbol{\alpha} = (a_1, a_2, \cdots, a_n)$,显然有线性组合

$$\boldsymbol{\alpha} = a_1\boldsymbol{\varepsilon}_1 + a_2\boldsymbol{\varepsilon}_2 + \cdots + a_n\boldsymbol{\varepsilon}_n,$$

即向量 $\boldsymbol{\alpha}$ 能由向量组 $\boldsymbol{\varepsilon}_1, \boldsymbol{\varepsilon}_2, \cdots, \boldsymbol{\varepsilon}_n$ 线性表示.所以 n 维单位坐标向量组 $\boldsymbol{\varepsilon}_1, \boldsymbol{\varepsilon}_2, \cdots, \boldsymbol{\varepsilon}_n$ 是向量组 $\mathbf{R}^n$ 的一个最大无关组,从而得到 $\mathbf{R}^n$ 的秩为 n,即 $r(\mathbf{R}^n) = n$.

由例 2.3.3 看出,对任意一个 n 维向量组都可由单位坐标向量组 $\boldsymbol{\varepsilon}_1, \boldsymbol{\varepsilon}_2, \cdots, \boldsymbol{\varepsilon}_n$ 线性表示,由定理 2.3.2 知该向量组的秩不超过 n,即任意一个 n 维向量组的秩都不会超过 n.因此得到

推论 2 当 $m>n$ 时,m 个 n 维向量组 $\boldsymbol{\alpha}_1, \boldsymbol{\alpha}_2, \cdots, \boldsymbol{\alpha}_m$ 必线性相关.

最后我们给出一个向量能由一个向量组线性表示以及线性表示唯一性与向量组的秩之间的关系,这些结论在第 4 章的线性方程组中是非常有用的.

定理 2.3.3 给定 n 维向量组 A:$\boldsymbol{\alpha}_1, \boldsymbol{\alpha}_2, \cdots, \boldsymbol{\alpha}_m$ 及向量 $\boldsymbol{\beta}$,则有

(1) 向量 $\boldsymbol{\beta}$ 能由向量组 A 线性表示的充分必要条件是

$$R(\boldsymbol{\alpha}_1, \boldsymbol{\alpha}_2, \cdots, \boldsymbol{\alpha}_m, \boldsymbol{\beta}) = R(\boldsymbol{\alpha}_1, \boldsymbol{\alpha}_2, \cdots, \boldsymbol{\alpha}_m);$$

(2) 向量 $\boldsymbol{\beta}$ 能由向量组 A 唯一线性表示的充分必要条件是

$$R(\boldsymbol{\alpha}_1, \boldsymbol{\alpha}_2, \cdots, \boldsymbol{\alpha}_m, \boldsymbol{\beta}) = R(\boldsymbol{\alpha}_1, \boldsymbol{\alpha}_2, \cdots, \boldsymbol{\alpha}_m) = m;$$

(3) 向量 $\boldsymbol{\beta}$ 能由向量组 A 线性表示,但表示法不唯一的充分必要条件是

$$R(\boldsymbol{\alpha}_1,\boldsymbol{\alpha}_2,\cdots,\boldsymbol{\alpha}_m,\boldsymbol{\beta})=R(\boldsymbol{\alpha}_1,\boldsymbol{\alpha}_2,\cdots,\boldsymbol{\alpha}_m)<m.$$

证明　(1) 必要性. 因为向量 $\boldsymbol{\beta}$ 能由向量组 $\boldsymbol{\alpha}_1,\boldsymbol{\alpha}_2,\cdots,\boldsymbol{\alpha}_m$ 线性表示,所以向量组 $\boldsymbol{\alpha}_1,\boldsymbol{\alpha}_2,\cdots,\boldsymbol{\alpha}_m,\boldsymbol{\beta}$ 与向量组 $\boldsymbol{\alpha}_1,\boldsymbol{\alpha}_2,\cdots,\boldsymbol{\alpha}_m$ 等价,根据推论1即得到

$$R(\boldsymbol{\alpha}_1,\boldsymbol{\alpha}_2,\cdots,\boldsymbol{\alpha}_m,\boldsymbol{\beta})=R(\boldsymbol{\alpha}_1,\boldsymbol{\alpha}_2,\cdots,\boldsymbol{\alpha}_m).$$

充分性. 因为

$$R(\boldsymbol{\alpha}_1,\boldsymbol{\alpha}_2,\cdots,\boldsymbol{\alpha}_m,\boldsymbol{\beta})=R(\boldsymbol{\alpha}_1,\boldsymbol{\alpha}_2,\cdots,\boldsymbol{\alpha}_m),$$

所以向量组 $\boldsymbol{\alpha}_1,\boldsymbol{\alpha}_2,\cdots,\boldsymbol{\alpha}_m$ 的最大无关组也是向量组 $\boldsymbol{\alpha}_1,\boldsymbol{\alpha}_2,\cdots,\boldsymbol{\alpha}_m,\boldsymbol{\beta}$ 的最大无关组,因此向量 $\boldsymbol{\beta}$ 能由向量组 $\boldsymbol{\alpha}_1,\boldsymbol{\alpha}_2,\cdots,\boldsymbol{\alpha}_m$ 的最大无关组线性表示,故向量 $\boldsymbol{\beta}$ 能由向量组 $\boldsymbol{\alpha}_1,\boldsymbol{\alpha}_2,\cdots,\boldsymbol{\alpha}_m$ 线性表示.

(2) 必要性. 因为向量 $\boldsymbol{\beta}$ 能由向量组 A 线性表示,所以由(1)就有

$$R(\boldsymbol{\alpha}_1,\boldsymbol{\alpha}_2,\cdots,\boldsymbol{\alpha}_m,\boldsymbol{\beta})=R(\boldsymbol{\alpha}_1,\boldsymbol{\alpha}_2,\cdots,\boldsymbol{\alpha}_m),$$

现证明向量组 $\boldsymbol{\alpha}_1,\boldsymbol{\alpha}_2,\cdots,\boldsymbol{\alpha}_m$ 线性无关,设有

$$\lambda_1\boldsymbol{\alpha}_1+\lambda_2\boldsymbol{\alpha}_2+\cdots+\lambda_m\boldsymbol{\alpha}_m=\mathbf{0},$$

由于

$$\boldsymbol{\beta}=k_1\boldsymbol{\alpha}_1+k_2\boldsymbol{\alpha}_2+\cdots+k_m\boldsymbol{\alpha}_m.$$

两式相加得

$$\boldsymbol{\beta}=(k_1+\lambda_1)\boldsymbol{\alpha}_1+(k_2+\lambda_2)\boldsymbol{\alpha}_2+\cdots+(k_m+\lambda_m)\boldsymbol{\alpha}_m.$$

根据向量 $\boldsymbol{\beta}$ 的线性表示的唯一性,可知只能有 $\lambda_i=0(i=1,2,\cdots,m)$,从而向量组 $\boldsymbol{\alpha}_1,\boldsymbol{\alpha}_2,\cdots,\boldsymbol{\alpha}_m$ 是线性无关的,即得

$$R(\boldsymbol{\alpha}_1,\boldsymbol{\alpha}_2,\cdots,\boldsymbol{\alpha}_m,\boldsymbol{\beta})=R(\boldsymbol{\alpha}_1,\boldsymbol{\alpha}_2,\cdots,\boldsymbol{\alpha}_m)=m.$$

充分性. 因为

$$R(\boldsymbol{\alpha}_1,\boldsymbol{\alpha}_2,\cdots,\boldsymbol{\alpha}_m,\boldsymbol{\beta})=R(\boldsymbol{\alpha}_1,\boldsymbol{\alpha}_2,\cdots,\boldsymbol{\alpha}_m)=m,$$

所以向量组 $\boldsymbol{\alpha}_1,\boldsymbol{\alpha}_2,\cdots,\boldsymbol{\alpha}_m$ 线性无关,且向量组 $\boldsymbol{\alpha}_1,\boldsymbol{\alpha}_2,\cdots,\boldsymbol{\alpha}_m,\boldsymbol{\beta}$ 线性相关,根据定理2.2.3即得,向量 $\boldsymbol{\beta}$ 能由向量组 A 唯一线性表示.

(3) 必要性. 因为向量 $\boldsymbol{\beta}$ 能由向量组 A 线性表示,所以由(1)就有

$$R(\boldsymbol{\alpha}_1,\boldsymbol{\alpha}_2,\cdots,\boldsymbol{\alpha}_m,\boldsymbol{\beta})=R(\boldsymbol{\alpha}_1,\boldsymbol{\alpha}_2,\cdots,\boldsymbol{\alpha}_m).$$

又向量 $\boldsymbol{\beta}$ 能由向量组 A 线性表示,但表示法不唯一,故由(2)必有

$$R(\boldsymbol{\alpha}_1,\boldsymbol{\alpha}_2,\cdots,\boldsymbol{\alpha}_m,\boldsymbol{\beta})=R(\boldsymbol{\alpha}_1,\boldsymbol{\alpha}_2,\cdots,\boldsymbol{\alpha}_m)<m.$$

充分性. 因为

$$R(\boldsymbol{\alpha}_1,\boldsymbol{\alpha}_2,\cdots,\boldsymbol{\alpha}_m,\boldsymbol{\beta})=R(\boldsymbol{\alpha}_1,\boldsymbol{\alpha}_2,\cdots,\boldsymbol{\alpha}_m)<m,$$

所以向量组 $\boldsymbol{\alpha}_1,\boldsymbol{\alpha}_2,\cdots,\boldsymbol{\alpha}_m$ 线性相关,于是存在不全为零的数 $\lambda_1,\lambda_2,\cdots,\lambda_m$(不妨设 $\lambda_1\neq0$)使得

$$\lambda_1\boldsymbol{\alpha}_1+\lambda_2\boldsymbol{\alpha}_2+\cdots+\lambda_m\boldsymbol{\alpha}_m=\mathbf{0},$$

而向量 $\boldsymbol{\beta}$ 能由向量组 A 线性表示,设为

$$\boldsymbol{\beta} = k_1\boldsymbol{\alpha}_1 + k_2\boldsymbol{\alpha}_2 + \cdots + k_m\boldsymbol{\alpha}_m,$$

两式相加得到

$$\boldsymbol{\beta} = (k_1 + \lambda_1)\boldsymbol{\alpha}_1 + (k_2 + \lambda_2)\boldsymbol{\alpha}_2 + \cdots + (k_m + \lambda_m)\boldsymbol{\alpha}_m.$$

因为 $k_1+\lambda_1 \neq k_1$,从而向量 $\boldsymbol{\beta}$ 的线性表示式不唯一.

例 2.3.4 设有两个向量组

$$\boldsymbol{\alpha}_1 = (1,0,0,0), \quad \boldsymbol{\alpha}_2 = (0,1,0,0)$$

与

$$\boldsymbol{\beta}_1 = (0,0,1,0), \quad \boldsymbol{\beta}_2 = (0,0,0,1),$$

试证明有 $R(\boldsymbol{\alpha}_1,\boldsymbol{\alpha}_2)=R(\boldsymbol{\beta}_1,\boldsymbol{\beta}_2)$,但向量组 $\boldsymbol{\alpha}_1,\boldsymbol{\alpha}_2$ 与向量组 $\boldsymbol{\beta}_1,\boldsymbol{\beta}_2$ 不等价.

证明 不难看出,$\boldsymbol{\alpha}_1$ 与 $\boldsymbol{\alpha}_2$ 线性无关,$\boldsymbol{\beta}_1$ 与 $\boldsymbol{\beta}_2$ 线性无关,因此得到

$$R(\boldsymbol{\alpha}_1,\boldsymbol{\alpha}_2) = R(\boldsymbol{\beta}_1,\boldsymbol{\beta}_2) = 2.$$

同样可以看出,$\boldsymbol{\beta}_1$ 不能由 $\boldsymbol{\alpha}_1,\boldsymbol{\alpha}_2$ 线性表示,$\boldsymbol{\beta}_2$ 不能由 $\boldsymbol{\alpha}_1,\boldsymbol{\alpha}_2$ 线性表示,从而得到向量组 $\boldsymbol{\alpha}_1,\boldsymbol{\alpha}_2$ 与向量组 $\boldsymbol{\beta}_1,\boldsymbol{\beta}_2$ 不等价.

通过这个例题,大家联系定理 2.3.3 中(1)及证明,想一想有什么异同之处?

关于向量组的秩的具体计算方法,我们将在下一章详细介绍.

习题 2.3

1. 求下列向量组的秩,并求一个最大无关组

(1) $\boldsymbol{\alpha}_1=(1,-2,4,1)$,$\boldsymbol{\alpha}_2=(0,3,-7,5)$,$\boldsymbol{\alpha}_3=(-1,2,-4,-1)$;

(2) $\boldsymbol{\alpha}_1=(1,1,1)$,$\boldsymbol{\alpha}_2=(0,2,0)$,$\boldsymbol{\alpha}_3=(0,0,3)$.

2. 证明 n 维向量组 $\boldsymbol{\alpha}_1,\boldsymbol{\alpha}_2,\cdots,\boldsymbol{\alpha}_n$ 线性无关的充分必要条件是 n 维单位坐标向量组 $\boldsymbol{\varepsilon}_1,\boldsymbol{\varepsilon}_2,\cdots,\boldsymbol{\varepsilon}_n$ 能由向量组 $\boldsymbol{\alpha}_1,\boldsymbol{\alpha}_2,\cdots,\boldsymbol{\alpha}_n$ 线性表示.

3. 设 $\boldsymbol{\alpha}_1,\boldsymbol{\alpha}_2,\cdots,\boldsymbol{\alpha}_n$ 是一个 n 维向量组,证明 $\boldsymbol{\alpha}_1,\boldsymbol{\alpha}_2,\cdots,\boldsymbol{\alpha}_n$ 线性无关的充分必要条件是任意一个 n 维向量都能由它们线性表示.

4. 设向量组 $\boldsymbol{\alpha}_1,\boldsymbol{\alpha}_2,\cdots,\boldsymbol{\alpha}_n$ 线性无关,且有向量 $\boldsymbol{\beta}=k_1\boldsymbol{\alpha}_1+k_2\boldsymbol{\alpha}_2+\cdots+k_n\boldsymbol{\alpha}_n$,其中系数 $k_1,k_2,\cdots,k_n$ 都不为零,证明 $\boldsymbol{\alpha}_1,\boldsymbol{\alpha}_2,\cdots,\boldsymbol{\alpha}_n,\boldsymbol{\beta}$ 中任意 n 个向量都线性无关.

5. 设向量组 $A:\boldsymbol{\alpha}_1,\boldsymbol{\alpha}_2,\cdots,\boldsymbol{\alpha}_s$;$B:\boldsymbol{\beta}_1,\boldsymbol{\beta}_2,\cdots,\boldsymbol{\beta}_t$;$C:\boldsymbol{\alpha}_1,\boldsymbol{\alpha}_2,\cdots,\boldsymbol{\alpha}_s,\boldsymbol{\beta}_1,\boldsymbol{\beta}_2,\cdots,\boldsymbol{\beta}_t$ 的秩分别为 r_1,r_2,r_3,证明

$$\max(r_1,r_2) \leqslant r_3 \leqslant r_1 + r_2.$$

2.4 向量空间

前面我们讨论了 n 维向量的概念以及向量的线性运算,并且给出了 n 维向量组的线性相关性以及向量组的秩.在这一节里,为了便于抽象和推广上面所的得到的 n 维向量组的结果,我们建立向量空间的概念,并介绍向量空间的基、维数等概念.

定义 2.4.1 设 V 是 n 维向量的一个非空集合，如果集合 V 对于向量的加法和数乘两种运算封闭，即对任意的 $\boldsymbol{\alpha}\in V,\boldsymbol{\beta}\in V,k\in\mathbf{R}$，都有 $\boldsymbol{\alpha}+\boldsymbol{\beta}\in V,k\boldsymbol{\alpha}\in V$，则 V 称为向量空间.

例 2.4.1 证明 3 维向量的集合

$$V=\{(x_1,x_2,0)\mid x_1,x_2\in\mathbf{R}\}$$

是一个向量空间.

证明 显然零向量 $\mathbf{0}=(0,0,0)\in V$，所以 V 是一个非空集合.

又因为对任意的 $\boldsymbol{\alpha}=(a_1,a_2,0)\in V,\boldsymbol{\beta}=(b_1,b_2,0)\in V,k\in\mathbf{R}$，有

$$\boldsymbol{\alpha}+\boldsymbol{\beta}=(a_1+b_1,a_2+b_2,0)\in V,$$

$$k\boldsymbol{\alpha}=(ka_1,ka_2,0)\in V.$$

所以根据定义 2.4.1 得到 V 是向量空间.

例 2.4.2 证明 n 维向量集合

$$V=\{(x_1,x_2,\cdots,x_n)\mid x_1+x_2+\cdots+x_n=1\}$$

不是向量空间.

证明 因为取 $\boldsymbol{\alpha}=(a_1,a_2,\cdots,a_n)\in V,\boldsymbol{\beta}=(b_1,b_2,\cdots,b_n)\in V$，即有

$$a_1+a_2+\cdots+a_n=1,$$

$$b_1+b_2+\cdots+b_n=1.$$

而对 $\boldsymbol{\alpha}+\boldsymbol{\beta}=(a_1+b_1,a_2+b_2,\cdots,a_n+b_n)$，有

$$\begin{aligned}&(a_1+b_1)+(a_2+b_2)+\cdots+(a_n+b_n)\\&=(a_1+a_2+\cdots+a_n)+(b_1+b_2+\cdots+b_n)=1+1=2.\end{aligned}$$

所以 $\boldsymbol{\alpha}+\boldsymbol{\beta}\notin V$. 故根据定义 2.4.1 知 V 不是向量空间.

例 2.4.3 全体 n 维实向量组成的集合记为 $\mathbf{R}^n$，显然 $\mathbf{R}^n$ 是一个向量空间.

例 2.4.4 只含一个零向量的集合记为 $O=\{\mathbf{0}\}$，易验证 O 是一个向量空间，称为零向量空间.

一个向量空间就是一个向量组，将我们前面所讨论的向量组的最大无关组及秩的概念推广到向量空间上，就得到向量空间的基与维数的概念.

定义 2.4.2 设 V 为一个向量空间，如果 V 中有 r 个向量 $\boldsymbol{\alpha}_1,\boldsymbol{\alpha}_2,\cdots,\boldsymbol{\alpha}_r$ 满足

(1) 向量组 $\boldsymbol{\alpha}_1,\boldsymbol{\alpha}_2,\cdots,\boldsymbol{\alpha}_r$ 线性无关；

(2) V 中任一向量 $\boldsymbol{\alpha}$ 都可由向量组 $\boldsymbol{\alpha}_1,\boldsymbol{\alpha}_2,\cdots,\boldsymbol{\alpha}_r$ 线性表示，

则向量组 $\boldsymbol{\alpha}_1,\boldsymbol{\alpha}_2,\cdots,\boldsymbol{\alpha}_r$ 称为向量空间 V 的一个基，该基中包含的向量个数 r 称为向量空间 V 的维数，并称 V 为 r 维向量空间，记为 $\dim V=r$.

显然零向量空间中没有线性无关的向量，所以零向量空间中没有基，因此规定零向量空间是 0 维向量空间.

因为向量空间 V 是一个向量组，所以向量空间的基就是向量组的最大无关组，向量空间的维数就是向量组的秩. 由于向量组的最大无关组一般是不唯一的，

因此向量空间的基一般也不唯一.

设向量组 $\boldsymbol{\alpha}_1,\boldsymbol{\alpha}_2,\cdots,\boldsymbol{\alpha}_r$ 是 r 维向量空间 V 的一个基,那么对向量空间 V 中任意向量 $\boldsymbol{\alpha}$,总有线性组合

$$\boldsymbol{\alpha}=x_1\boldsymbol{\alpha}_1+x_2\boldsymbol{\alpha}_2+\cdots+x_r\boldsymbol{\alpha}_r.$$

由定理 2.2.3 可知,这个表示式是唯一的,即组合系数 $x_1,x_2,\cdots,x_r$ 是由向量 $\boldsymbol{\alpha}$ 唯一确定的.

定义 2.4.3 设 r 维向量空间 V 的一个基为 $\boldsymbol{\alpha}_1,\boldsymbol{\alpha}_2,\cdots,\boldsymbol{\alpha}_r$,向量 $\boldsymbol{\alpha}\in V$ 在这组基下的线性组合为

$$\boldsymbol{\alpha}=x_1\boldsymbol{\alpha}_1+x_2\boldsymbol{\alpha}_2+\cdots+x_r\boldsymbol{\alpha}_r.$$

则 $x_1,x_2,\cdots,x_r$ 称为向量 $\boldsymbol{\alpha}$ 在基 $\boldsymbol{\alpha}_1,\boldsymbol{\alpha}_2,\cdots,\boldsymbol{\alpha}_r$ 下的坐标,记为 $(x_1,x_2,\cdots,x_r)$.

例 2.4.5 证明向量空间 $\mathbf{R}^n$ 是 n 维的,并求出它的一个基.

证明 由例 2.3.3 知道,向量组 $\boldsymbol{\varepsilon}_1,\boldsymbol{\varepsilon}_2,\cdots,\boldsymbol{\varepsilon}_n$ 是 $\mathbf{R}^n$ 的一组基,因此 $\mathbf{R}^n$ 的维数为 n,$\mathbf{R}^n$ 是 n 维向量空间,并且任一个 n 维向量 $\boldsymbol{\alpha}=(a_1,a_2,\cdots,a_n)$ 在基 $\boldsymbol{\varepsilon}_1,\boldsymbol{\varepsilon}_2,\cdots,\boldsymbol{\varepsilon}_n$ 下的坐标是

$$(a_1,a_2,\cdots,a_n).$$

由最大无关组的等价性知,任何 n 个线性无关的 n 维向量 $\boldsymbol{\alpha}_1,\boldsymbol{\alpha}_2,\cdots,\boldsymbol{\alpha}_n$ 都是 $\mathbf{R}^n$ 的一个基.

例 2.4.6 已知 $\boldsymbol{\alpha}_1,\boldsymbol{\alpha}_2,\cdots,\boldsymbol{\alpha}_m$ 是一个 n 维向量组,证明集合

$$V=\{\lambda_1\boldsymbol{\alpha}_1+\lambda_2\boldsymbol{\alpha}_2+\cdots+\lambda_m\boldsymbol{\alpha}_m \mid \lambda_1,\lambda_2,\cdots,\lambda_m\in\mathbf{R}\}.$$

是一个向量空间,并求 V 的维数.

证明 设 $\boldsymbol{\alpha}\in V,\boldsymbol{\beta}\in V,k\in\mathbf{R}$,且有

$$\boldsymbol{\alpha}=x_1\boldsymbol{\alpha}_1+x_2\boldsymbol{\alpha}_2+\cdots+x_m\boldsymbol{\alpha}_m,$$

$$\boldsymbol{\beta}=y_1\boldsymbol{\alpha}_1+y_2\boldsymbol{\alpha}_2+\cdots+y_m\boldsymbol{\alpha}_m.$$

直接验算有

$$\boldsymbol{\alpha}+\boldsymbol{\beta}=(x_1+y_1)\boldsymbol{\alpha}_1+(x_2+y_2)\boldsymbol{\alpha}_2+\cdots+(x_m+y_m)\boldsymbol{\alpha}_m\in V,$$

$$k\boldsymbol{\alpha}=(kx_1)\boldsymbol{\alpha}_1+(kx_2)\boldsymbol{\alpha}_2+\cdots+(kx_m)\boldsymbol{\alpha}_m\in V.$$

即 V 对向量的线性运算是封闭的,所以集合 V 是一个向量空间.

下面求 V 的维数.

因为作为向量组 V 与向量组 $\boldsymbol{\alpha}_1,\boldsymbol{\alpha}_2,\cdots,\boldsymbol{\alpha}_m$ 等价,所以向量组 V 的秩就等于向量组 $\boldsymbol{\alpha}_1,\boldsymbol{\alpha}_2,\cdots,\boldsymbol{\alpha}_m$ 的秩,故向量空间 V 的维数就等于向量组 $\boldsymbol{\alpha}_1,\boldsymbol{\alpha}_2,\cdots,\boldsymbol{\alpha}_m$ 的秩,即得

$$\dim V=R(\boldsymbol{\alpha}_1,\boldsymbol{\alpha}_2,\cdots,\boldsymbol{\alpha}_m).$$

这一向量空间

$$V=\{\lambda_1\boldsymbol{\alpha}_1+\lambda_2\boldsymbol{\alpha}_2+\cdots+\lambda_m\boldsymbol{\alpha}_m \mid \lambda_1,\lambda_2,\cdots,\lambda_m\in\mathbf{R}\}.$$

我们称为由向量组 $\boldsymbol{\alpha}_1,\boldsymbol{\alpha}_2,\cdots,\boldsymbol{\alpha}_m$ 所生成的向量空间.

一般地有,设向量组 $\boldsymbol{\alpha}_1,\boldsymbol{\alpha}_2,\cdots,\boldsymbol{\alpha}_r$ 是向量空间 V 的一个基,则 V 可以表示为

$$V=\{\lambda_1\boldsymbol{\alpha}_1+\lambda_2\boldsymbol{\alpha}_2+\cdots+\lambda_r\boldsymbol{\alpha}_r \mid \lambda_1,\lambda_2,\cdots,\lambda_r\in\mathbf{R}\}.$$

即向量空间 V 是由它的一组基 $\boldsymbol{\alpha}_1,\boldsymbol{\alpha}_2,\cdots,\boldsymbol{\alpha}_r$ 所生成的向量空间,由这一表达式可以清楚地看出向量空间的构造. 记为 $V=L(\boldsymbol{\alpha}_1,\boldsymbol{\alpha}_2,\cdots,\boldsymbol{\alpha}_r)$.

例如,向量空间 $\mathbf{R}^n=L(\boldsymbol{\varepsilon}_1,\boldsymbol{\varepsilon}_2,\cdots,\boldsymbol{\varepsilon}_n)$.

下面是向量子空间的概念.

定义 2.4.4 设 V_1,V_2 是两个向量空间,且 $V_1\subset V_2$,则 V_1 称为 V_2 的向量子空间,简称子空间.

例如,在例 2.4.6 中,由 n 维向量构成的任一向量空间 V 都是 n 维向量空间 $\mathbf{R}^n$ 的子空间.

向量子空间的维数的一个结论

定理 2.4.1 设向量空间 V_1 是向量空间 V_2 的子空间,如果 $\dim V_1=r$, $\dim V_2=s$,则必有 $r\leqslant s$.

证明 在向量空间 V_1 中取一个基 $\boldsymbol{\alpha}_1,\boldsymbol{\alpha}_2,\cdots,\boldsymbol{\alpha}_r$,在向量空间 V_2 中取一个基 $\boldsymbol{\beta}_1,\boldsymbol{\beta}_2,\cdots,\boldsymbol{\beta}_s$,因为 $V_1\subset V_2$,所以 $\alpha_i\in V_2(i=1,2,\cdots,r)$,于是 $\boldsymbol{\alpha}_1,\boldsymbol{\alpha}_2,\cdots,\boldsymbol{\alpha}_r$ 能由 $\boldsymbol{\beta}_1,\boldsymbol{\beta}_2,\cdots,\boldsymbol{\beta}_s$ 线性表示,又由于 $\boldsymbol{\alpha}_1,\boldsymbol{\alpha}_2,\cdots,\boldsymbol{\alpha}_r$ 线性无关,所以根据定理 2.2.3 得到 $r\leqslant s$.

习　题　2.4

1. 判断下列向量集合 V 是否为向量空间

(1) $V=\{(a_1,a_2,\cdots,a_n)\mid a_1+a_2+\cdots+a_n=0\}$;

(2) $V=\{(x_1,x_2,\cdots,x_{n-1},0)\mid x_1,x_2,\cdots,x_{n-1}\in\mathbf{R}\}$;

(3) $V=\{(1,x_2,\cdots,x_n)\mid x_2,\cdots,x_n\in\mathbf{R}\}$;

(4) $\boldsymbol{\alpha},\boldsymbol{\beta}$ 为已知向量,设 $V=\{\lambda\boldsymbol{\alpha}+\mu\boldsymbol{\beta}\mid\lambda,\mu\in\mathbf{R}\}$.

2. 设向量组 $\boldsymbol{\alpha}_1,\boldsymbol{\alpha}_2,\cdots,\boldsymbol{\alpha}_r$ 与向量组 $\boldsymbol{\beta}_1,\boldsymbol{\beta}_2,\cdots,\boldsymbol{\beta}_s$ 等价,作生成向量空间

$$V_1=\{\boldsymbol{x}=\lambda_1\boldsymbol{\alpha}_1+\lambda_2\boldsymbol{\alpha}_2+\cdots+\lambda_r\boldsymbol{\alpha}_r \mid x_2,\cdots,x_n\in\mathbf{R}\},$$

$$V_2=\{\boldsymbol{x}=\mu_1\boldsymbol{\beta}_1+\mu_2\boldsymbol{\beta}_2+\cdots+\mu_s\boldsymbol{\beta}_s \mid x_2,\cdots,x_n\in\mathbf{R}\}.$$

试证明 $V_1=V_2$.

3. 设 V_1 是由向量组 $\boldsymbol{\alpha}_1=(1,0,0)$,$\boldsymbol{\alpha}_2=(1,1,0)$,$\boldsymbol{\alpha}_3=(1,1,1)$生成的向量空间,$V_2$ 是由向量组 $\boldsymbol{\beta}_1=(1,1,1)$,$\boldsymbol{\beta}_2=(1,a,3)$,$\boldsymbol{\beta}_3=(b,4,9)$生成的向量空间,且已知 $V_1=V_2$,求参数 a,b 应满足什么关系?

4. 设向量组 $\boldsymbol{\alpha}_1,\boldsymbol{\alpha}_2,\cdots,\boldsymbol{\alpha}_s$ 是向量空间 V 的一个基,再设

$$\boldsymbol{\beta}_1=\boldsymbol{\alpha}_1,$$

$$\boldsymbol{\beta}_2=\boldsymbol{\alpha}_1+\boldsymbol{\alpha}_2,$$

$$\cdots\cdots$$

$$\boldsymbol{\beta}_s = \boldsymbol{\alpha}_1 + \boldsymbol{\alpha}_2 + \cdots + \boldsymbol{\alpha}_s.$$

试证明向量组 $\boldsymbol{\beta}_1, \boldsymbol{\beta}_2, \cdots, \boldsymbol{\beta}_s$ 也是向量空间 V 的一个基.

5. 设 $r<n$，

(1) 试证明 $V=\{(a_1, \cdots, a_r, 0, \cdots, 0)_{n维} \mid a_1, \cdots, a_r \in \mathbf{R}\}$ 是 $\mathbf{R}^n$ 的一个子空间；

(2) 求 V 的维数和一个基.

第3章 矩　　阵

矩阵是一种基本的数学工具.它在自然科学、工程技术及人文、社会、管理科学等各个方面均有着广泛的应用,也是本课程的主要研究对象.本章主要介绍矩阵的概念以及矩阵的各种基本运算,为后续内容的学习提供必要的保障与强有力的工具.

3.1 矩阵及其运算

3.1.1 矩阵的定义

线性方程组

$$\begin{cases}2x_1+x_2-x_3+x_4=1,\\2x_1+x_2-x_3-x_4=1,\\4x_1+2x_2-2x_3+x_4=2\end{cases}$$

的未知量系数和常数项按照它们出现在方程组中的先后顺序可以排成一个3行5列的数表

$$\begin{matrix}2&1&-1&1&1\\2&1&-1&-1&1\\4&2&-2&1&2\end{matrix}$$

显然,该方程组完全由这一数表唯一确定,因此,对上述方程组的研究可转化为对该数表的研究.

同理,在许多问题中,都有形如这样的矩形数表出现.如果撇开数表中数据的具体意义,数学上则用矩阵这一概念一般地描述它.

定义 3.1.1 给定 $m\times n$ 个数 $a_{ij}(i=1,2,\cdots,m;j=1,2,\cdots,n)$,称由它们排成的如下数表

$$\begin{matrix}a_{11}&a_{12}&\cdots&a_{1n}\\a_{21}&a_{22}&\cdots&a_{2n}\\\vdots&\vdots&&\vdots\\a_{m1}&a_{m2}&\cdots&a_{mn}\end{matrix}\qquad(3.1.1)$$

为一个 m 行 n 列的矩阵,简称 $m\times n$ 矩阵.

为了表明矩阵(3.1.1)的整体性,通常给它加一个括弧,并用大写的英文字母

表示.因此,(3.1.1)可以记作

$$A=\begin{pmatrix}a_{11} & a_{12} & \cdots & a_{1n}\\ a_{21} & a_{22} & \cdots & a_{2n}\\ \vdots & \vdots & & \vdots\\ a_{m1} & a_{m2} & \cdots & a_{mn}\end{pmatrix}, \tag{3.1.2}$$

也可以简记作 $\boldsymbol{A}$,$\boldsymbol{A}_{m\times n}$,$(a_{ij})_{m\times n}$,或$(a_{ij})$等.通常 1×1 的矩阵(a)与数 a 不加区别.

构成矩阵 $\boldsymbol{A}$ 的 $m\times n$ 个数叫做矩阵 $\boldsymbol{A}$ 的元素,a_{ij} 叫做矩阵 $\boldsymbol{A}$ 的第 i 行第 j 列元素.元素全为实数的矩阵称为实矩阵,否则称为复矩阵.例如上述线性方程组所对应的矩阵

$$\boldsymbol{A}=\begin{pmatrix}2 & 1 & -1 & 1 & 1\\ 2 & 1 & -1 & -1 & 1\\ 4 & 2 & -2 & -2 & 2\end{pmatrix}$$

是一个实矩阵;而矩阵

$$\boldsymbol{B}=\begin{pmatrix}\mathrm{i} & 5\\ 2+3\mathrm{i} & -\mathrm{i}\end{pmatrix}$$

是一个复矩阵.本书中除特别说明外,都是指实矩阵.

如果两个矩阵的行数与列数对应相等,则称它们为同型矩阵.例如

$$\boldsymbol{A}=\begin{pmatrix}2 & 0\\ -3 & 5\end{pmatrix},\quad \boldsymbol{B}=\begin{pmatrix}1 & 2\\ 3 & 4\end{pmatrix},$$

是同型矩阵.

如果两个 $m\times n$ 的同型矩阵 $\boldsymbol{A}=(a_{ij})$与 $\boldsymbol{B}=(b_{ij})$所有元素对应相等,即对一切 $i=1,2,\cdots,m$;$j=1,2,\cdots,n$ 都有 $a_{ij}=b_{ij}$,则称矩阵 $\boldsymbol{A}$ 与 $\boldsymbol{B}$ 相等,记为 $\boldsymbol{A}=\boldsymbol{B}$.

注意,不同型的矩阵之间不存在相等关系.

例如,容易知道,若矩阵

$$\boldsymbol{A}=\begin{pmatrix}a & -a\\ -a & a\end{pmatrix},\quad \boldsymbol{B}=\begin{pmatrix}-a & a\\ a & -a\end{pmatrix},$$

则 $\boldsymbol{A}$ 与 $\boldsymbol{B}$ 相等当且仅当 $a=0$.

3.1.2 一些特殊的矩阵

以下我们介绍几种特殊的矩阵,它们在矩阵的研究中占有重要地位.

(1) 行(列)向量也称为行(列)矩阵;

(2) 元素全为零的矩阵称为零矩阵,记作 $\boldsymbol{O}$;

(3) 记 $-\boldsymbol{A}=(-a_{ij})_{m\times n}$,称为 $\boldsymbol{A}=(a_{ij})_{m\times n}$的负矩阵,显然 $-(-\boldsymbol{A})=\boldsymbol{A}$;

(4) 行数与列数相等的矩阵称为方阵.$\boldsymbol{A}_{n\times n}$称为 n 阶方阵,可简记为 $\boldsymbol{A}_n$.

n 阶方阵

$$A = \begin{pmatrix} a_{11} & a_{12} & \cdots & a_{1n} \\ 0 & a_{22} & \cdots & a_{2n} \\ \vdots & \vdots & & \vdots \\ 0 & 0 & \cdots & a_{nn} \end{pmatrix} \tag{3.1.3}$$

称为上三角矩阵. 而

$$B = \begin{pmatrix} b_{11} & 0 & \cdots & 0 \\ b_{21} & b_{22} & \cdots & 0 \\ \vdots & \vdots & & \vdots \\ b_{n1} & b_{n2} & \cdots & b_{nn} \end{pmatrix} \tag{3.1.4}$$

称为下三角矩阵.

如果 n 阶方阵既是上三角矩阵,又是下三角矩阵,即

$$\Lambda = \begin{pmatrix} \lambda_1 & 0 & \cdots & 0 \\ 0 & \lambda_2 & \cdots & 0 \\ \vdots & \vdots & & \vdots \\ 0 & 0 & \cdots & \lambda_n \end{pmatrix}, \tag{3.1.5}$$

称为对角矩阵. 对角矩阵 Λ 也记为 $\mathrm{diag}(\lambda_1,\lambda_2,\cdots,\lambda_n)$. 进一步,当 $\lambda_1=\lambda_2=\cdots=\lambda_n=\lambda$ 时,称 $\mathrm{diag}(\lambda,\lambda,\cdots,\lambda)$ 为纯(数)量矩阵. 特别地,$\mathrm{diag}(1,1,\cdots,1)$ 称为单位矩阵. n 阶单位矩阵通常记为 E_n 或 I_n,即

$$E_n = \begin{pmatrix} 1 & 0 & \cdots & 0 \\ 0 & 1 & \cdots & 0 \\ \vdots & \vdots & & \vdots \\ 0 & 0 & \cdots & 1 \end{pmatrix}. \tag{3.1.6}$$

3.1.3　矩阵的线性运算

由于向量是特殊的矩阵,因此,矩阵的加法与数乘运算应该与向量相应的运算保持一致,称为矩阵的线性运算.

1. 加法

定义 3.1.2　设有两个 $m\times n$ 矩阵 $A=(a_{ij})$,$B=(b_{ij})$,将 A 与 B 的对应元素相加,得到的 $m\times n$ 矩阵

$$\begin{pmatrix} a_{11}+b_{11} & a_{12}+b_{12} & \cdots & a_{1n}+b_{1n} \\ a_{21}+b_{21} & a_{22}+b_{22} & \cdots & a_{2n}+b_{2n} \\ \vdots & \vdots & & \vdots \\ a_{m1}+b_{m1} & a_{m2}+b_{m2} & \cdots & a_{mn}+b_{mn} \end{pmatrix} \tag{3.1.7}$$

称为矩阵 $\boldsymbol{A}$ 与 $\boldsymbol{B}$ 的和，记为 $\boldsymbol{A}+\boldsymbol{B}$.

注意到负矩阵的定义，同型矩阵的减法规定为 $\boldsymbol{A}-\boldsymbol{B}=\boldsymbol{A}+(-\boldsymbol{B})$.

2. 数乘

定义 3.1.3 设 $\boldsymbol{A}=(a_{ij})$是 $m\times n$ 矩阵，λ 为常数，那么 λ 与 $\boldsymbol{A}$ 的数乘定义为

$$\begin{pmatrix} \lambda a_{11} & \lambda a_{12} & \cdots & \lambda a_{1n} \\ \lambda a_{21} & \lambda a_{22} & \cdots & \lambda a_{2n} \\ \vdots & \vdots & & \vdots \\ \lambda a_{m1} & \lambda a_{m2} & \cdots & \lambda a_{mn} \end{pmatrix}. \tag{3.1.8}$$

记为 $\lambda\boldsymbol{A}$，容易知道 $-\boldsymbol{A}=(-1)\boldsymbol{A}$.

例 3.1.1 设 $\boldsymbol{A}=\begin{pmatrix} 1 & 3 & -2 \\ 1 & -1 & 4 \end{pmatrix}$，$\boldsymbol{B}=\begin{pmatrix} -3 & 1 & 2 \\ 2 & 3 & -1 \end{pmatrix}$，计算 $\boldsymbol{A}-2\boldsymbol{B}$.

解 由矩阵加法与数乘的定义，可得

$$\begin{aligned} \boldsymbol{A}-2\boldsymbol{B} &= \begin{pmatrix} 1 & 3 & -2 \\ 1 & -1 & 4 \end{pmatrix} - 2\begin{pmatrix} -3 & 1 & 2 \\ 2 & 3 & -1 \end{pmatrix} \\ &= \begin{pmatrix} 1 & 3 & -2 \\ 1 & -1 & 4 \end{pmatrix} - \begin{pmatrix} -6 & 2 & 4 \\ 4 & 6 & -2 \end{pmatrix} \\ &= \begin{pmatrix} 7 & 1 & -6 \\ -3 & -7 & 6 \end{pmatrix}. \end{aligned}$$

按照定义 3.1.2 及 3.1.3，容易验证矩阵的线性运算满足以下八条运算规律.

设 $\boldsymbol{A}$、$\boldsymbol{B}$、$\boldsymbol{C}$ 都是 $m\times n$ 矩阵，λ、μ 为常数，那么

(1) $\boldsymbol{A}+\boldsymbol{B}=\boldsymbol{B}+\boldsymbol{A}$；

(2) $(\boldsymbol{A}+\boldsymbol{B})+\boldsymbol{C}=\boldsymbol{A}+(\boldsymbol{B}+\boldsymbol{C})$；

(3) $\boldsymbol{A}+\boldsymbol{O}=\boldsymbol{A}$；

(4) $\boldsymbol{A}+(-\boldsymbol{A})=\boldsymbol{O}$；

(5) $1\boldsymbol{A}=\boldsymbol{A}$；

(6) $(\lambda\mu)\boldsymbol{A}=\lambda(\mu\boldsymbol{A})$；

(7) $(\lambda+\mu)\boldsymbol{A}=\lambda\boldsymbol{A}+\mu\boldsymbol{A}$；

(8) $\lambda(\boldsymbol{A}+\boldsymbol{B})=\lambda\boldsymbol{A}+\lambda\boldsymbol{B}$.

显然，它们与向量的线性运算规律是一致的.

3.1.4 矩阵的乘法

一元一次方程的一般形式是 $ax=b$. 同样，对于一个线性方程组，例如

$$\begin{cases} x_1+2x_2+3x_3=7, \\ 4x_1+5x_2+6x_3=8, \end{cases}$$

我们希望引入矩阵

$$A=\begin{pmatrix}1&2&3\\4&5&6\end{pmatrix},\quad x=\begin{pmatrix}x_1\\x_2\\x_3\end{pmatrix},\quad b=\begin{pmatrix}7\\8\end{pmatrix}$$

后,也可将它表示为 $Ax=b$ 的形式. 根据两个矩阵相等的定义,应该规定

$$Ax=\begin{pmatrix}1&2&3\\4&5&6\end{pmatrix}\begin{pmatrix}x_1\\x_2\\x_3\end{pmatrix}=\begin{pmatrix}x_1+2x_2+3x_3\\4x_1+5x_2+6x_3\end{pmatrix}.$$

因此,一般地有下列定义.

定义 3.1.4　设 $A=(a_{ij})$是 $m\times s$ 矩阵,$B=(b_{ij})$是 $s\times n$ 矩阵,定义矩阵 A 与矩阵 B 的乘积为一个 $m\times n$ 矩阵

$$C=AB=(c_{ij}),\tag{3.1.9}$$

其中

$$c_{ij}=a_{i1}b_{1j}+a_{i2}b_{2j}+\cdots+a_{is}b_{sj}=\sum_{k=1}^{s}a_{ik}b_{kj},i=1,2,\cdots,m;j=1,2,\cdots,n.$$

注 1　只有当第一个矩阵(左矩阵)A 的列数等于第二个矩阵(右矩阵)B 的行数时,矩阵乘积 AB 才有意义;

注 2　矩阵 AB 的行数等于 A 的行数,而列数等于 B 的列数;

注 3　对固定的 i 及 j,c_{ij} 的值仅与 A 的第 i 行元素及 B 的第 j 列元素有关.

例 3.1.2　已知矩阵

$$A=\begin{pmatrix}1&0&3&-1\\2&1&0&2\end{pmatrix},\quad B=\begin{pmatrix}4&1&0\\-1&1&3\\2&0&1\\1&3&4\end{pmatrix},$$

计算 AB.

解　设 $AB=C=(c_{ij})$,因为 A 的行数为 2,B 的列数为 3,所以 C 是 2×3 的矩阵. 由定义 3.1.4,分别计算

$$c_{11}=1\times4+0\times(-1)+3\times2+(-1)\times1=9,$$
$$c_{12}=1\times1+0\times1+3\times0+(-1)\times3=-2,$$
$$c_{13}=1\times0+0\times3+3\times1+(-1)\times4=-1,$$
$$c_{21}=2\times4+1\times(-1)+0\times2+2\times1=9,$$
$$c_{22}=2\times1+1\times1+0\times0+2\times3=9,$$
$$c_{23}=2\times0+1\times3+0\times1+2\times4=11.$$

所以

$$AB=C=\begin{pmatrix}9&-2&-1\\9&9&11\end{pmatrix}.$$

例 3.1.3 设 $\boldsymbol{A}=\begin{pmatrix}1 & 2\\ -1 & -2\end{pmatrix}$，$\boldsymbol{B}=\begin{pmatrix}2 & -2\\ -1 & 1\end{pmatrix}$，求 $\boldsymbol{AB}$ 和 $\boldsymbol{BA}$.

解

$$\boldsymbol{AB}=\begin{pmatrix}1 & 2\\ -1 & -2\end{pmatrix}\begin{pmatrix}2 & -2\\ -1 & 1\end{pmatrix}=\begin{pmatrix}0 & 0\\ 0 & 0\end{pmatrix};$$

$$\boldsymbol{BA}=\begin{pmatrix}2 & -2\\ -1 & 1\end{pmatrix}\begin{pmatrix}1 & 2\\ -1 & -2\end{pmatrix}=\begin{pmatrix}4 & 8\\ -2 & -4\end{pmatrix}.$$

本例说明，由 $\boldsymbol{AB}=\boldsymbol{O}$ 不能得出 $\boldsymbol{A}=\boldsymbol{O}$ 或 $\boldsymbol{B}=\boldsymbol{O}$，即两个非零矩阵的乘积可以是零矩阵. 这是矩阵乘法与数的乘法不同之处. 同时还说明矩阵的乘法不满足交换律，即一般地 $\boldsymbol{AB}\neq\boldsymbol{BA}$.

设 $\boldsymbol{A}$，$\boldsymbol{B}$ 为同阶方阵，如果 $\boldsymbol{AB}=\boldsymbol{BA}$，则称 $\boldsymbol{A}$ 与 $\boldsymbol{B}$ 是可交换的. 例如零矩阵 $\boldsymbol{O}_n$ 与 $\boldsymbol{A}_n$ 是可交换的.

例 3.1.4 已知矩阵

$$\boldsymbol{A}=(a_1 \quad a_2 \quad \cdots \quad a_n), \quad \boldsymbol{B}=\begin{pmatrix}b_1\\ b_2\\ \vdots\\ b_n\end{pmatrix},$$

求 $\boldsymbol{AB}$ 及 $\boldsymbol{BA}$.

解

$$\boldsymbol{AB}=(a_1 \quad a_2 \quad \cdots \quad a_n)\begin{pmatrix}b_1\\ b_2\\ \vdots\\ b_n\end{pmatrix}=\left(\sum_{i=1}^{n} a_ib_i\right)=\sum_{i=1}^{n} a_ib_i;$$

$$\boldsymbol{BA}=\begin{pmatrix}b_1\\ b_2\\ \vdots\\ b_n\end{pmatrix}(a_1 \quad a_2 \quad \cdots \quad a_n)=\begin{pmatrix}b_1a_1 & b_1a_2 & \cdots & b_1a_n\\ b_2a_1 & b_2a_2 & \cdots & b_2a_n\\ \vdots & \vdots & & \vdots\\ b_na_1 & b_na_2 & \cdots & b_na_n\end{pmatrix}.$$

例 3.1.5 已知两个对角矩阵

$$\boldsymbol{\Lambda}_1=\begin{pmatrix}a_1 & 0 & \cdots & 0\\ 0 & a_2 & \cdots & 0\\ \vdots & \vdots & & \vdots\\ 0 & 0 & \cdots & a_n\end{pmatrix}, \quad \boldsymbol{\Lambda}_2=\begin{pmatrix}b_1 & 0 & \cdots & 0\\ 0 & b_2 & \cdots & 0\\ \vdots & \vdots & & \vdots\\ 0 & 0 & \cdots & b_n\end{pmatrix},$$

计算 $\boldsymbol{\Lambda}_1\boldsymbol{\Lambda}_2$.

解 按照矩阵乘法的定义，容易得到

$$\boldsymbol{\Lambda}_1\boldsymbol{\Lambda}_2 = \begin{pmatrix} a_1b_1 & 0 & \cdots & 0 \\ 0 & a_2b_2 & \cdots & 0 \\ \vdots & \vdots & & \vdots \\ 0 & 0 & \cdots & a_nb_n \end{pmatrix}.$$

此例说明两个对角矩阵的乘积仍为对角矩阵，并且只要将它们对角线元素分别对应相乘即可.

按照矩阵乘法的定义，容易验证矩阵的乘法满足以下运算规律.

设 $\boldsymbol{A}$、$\boldsymbol{B}$、$\boldsymbol{C}$ 为矩阵，λ 为常数，则有

(1) $\boldsymbol{A}(\boldsymbol{B}+\boldsymbol{C})=\boldsymbol{AB}+\boldsymbol{AC}$；

(2) $(\boldsymbol{B}+\boldsymbol{C})\boldsymbol{A}=\boldsymbol{BA}+\boldsymbol{CA}$；

(3) $(\boldsymbol{AB})\boldsymbol{C}=\boldsymbol{A}(\boldsymbol{BC})$；

(4) $\lambda(\boldsymbol{AB})=(\lambda\boldsymbol{A})\boldsymbol{B}=\boldsymbol{A}(\lambda\boldsymbol{B})$.

同时，设 $\boldsymbol{A}$ 是 $m\times n$ 矩阵，容易验证

$$\boldsymbol{E}_m\boldsymbol{A}_{m\times n} = \boldsymbol{A}_{m\times n}\boldsymbol{E}_n = \boldsymbol{A}_{m\times n}. \tag{3.1.10}$$

即用相应阶数的单位矩阵左乘或右乘矩阵 $\boldsymbol{A}$，结果仍等于矩阵 $\boldsymbol{A}$. 可见单位矩阵 $\boldsymbol{E}$ 在矩阵乘法中所起的作用相当于 1 在数的乘法中的作用.

利用矩阵的乘法，可以定义方阵的幂运算.

设 $\boldsymbol{A}$ 为 n 阶方阵，k 为正整数，规定

$$\boldsymbol{A}^k = \overbrace{\boldsymbol{AA}\cdots\boldsymbol{A}}^{k\text{个}}. \tag{3.1.11}$$

并称 $\boldsymbol{A}^k$ 为 $\boldsymbol{A}$ 的 k 次幂. 即 $\boldsymbol{A}^k$ 等于 k 个 $\boldsymbol{A}$ 相乘. 显然只有方阵的幂运算才有意义. 根据矩阵乘法的结合律，容易知道方阵的幂运算满足下列运算规律.

设 $\boldsymbol{A}$ 为 n 阶方阵，k、l 为正整数，则

(1) $\boldsymbol{A}^k\boldsymbol{A}^l=\boldsymbol{A}^{k+l}$；

(2) $(\boldsymbol{A}^k)^l=\boldsymbol{A}^{kl}$.

由于矩阵乘法不满足交换律，因此对于 n 阶方阵 $\boldsymbol{A}$、$\boldsymbol{B}$ 而言，一般地 $(\boldsymbol{AB})^k\neq\boldsymbol{A}^k\boldsymbol{B}^k$，这与数的幂运算不同. 但当 $\boldsymbol{A}$ 与 $\boldsymbol{B}$ 可交换时，容易验证下列结论成立.

(1) $(\boldsymbol{AB})^k=\boldsymbol{A}^k\boldsymbol{B}^k$；

(2) $(\boldsymbol{A}\pm\boldsymbol{B})^2=\boldsymbol{A}^2\pm2\boldsymbol{AB}+\boldsymbol{B}^2$；

(3) $(\boldsymbol{A}+\boldsymbol{B})(\boldsymbol{A}-\boldsymbol{B})=(\boldsymbol{A}-\boldsymbol{B})(\boldsymbol{A}+\boldsymbol{B})=\boldsymbol{A}^2-\boldsymbol{B}^2$.

例 3.1.6　已知 $\boldsymbol{A}=\begin{pmatrix}1 & -1\\ 2 & 0\end{pmatrix}$，$\boldsymbol{B}=\begin{pmatrix}1 & 0\\ 0 & -1\end{pmatrix}$，求 $(\boldsymbol{AB})^3$.

解　因为

$$\boldsymbol{AB} = \begin{pmatrix}1 & -1\\ 2 & 0\end{pmatrix}\begin{pmatrix}1 & 0\\ 0 & -1\end{pmatrix}=\begin{pmatrix}1 & 1\\ 2 & 0\end{pmatrix},$$

所以

$$(\boldsymbol{AB})^3=\begin{pmatrix}1&1\\2&0\end{pmatrix}^3=\begin{pmatrix}1&1\\2&0\end{pmatrix}^2\begin{pmatrix}1&1\\2&0\end{pmatrix}$$
$$=\begin{pmatrix}3&1\\2&2\end{pmatrix}\begin{pmatrix}1&1\\2&0\end{pmatrix}=\begin{pmatrix}5&3\\6&2\end{pmatrix}.$$

例 3.1.7　已知 n 为正整数，$\boldsymbol{A}=\begin{pmatrix}1&0\\3&1\end{pmatrix}$，计算 $\boldsymbol{A}^n$.

解　注意到

$$\boldsymbol{A}^2=\begin{pmatrix}1&0\\3&1\end{pmatrix}\begin{pmatrix}1&0\\3&1\end{pmatrix}=\begin{pmatrix}1&0\\3+3&1\end{pmatrix},$$
$$\boldsymbol{A}^3=\boldsymbol{AA}^2=\begin{pmatrix}1&0\\3&1\end{pmatrix}\begin{pmatrix}1&0\\3+3&1\end{pmatrix}=\begin{pmatrix}1&0\\3+3+3&1\end{pmatrix},$$
$$\boldsymbol{A}^4=\boldsymbol{AA}^3=\begin{pmatrix}1&0\\3&1\end{pmatrix}\begin{pmatrix}1&0\\3+3+3&1\end{pmatrix}=\begin{pmatrix}1&0\\3+3+3+3&1\end{pmatrix}.$$

由此推测出

$$\begin{pmatrix}1&0\\3&1\end{pmatrix}^k=\begin{pmatrix}1&0\\3k&1\end{pmatrix}.$$

下面用数学归纳法证明这一结论.

当 $n=1$ 时，结论显然成立.

假设 $n=k$ 时结论成立，即 $\begin{pmatrix}1&0\\3&1\end{pmatrix}^k=\begin{pmatrix}1&0\\3k&1\end{pmatrix}$.

当 $n=k+1$ 时，按照方阵幂运算的定义可得

$$\begin{pmatrix}1&0\\3&1\end{pmatrix}^{k+1}=\begin{pmatrix}1&0\\3&1\end{pmatrix}^k\begin{pmatrix}1&0\\3&1\end{pmatrix}=\begin{pmatrix}1&0\\3k&1\end{pmatrix}\begin{pmatrix}1&0\\3&1\end{pmatrix}=\begin{pmatrix}1&0\\3(k+1)&1\end{pmatrix}.$$

结论得证.

利用方阵的幂运算，结合矩阵的线性运算，可以定义矩阵多项式.

设多项式 $P(x)=a_mx^m+a_{m-1}x^{m-1}+\cdots+a_1x+a_0$，$A$ 为 n 阶方阵，规定

$$P(\boldsymbol{A})=a_m\boldsymbol{A}^m+a_{m-1}\boldsymbol{A}^{m-1}+\cdots+a_1\boldsymbol{A}+a_0\boldsymbol{E},\tag{3.1.12}$$

其中 $\boldsymbol{E}$ 是与 $\boldsymbol{A}$ 同阶数的单位矩阵，则称 $P(\boldsymbol{A})$ 为一个矩阵多项式.

例 3.1.8　设 $P(x)=a_mx^m+a_{m-1}x^{m-1}+\cdots+a_1x+a_0$，$\boldsymbol{\Lambda}=\begin{pmatrix}\lambda_1&0\\0&\lambda_2\end{pmatrix}$，求 $P(\boldsymbol{\Lambda})$.

解　由例 3.1.5，我们知道

$$\boldsymbol{\Lambda}^k=\begin{pmatrix}\lambda_1^k&0\\0&\lambda_2^k\end{pmatrix},$$

所以

$$P(\boldsymbol{\Lambda}) = a_m\boldsymbol{\Lambda}^m + a_{m-1}\boldsymbol{\Lambda}^{m-1} + \cdots + a_1\boldsymbol{\Lambda} + a_0\boldsymbol{E} = \begin{pmatrix} P(\lambda_1) & 0 \\ 0 & P(\lambda_2) \end{pmatrix}.$$

3.1.5　矩阵的转置

定义 3.1.5　将矩阵 $\boldsymbol{A}$ 的行换成同序数的列,所得到的矩阵称为 $\boldsymbol{A}$ 的转置矩阵,记作 $\boldsymbol{A}^{\mathrm{T}}$. 即如果

$$\boldsymbol{A} = \begin{pmatrix} a_{11} & a_{12} & \cdots & a_{1n} \\ a_{21} & a_{22} & \cdots & a_{2n} \\ \vdots & \vdots & & \vdots \\ a_{m1} & a_{m2} & \cdots & a_{mn} \end{pmatrix},$$

那么

$$\boldsymbol{A}^{\mathrm{T}} = \begin{pmatrix} a_{11} & a_{21} & \cdots & a_{m1} \\ a_{12} & a_{22} & \cdots & a_{m2} \\ \vdots & \vdots & & \vdots \\ a_{1n} & a_{2n} & \cdots & a_{mn} \end{pmatrix}. \tag{3.1.13}$$

注意,当 $\boldsymbol{A}$ 为 $m\times n$ 的矩阵时,$\boldsymbol{A}^{\mathrm{T}}$ 为 $n\times m$ 矩阵. 例如当

$$\boldsymbol{A} = \begin{pmatrix} 3 & 0 & 2 \\ 2 & -1 & 5 \end{pmatrix}$$

时,就有

$$\boldsymbol{A}^{\mathrm{T}} = \begin{pmatrix} 3 & 2 \\ 0 & -1 \\ 2 & 5 \end{pmatrix}.$$

矩阵的转置运算,满足以下运算规律.

设 $\boldsymbol{A}$、$\boldsymbol{B}$ 为矩阵,λ 为常数,那么

(1) $(\boldsymbol{A}^{\mathrm{T}})^{\mathrm{T}}=\boldsymbol{A}$;

(2) $(\boldsymbol{A}+\boldsymbol{B})^{\mathrm{T}}=\boldsymbol{A}^{\mathrm{T}}+\boldsymbol{B}^{\mathrm{T}}$;

(3) $(\lambda\boldsymbol{A})^{\mathrm{T}}=\lambda\boldsymbol{A}^{\mathrm{T}}$;

(4) $(\boldsymbol{AB})^{\mathrm{T}}=\boldsymbol{B}^{\mathrm{T}}\boldsymbol{A}^{\mathrm{T}}$.

按照矩阵转置的定义,容易知道(1)、(2)、(3)成立. 下面证明(4).

设 $\boldsymbol{A}=(a_{ij})_{m\times s}$,$\boldsymbol{B}=(b_{ij})_{s\times n}$,则 $\boldsymbol{A}^{\mathrm{T}}$ 为 $s\times m$ 矩阵,$\boldsymbol{B}^{\mathrm{T}}$ 为 $n\times s$ 矩阵. 记

$$\boldsymbol{AB} = \boldsymbol{C} = (c_{ij})_{m\times n},\quad \boldsymbol{B}^{\mathrm{T}}\boldsymbol{A}^{\mathrm{T}} = \boldsymbol{D} = (d_{ij})_{n\times m}.$$

那么矩阵 $\boldsymbol{C}$ 的第 j 行、第 i 列元素

$$c_{ji} = \sum_{k=1}^{s} a_{jk}b_{ki}.$$

而 $\boldsymbol{B}^{\mathrm{T}}$ 的第 i 行元素为$(b_{1i},b_{2i},\cdots,b_{si})$,$\boldsymbol{A}^{\mathrm{T}}$ 的第 j 列元素为$(a_{j1},a_{j2},\cdots,a_{js})^{\mathrm{T}}$,因此,

$$d_{ij}=\sum_{k=1}^{s}b_{ki}a_{jk}=\sum_{k=1}^{s}a_{jk}b_{ki}=c_{ji}.$$

所以对 $i=1,2,\cdots,n;j=1,2,\cdots,m$,都有 $d_{ij}=c_{ji}$,即 $\boldsymbol{D}=\boldsymbol{C}^{\mathrm{T}}$,从而$(\boldsymbol{AB})^{\mathrm{T}}=\boldsymbol{B}^{\mathrm{T}}\boldsymbol{A}^{\mathrm{T}}$.

例 3.1.9 设 $\boldsymbol{A}=\begin{pmatrix}1&3&-2\\0&-1&4\end{pmatrix}$,$\boldsymbol{B}=\begin{pmatrix}1&-1&7\\4&3&0\\2&1&2\end{pmatrix}$,求$(\boldsymbol{AB})^{\mathrm{T}}$.

解法一 因为

$$\boldsymbol{AB}=\begin{pmatrix}1&3&-2\\0&-1&4\end{pmatrix}\begin{pmatrix}1&-1&7\\4&3&0\\2&1&2\end{pmatrix}=\begin{pmatrix}9&6&3\\4&1&8\end{pmatrix},$$

于是

$$(\boldsymbol{AB})^{\mathrm{T}}=\begin{pmatrix}9&4\\6&1\\3&8\end{pmatrix}.$$

解法二 由于

$$\boldsymbol{B}^{\mathrm{T}}=\begin{pmatrix}1&4&2\\-1&3&1\\7&0&2\end{pmatrix},\quad \boldsymbol{A}^{\mathrm{T}}=\begin{pmatrix}1&0\\3&-1\\-2&4\end{pmatrix},$$

所以

$$(\boldsymbol{AB})^{\mathrm{T}}=\boldsymbol{B}^{\mathrm{T}}\boldsymbol{A}^{\mathrm{T}}=\begin{pmatrix}1&4&2\\-1&3&1\\7&0&2\end{pmatrix}\begin{pmatrix}1&0\\3&-1\\-2&4\end{pmatrix}=\begin{pmatrix}9&4\\6&1\\3&8\end{pmatrix}.$$

设 $\boldsymbol{A}=(a_{ij})$为 n 阶方阵,如果 $\boldsymbol{A}^{\mathrm{T}}=\boldsymbol{A}$,则称 $\boldsymbol{A}$ 为对称矩阵. 而当 $\boldsymbol{A}^{\mathrm{T}}=-\boldsymbol{A}$ 时,则称 $\boldsymbol{A}$ 为反对称矩阵.

对称矩阵的元素满足 $a_{ij}=a_{ji}(i,j=1,2,\cdots,n)$,即以主对角线为对称轴的元素对应相等;反对称矩阵的元素满足 $a_{ij}=-a_{ji}(i,j=1,2,\cdots,n)$,从而 $a_{ii}=0(i=1,2,\cdots,n)$,即主对角线上的元素都为 0,其他元素以主对角线为对称轴,对应元素互为相反数.

例如

$$\boldsymbol{A}=\begin{pmatrix}1&1&3\\1&0&-1\\3&-1&2\end{pmatrix},\quad \boldsymbol{B}=\begin{pmatrix}0&1&3\\-1&0&-1\\-3&1&0\end{pmatrix},$$

则 $\boldsymbol{A}$ 是对称矩阵,而 $\boldsymbol{B}$ 是反对称矩阵.

容易验证以下结论成立.

(1) 单位矩阵 $\boldsymbol{E}$ 是对称矩阵;

(2) 对任意 $m\times n$ 矩阵 $\boldsymbol{A}$, m 阶矩阵 $\boldsymbol{A}\boldsymbol{A}^{\mathrm{T}}$ 及 n 阶矩阵 $\boldsymbol{A}^{\mathrm{T}}\boldsymbol{A}$ 都是对称矩阵;

(3) 设 $\boldsymbol{A}$ 为 n 阶方阵,那么 $\boldsymbol{A}+\boldsymbol{A}^{\mathrm{T}}$ 是对称矩阵; $\boldsymbol{A}-\boldsymbol{A}^{\mathrm{T}}$ 是反对称矩阵. 从而任何方阵都可表示为一个对称矩阵与一个反对称矩阵之和.

3.1.6　方阵的行列式

定义 3.1.6　设 $\boldsymbol{A}=(a_{ij})$ 为一个 n 阶方阵. 由 $\boldsymbol{A}$ 的所有元素按照它们在 $\boldsymbol{A}$ 中的排列位置所构成的 n 阶行列式,称为方阵 $\boldsymbol{A}$ 的行列式,记为 $|\boldsymbol{A}|$ 或 $\det \boldsymbol{A}$.

例如,若

$$\boldsymbol{A}=\begin{pmatrix}\cos\theta & \sin\theta\\ -\sin\theta & \cos\theta\end{pmatrix},$$

则 $\boldsymbol{A}$ 的行列式

$$|\boldsymbol{A}|=\begin{vmatrix}\cos\theta & \sin\theta\\ -\sin\theta & \cos\theta\end{vmatrix}=1.$$

应该注意,方阵与其行列式是两个不同的概念. n 阶方阵是 n^2 个数按一定方式排成的数表,而 n 阶行列式是这些数按一定的运算法则所确定的一个数,它们的意义完全不相同. 但是,利用方阵的行列式常可以研究方阵的某些性质,并且有着广泛的应用.

设 $\boldsymbol{A}$、$\boldsymbol{B}$ 为 n 阶方阵, λ 为常数,利用行列式的性质,结合矩阵相应运算的定义,可以证明以下结论.

(1) $|\boldsymbol{A}^{\mathrm{T}}|=|\boldsymbol{A}|$;

(2) $|\lambda\boldsymbol{A}|=\lambda^n|\boldsymbol{A}|$;

(3) $|\boldsymbol{A}\boldsymbol{B}|=|\boldsymbol{A}||\boldsymbol{B}|$.

由性质(3)可知,对于 n 阶方阵 $\boldsymbol{A}$、$\boldsymbol{B}$ 而言,虽然一般地 $\boldsymbol{A}\boldsymbol{B}\neq\boldsymbol{B}\boldsymbol{A}$,但总有 $|\boldsymbol{A}\boldsymbol{B}|=|\boldsymbol{B}\boldsymbol{A}|$. 同时也有 $|\boldsymbol{A}^k|=|\boldsymbol{A}|^k$.

设 $\boldsymbol{A}$ 为方阵,下文中,如果 $|\boldsymbol{A}|=0$,称 $\boldsymbol{A}$ 为一个奇异方阵,否则称为非奇异方程.

3.1.7　共轭矩阵

当 $\boldsymbol{A}=(a_{ij})$ 为复矩阵时,用 $\overline{a_{ij}}$ 表示 a_{ij} 的共轭复数,记 $\overline{\boldsymbol{A}}=(\overline{a_{ij}})$.

定义 3.1.7　称矩阵 $\overline{\boldsymbol{A}}$ 为 $\boldsymbol{A}$ 的共轭矩阵.

例如,若

$$\boldsymbol{A}=\begin{pmatrix}2-3\mathrm{i} & \mathrm{i} & -\mathrm{i}\\ 0 & 5+\mathrm{i} & 1\end{pmatrix},$$

则 $\boldsymbol{A}$ 的共轭矩阵

$$\overline{\boldsymbol{A}}=\begin{pmatrix}2+3\mathrm{i} & -\mathrm{i} & \mathrm{i}\\ 0 & 5-\mathrm{i} & 1\end{pmatrix}.$$

共轭矩阵满足下述运算规律.

设 $\boldsymbol{A},\boldsymbol{B}$ 为复矩阵，λ 为复数，则有

(1) $\overline{\boldsymbol{A}+\boldsymbol{B}}=\overline{\boldsymbol{A}}+\overline{\boldsymbol{B}}$；

(2) $\overline{\lambda\boldsymbol{A}}=\overline{\lambda}\overline{\boldsymbol{A}}$；

(3) $\overline{\boldsymbol{AB}}=\overline{\boldsymbol{A}}\overline{\boldsymbol{B}}$.

利用共轭复数的性质，(1)、(2)是显然的. 下面证明(3). 设 $\boldsymbol{A}=(a_{ij})_{m\times s}$，$\boldsymbol{B}=(b_{ij})_{s\times n}$，则 $\boldsymbol{AB}=\boldsymbol{C}=(c_{ij})$，其中 $c_{ij}=\sum\limits_{k=1}^{s}a_{ik}b_{kj}$. 于是，

$$\overline{c_{ij}}=\overline{\sum_{k=1}^{s}a_{ik}b_{kj}}=\sum_{k=1}^{s}\overline{a_{ik}b_{kj}}=\sum_{k=1}^{s}\overline{a_{ik}}\,\overline{b_{kj}}.$$

所以 $\overline{\boldsymbol{C}}=\overline{\boldsymbol{A}}\overline{\boldsymbol{B}}$，即 $\overline{\boldsymbol{AB}}=\overline{\boldsymbol{A}}\overline{\boldsymbol{B}}$.

习 题 3.1

1. 分别计算 $\boldsymbol{A}-\boldsymbol{B}$ 及 $3\boldsymbol{A}+\boldsymbol{B}$，其中

$$\boldsymbol{A}=\begin{pmatrix}1 & 0 & -2\\ -1 & 3 & 2\end{pmatrix},\quad \boldsymbol{B}=\begin{pmatrix}-2 & 1 & 0\\ 2 & -3 & 6\end{pmatrix}.$$

2. 计算下列矩阵的乘积：

(1) $\begin{pmatrix}2 & 1 & 4 & 0\\ 1 & -1 & 3 & 4\end{pmatrix}\begin{pmatrix}1 & 3 & 1\\ 0 & -1 & 2\\ 1 & -3 & 1\\ 4 & 0 & -2\end{pmatrix}$；

(2) $\begin{pmatrix}4 & 3 & 1\\ 1 & -2 & 3\\ 5 & 7 & 0\end{pmatrix}\begin{pmatrix}7\\ 2\\ 1\end{pmatrix}$；

(3) $\begin{pmatrix}2 & 0 & 0 & 0\\ 3 & 1 & 0 & 0\\ 4 & 1 & -1 & 0\\ -2 & 2 & 1 & 3\end{pmatrix}\begin{pmatrix}2 & 0 & 0 & 0\\ 3 & -1 & 0 & 0\\ -1 & 4 & 3 & 0\\ 1 & 2 & -1 & 2\end{pmatrix}$；

(4) $(1\quad 0\quad 2\quad 4)\begin{pmatrix}-2\\ 3\\ -1\\ 1\end{pmatrix}$；

(5) $\begin{pmatrix}3\\ 2\\ 2\end{pmatrix}(1\quad 0\quad -3)$；

(6) $(x_1 \quad x_2)\begin{pmatrix} a & b \\ b & c \end{pmatrix}\begin{pmatrix} x_1 \\ x_2 \end{pmatrix}$.

3. 设 $\boldsymbol{A}=\begin{pmatrix} -2 & 4 \\ 3 & 1 \end{pmatrix}$，$\boldsymbol{B}=\begin{pmatrix} 1 & 2 \\ 0 & 1 \end{pmatrix}$，判断 $\boldsymbol{AB}=\boldsymbol{BA}$ 是否成立.

4. 求下列方阵的 n 次幂：

(1) $\begin{pmatrix} 1 & 1 \\ 0 & 0 \end{pmatrix}$； (2) $\begin{pmatrix} 1 & -1 \\ 1 & -1 \end{pmatrix}$； (3) $\begin{pmatrix} \cos\theta & -\sin\theta \\ \sin\theta & \cos\theta \end{pmatrix}$； (4) $\begin{pmatrix} \frac{1}{3} & \frac{2}{3} & \frac{2}{3} \\ \frac{2}{3} & \frac{1}{3} & -\frac{2}{3} \\ \frac{2}{3} & -\frac{2}{3} & \frac{1}{3} \end{pmatrix}$.

5. 计算矩阵多项式 $f(\boldsymbol{A})$：

(1) $f(x)=x^2+x-1$，$\boldsymbol{A}=\begin{pmatrix} 1 & 2 & 0 \\ 3 & -1 & 4 \\ 1 & -2 & 1 \end{pmatrix}$；

(2) $f(x)=x^2-2x+3$，$\boldsymbol{A}=\begin{pmatrix} 2 & 3 \\ 1 & 4 \end{pmatrix}$；

(3) $f(x)=x^2-5x+3$，$\boldsymbol{A}=\begin{pmatrix} 2 & -1 \\ -3 & 3 \end{pmatrix}$.

6. 若 $\boldsymbol{A}$ 与 $\boldsymbol{B}$ 可交换，求证 $\boldsymbol{A}$ 的任一多项式 $f(\boldsymbol{A})$ 也与 $\boldsymbol{B}$ 可交换.

7. 设 $\boldsymbol{A}=\begin{pmatrix} 1 & 1 & 1 \\ 1 & 1 & -1 \\ 1 & -1 & 1 \end{pmatrix}$，$\boldsymbol{B}=\begin{pmatrix} 1 & 2 & 3 \\ -1 & -2 & 4 \\ 0 & 5 & 1 \end{pmatrix}$，计算行列式 $|\boldsymbol{AB}|$.

8. 设 $\boldsymbol{A}=\begin{pmatrix} 2 & -1 & 3 \\ 4 & 0 & 1 \end{pmatrix}$，$\boldsymbol{B}=\begin{pmatrix} 0 & 5 & 2 \\ 1 & -3 & 4 \end{pmatrix}$，求 $\boldsymbol{A}^{\mathrm{T}}+\boldsymbol{B}^{\mathrm{T}}$ 及 $\boldsymbol{AB}^{\mathrm{T}}$.

9. 设 $\boldsymbol{A}$，$\boldsymbol{B}$ 都是 n 阶对称阵，求证 $\boldsymbol{AB}$ 为对称阵的充分必要条件是 $\boldsymbol{A}$ 与 $\boldsymbol{B}$ 可交换.

10. 设 $\boldsymbol{A}$，$\boldsymbol{B}$ 均为 n 阶方阵，$\boldsymbol{A}=\frac{1}{2}(\boldsymbol{B}+\boldsymbol{E})$，求证 $\boldsymbol{A}^2=\boldsymbol{A}$ 的充分必要条件是 $\boldsymbol{B}^2=\boldsymbol{E}$.

3.2 逆 矩 阵

3.2.1 逆矩阵的定义

与非零数 a 的逆 a^{-1} 类似，下面引入矩阵 $\boldsymbol{A}$ 的逆矩阵 $\boldsymbol{A}^{-1}$.

定义 3.2.1 设 $\boldsymbol{A}$ 为 n 阶方阵，$\boldsymbol{E}$ 为 n 阶单位矩阵. 如果存在 n 阶方阵 $\boldsymbol{B}$，使得

$$\boldsymbol{AB}=\boldsymbol{BA}=\boldsymbol{E}, \tag{3.2.1}$$

那么称矩阵 $\boldsymbol{A}$ 是可逆的，也称 $\boldsymbol{A}$ 是可逆方阵，而方阵 $\boldsymbol{B}$ 称为 $\boldsymbol{A}$ 的逆矩阵.

注 1 若 $\boldsymbol{A}$ 可逆，那么 $\boldsymbol{A}$ 的逆矩阵是唯一的.

事实上,设 $\boldsymbol{B}$、$\boldsymbol{C}$ 都是 $\boldsymbol{A}$ 的逆矩阵,由定义 3.2.1 可知

$$\boldsymbol{AB}=\boldsymbol{BA}=\boldsymbol{E},\quad \boldsymbol{AC}=\boldsymbol{CA}=\boldsymbol{E},$$

于是,

$$\boldsymbol{B}=\boldsymbol{BE}=\boldsymbol{B}(\boldsymbol{AC})=(\boldsymbol{BA})\boldsymbol{C}=\boldsymbol{EC}=\boldsymbol{C}.$$

可逆矩阵 $\boldsymbol{A}$ 的唯一的逆矩阵记作 $\boldsymbol{A}^{-1}$. 于是,

$$\boldsymbol{AA}^{-1}=\boldsymbol{A}^{-1}\boldsymbol{A}=\boldsymbol{E}. \tag{3.2.2}$$

注 2 单位矩阵 $\boldsymbol{E}$ 是可逆的,且 $\boldsymbol{E}^{-1}=\boldsymbol{E}$.

注 3 只有方阵才有逆矩阵的概念.

例 3.2.1 设 $\boldsymbol{A}=\begin{pmatrix}a_{11} & a_{12}\\ a_{21} & a_{22}\end{pmatrix}$,并且 $\boldsymbol{A}$ 的行列式 $|\boldsymbol{A}|\neq 0$,证明 $\boldsymbol{A}$ 可逆,并求 $\boldsymbol{A}^{-1}$.

解 设矩阵 $\boldsymbol{B}=\begin{pmatrix}x_1 & y_1\\ x_2 & y_2\end{pmatrix}$,并且 $\boldsymbol{AB}=\boldsymbol{E}$. 于是,可得两个方程组

$$\boldsymbol{Ax}=\begin{pmatrix}1\\0\end{pmatrix},\quad \boldsymbol{Ay}=\begin{pmatrix}0\\1\end{pmatrix}.$$

记 $|\boldsymbol{A}|=|a_{ij}|=D$,元素 a_{ij} 的代数余子式为 A_{ij},$i,j=1,2$. 因为行列式 $D\neq 0$,用克拉默法则分别求解上述两个方程组,得到

$$\begin{cases}x_1=\dfrac{D_1}{D}=\dfrac{1}{D}A_{11},\\[2mm] x_2=\dfrac{D_2}{D}=\dfrac{1}{D}A_{12},\end{cases}\qquad \begin{cases}y_1=\dfrac{D_1}{D}=\dfrac{1}{D}A_{21},\\[2mm] y_2=\dfrac{D_2}{D}=\dfrac{1}{D}A_{12}.\end{cases}$$

所以矩阵 $\boldsymbol{B}=\dfrac{1}{|\boldsymbol{A}|}\begin{pmatrix}A_{11} & A_{21}\\ A_{12} & A_{22}\end{pmatrix}$满足 $\boldsymbol{AB}=\boldsymbol{E}$,又容易验证 $\boldsymbol{BA}=\boldsymbol{E}$ 也成立. 从而,根据定义 3.2.1,矩阵 $\boldsymbol{A}=\begin{pmatrix}a_{11} & a_{12}\\ a_{21} & a_{22}\end{pmatrix}$是可逆的,并且 $\boldsymbol{A}^{-1}=\dfrac{1}{|\boldsymbol{A}|}\begin{pmatrix}A_{11} & A_{21}\\ A_{12} & A_{22}\end{pmatrix}$.

事实上,例 3.2.1 的结论具有一般性,下面介绍伴随矩阵的概念.

设 $n(\geqslant 2)$ 阶方阵

$$\boldsymbol{A}=\begin{pmatrix}a_{11} & a_{12} & \cdots & a_{1n}\\ a_{21} & a_{22} & \cdots & a_{2n}\\ \vdots & \vdots & & \vdots\\ a_{n1} & a_{n2} & \cdots & a_{nn}\end{pmatrix},$$

由行列式 $|\boldsymbol{A}|=|a_{ij}|$ 的各元素 $a_{ij}(i,j=1,2,\cdots,n)$ 的代数余子式 A_{ij} 所构成的 n 阶方阵

$$\begin{pmatrix}A_{11} & A_{21} & \cdots & A_{n1}\\ A_{12} & A_{22} & \cdots & A_{n2}\\ \vdots & \vdots & & \vdots\\ A_{1n} & A_{2n} & \cdots & A_{nn}\end{pmatrix}, \tag{3.2.3}$$

称为矩阵 $\boldsymbol{A}$ 的伴随矩阵,记为 $\boldsymbol{A}^*$.

$\boldsymbol{A}$ 与其伴随矩阵 $\boldsymbol{A}^*$ 满足关系式

$$\boldsymbol{A}\boldsymbol{A}^* = \boldsymbol{A}^*\boldsymbol{A} = |\boldsymbol{A}|\boldsymbol{E}. \tag{3.2.4}$$

事实上,由定理 1.2.1 及 1.2.2 可知

$$\boldsymbol{A}\boldsymbol{A}^* = \begin{pmatrix} a_{11} & a_{12} & \cdots & a_{1n} \\ a_{21} & a_{22} & \cdots & a_{2n} \\ \vdots & \vdots & & \vdots \\ a_{n1} & a_{n2} & \cdots & a_{nn} \end{pmatrix}\begin{pmatrix} A_{11} & A_{21} & \cdots & A_{n1} \\ A_{12} & A_{22} & \cdots & A_{n2} \\ \vdots & \vdots & & \vdots \\ A_{1n} & A_{2n} & \cdots & A_{nn} \end{pmatrix}$$

$$= \begin{pmatrix} |\boldsymbol{A}| & 0 & \cdots & 0 \\ 0 & |\boldsymbol{A}| & \cdots & 0 \\ \vdots & \vdots & & \vdots \\ 0 & 0 & \cdots & |\boldsymbol{A}| \end{pmatrix} = |\boldsymbol{A}|\boldsymbol{E},$$

同理可证 $\boldsymbol{A}^*\boldsymbol{A} = |\boldsymbol{A}|\boldsymbol{E}$.

利用伴随矩阵的概念,例 3.2.1 说明对于 $\boldsymbol{A} = \begin{pmatrix} a_{11} & a_{12} \\ a_{21} & a_{22} \end{pmatrix}$,当 $\boldsymbol{A}$ 的行列式 $|\boldsymbol{A}| \neq 0$ 时,$\boldsymbol{A}^{-1} = \dfrac{1}{|\boldsymbol{A}|}\boldsymbol{A}^*$.

3.2.2　矩阵可逆的充分必要条件

定理 3.2.1　$n(\geqslant 2)$阶方阵 $\boldsymbol{A}$ 可逆的充分必要条件是 $|\boldsymbol{A}| \neq 0$,且当 $\boldsymbol{A}$ 可逆时,

$$\boldsymbol{A}^{-1} = \frac{1}{|\boldsymbol{A}|}\boldsymbol{A}^*. \tag{3.2.5}$$

证明　必要性. 因为 $\boldsymbol{A}$ 可逆,即 $\boldsymbol{A}^{-1}$ 存在,并且 $\boldsymbol{A}\boldsymbol{A}^{-1} = \boldsymbol{E}$. 从而 $|\boldsymbol{A}||\boldsymbol{A}^{-1}| = |\boldsymbol{A}\boldsymbol{A}^{-1}| = |\boldsymbol{E}| = 1$,故 $|\boldsymbol{A}| \neq 0$.

充分性. 设 $\boldsymbol{A}^*$ 为 $\boldsymbol{A}$ 的伴随矩阵,由(3.2.4)式. 当 $|\boldsymbol{A}| \neq 0$ 时,$\boldsymbol{A}\left(\dfrac{1}{|\boldsymbol{A}|}\boldsymbol{A}^*\right) = \left(\dfrac{1}{|\boldsymbol{A}|}\boldsymbol{A}^*\right)\boldsymbol{A} = \boldsymbol{E}$. 从而 $\boldsymbol{A}$ 是可逆的. 再由逆矩阵的唯一性即得 $\boldsymbol{A}^{-1} = \dfrac{1}{|\boldsymbol{A}|}\boldsymbol{A}^*$.

注意,当 $n=1$ 时,设 $\boldsymbol{A}=(a)$,根据逆矩阵的定义,容易知道 $\boldsymbol{A}$ 可逆的充分必要条件是 $a \neq 0$,并且 $\boldsymbol{A}^{-1} = (a^{-1})$.

对于线性方程组

$$\begin{cases} a_{11}x_1 + a_{12}x_2 + \cdots + a_{1n}x_n = b_1, \\ a_{21}x_1 + a_{22}x_2 + \cdots + a_{2n}x_n = b_2, \\ \cdots\cdots \\ a_{n1}x_1 + a_{n2}x_2 + \cdots + a_{nn}x_n = b_n, \end{cases}$$

分别记

$$\boldsymbol{A}=\begin{pmatrix}a_{11}&a_{12}&\cdots&a_{1n}\\a_{21}&a_{22}&\cdots&a_{2n}\\\vdots&\vdots&&\vdots\\a_{n1}&a_{n2}&\cdots&a_{nn}\end{pmatrix},\quad \boldsymbol{x}=\begin{pmatrix}x_1\\x_2\\\vdots\\x_n\end{pmatrix},\quad \boldsymbol{b}=\begin{pmatrix}b_1\\b_2\\\vdots\\b_n\end{pmatrix},$$

那么方程组可以写作矩阵形式 $\boldsymbol{Ax}=\boldsymbol{b}$. 如果 $|\boldsymbol{A}|\neq 0$,则 $\boldsymbol{A}^{-1}$ 存在,在 $\boldsymbol{Ax}=\boldsymbol{b}$ 的两边左乘 $\boldsymbol{A}^{-1}$ 可求得方程组的解

$$\boldsymbol{x}=\boldsymbol{A}^{-1}\boldsymbol{b}.$$

根据解的唯一性,它显然应该与第 1 章中用克拉默法则所得结果一致. 事实上,因为 $\boldsymbol{x}=\boldsymbol{A}^{-1}\boldsymbol{b}=\frac{1}{|\boldsymbol{A}|}\boldsymbol{A}^*\boldsymbol{b}$,即

$$\begin{pmatrix}x_1\\x_2\\\vdots\\x_n\end{pmatrix}=\frac{1}{|\boldsymbol{A}|}\begin{pmatrix}A_{11}&A_{21}&\cdots&A_{n1}\\A_{12}&A_{22}&\cdots&A_{n2}\\\vdots&\vdots&&\vdots\\A_{1n}&A_{2n}&\cdots&A_{nn}\end{pmatrix}\begin{pmatrix}b_1\\b_2\\\vdots\\b_n\end{pmatrix}.$$

所以对 $j=1,2,\cdots,n$,有

$$x_j=\frac{1}{|\boldsymbol{A}|}(A_{1j}b_1+A_{2j}b_2+\cdots+A_{nj}b_n)=\frac{D_j}{D}.$$

因此,当 $\boldsymbol{A}$ 可逆时,也可以用逆矩阵的方法求解线性方程组 $\boldsymbol{Ax}=\boldsymbol{b}$.

根据定理 3.2.1,我们可以很方便的判断方阵 $\boldsymbol{A}$ 是否可逆,但是当 $\boldsymbol{A}$ 的阶数较高时,利用公式 $\boldsymbol{A}^{-1}=\frac{1}{|\boldsymbol{A}|}\boldsymbol{A}^*$ 求 $\boldsymbol{A}^{-1}$ 仍有一定的困难.

例 3.2.2 设 $\boldsymbol{A}=\begin{pmatrix}1&2&3\\2&2&1\\3&4&3\end{pmatrix}$,求 $\boldsymbol{A}^{-1}$.

解 容易知道 $|\boldsymbol{A}|=2\neq 0$,因而 $\boldsymbol{A}^{-1}$ 存在. 分别计算 $|\boldsymbol{A}|$ 的代数余子式

$$A_{11}=2,\quad A_{12}=-3,\quad A_{13}=2,$$
$$A_{21}=6,\quad A_{22}=-6,\quad A_{23}=2,$$
$$A_{31}=-4,\quad A_{32}=5,\quad A_{33}=-2.$$

于是,$\boldsymbol{A}$ 的伴随矩阵为

$$\boldsymbol{A}^*=\begin{pmatrix}2&6&-4\\-3&-6&5\\2&2&-2\end{pmatrix},$$

所以

$$A^{-1}=\frac{1}{2}\begin{pmatrix}2 & 6 & -4\\ -3 & -6 & 5\\ 2 & 2 & -2\end{pmatrix}=\begin{pmatrix}1 & 3 & -2\\ -\frac{3}{2} & -3 & \frac{5}{2}\\ 1 & 1 & -1\end{pmatrix}.$$

例 3.2.3　设 $A=\begin{pmatrix}2 & -3 & 8\\ 2 & 12 & -2\\ 1 & 3 & 1\end{pmatrix}$，求 A^{-1}.

解　容易计算出 $|A|=0$，因而 A 不可逆，所以 A^{-1} 不存在.

推论　若方阵 A、B 满足 $AB=E$ 或者 $BA=E$，则 A 可逆，并且 $B=A^{-1}$.

证明　设 $AB=E$，那么 $|A\|B|=|AB|=|E|=1$，所以 $|A|\neq 0$. 由定理 3.2.1 知 A^{-1} 存在. 用 A^{-1} 左乘等式 $AB=E$ 的两边得到 $(A^{-1}A)B=A^{-1}E$，即 $B=A^{-1}$.

当 $BA=E$ 时，同理可证.

利用推论 1，在实际中，要判断 $B=A^{-1}$，只需验证 $AB=E$ 或者 $BA=E$ 中的一个等式成立即可.

例 3.2.4　设 $A^3=O$，求证 $E-A$ 可逆，且 $(E-A)^{-1}=A^2+A+E$.

证明　因为

$$(E-A)(A^2+A+E)=A^2+A+E-A^3-A^2-A=E-A^3=E,$$

所以由推论 1 知 $E-A$ 可逆，并且 $(E-A)^{-1}=A^2+A+E$.

3.2.3　可逆矩阵的性质

逆矩阵满足以下运算规律.

定理 3.2.2　设 A、B 为同阶可逆方阵，那么下列结论成立.

(1) $(A^{-1})^{-1}=A$；

(2) $|A^{-1}|=|A|^{-1}$；

(3) $(A^{\mathrm{T}})^{-1}=(A^{-1})^{\mathrm{T}}$；

(4) $(\lambda A)^{-1}=\lambda^{-1}A^{-1}$，$\lambda\neq 0$；

(5) $(AB)^{-1}=B^{-1}A^{-1}$；

(6) $(A^k)^{-1}=(A^{-1})^k$.

证明　由逆矩阵的定义即得(1)、(2).

(3) 由于 $A^{\mathrm{T}}(A^{-1})^{\mathrm{T}}=(A^{-1}A)^{\mathrm{T}}=E^{\mathrm{T}}=E$，从而 $(A^{\mathrm{T}})^{-1}=(A^{-1})^{\mathrm{T}}$.

(4) 因为 $(\lambda A)(\lambda^{-1}A^{-1})=(\lambda\lambda^{-1})(AA^{-1})=E$，所以 $(\lambda A)^{-1}=\lambda^{-1}A^{-1}$.

(5) 注意到 $(AB)(B^{-1}A^{-1})=A(BB^{-1})A^{-1}=AA^{-1}=E$，因此 $(AB)^{-1}=B^{-1}A^{-1}$.

(6) 可由(5)推得.

当 A 可逆时，可以将方阵的幂推广到零指数和负指数的情形. 即规定

$$\boldsymbol{A}^{-k}=(\boldsymbol{A}^{-1})^{k},\quad \boldsymbol{A}^{0}=\boldsymbol{E},$$

其中 k 为正整数.这时,前面关于方阵幂的运算规律 $\boldsymbol{A}^{\lambda}\boldsymbol{A}^{\mu}=\boldsymbol{A}^{\lambda+\mu}$,$(\boldsymbol{A}^{\lambda})^{\mu}=\boldsymbol{A}^{\lambda\mu}$ 仍成立,而这里的 λ,μ 为整数.

例 3.2.5 已知 $\boldsymbol{A}=\begin{pmatrix}3&0&1\\1&1&0\\0&1&4\end{pmatrix}$,并且 $\boldsymbol{AX}=\boldsymbol{A}+2\boldsymbol{X}$,求矩阵 $\boldsymbol{X}$.

解 由 $\boldsymbol{AX}=\boldsymbol{A}+2\boldsymbol{X}$,得 $(\boldsymbol{A}-2\boldsymbol{E})\boldsymbol{X}=\boldsymbol{A}$.又因为

$$\boldsymbol{A}-2\boldsymbol{E}=\begin{pmatrix}3&0&1\\1&1&0\\0&1&4\end{pmatrix}-2\begin{pmatrix}1&0&0\\0&1&0\\0&0&1\end{pmatrix}=\begin{pmatrix}1&0&1\\1&-1&0\\0&1&2\end{pmatrix},$$

所以可求得

$$(\boldsymbol{A}-2\boldsymbol{E})^{-1}=\begin{pmatrix}2&-1&-1\\2&-2&-1\\-1&1&1\end{pmatrix},$$

于是

$$\boldsymbol{X}=(\boldsymbol{A}-2\boldsymbol{E})^{-1}\boldsymbol{A}=\begin{pmatrix}2&-1&-1\\2&-2&-1\\-1&1&1\end{pmatrix}\begin{pmatrix}3&0&1\\1&1&0\\0&1&4\end{pmatrix}=\begin{pmatrix}5&-2&-2\\4&-3&-2\\-2&2&3\end{pmatrix}.$$

例 3.2.6 设 $\boldsymbol{A}=\begin{pmatrix}1&2&3\\2&2&1\\3&4&3\end{pmatrix}$,$\boldsymbol{B}=\begin{pmatrix}2&1\\5&3\end{pmatrix}$,$\boldsymbol{C}=\begin{pmatrix}1&3\\2&0\\3&1\end{pmatrix}$,并且 $\boldsymbol{AXB}=\boldsymbol{C}$,求矩阵 $\boldsymbol{X}$.

解 因为 $|\boldsymbol{A}|\neq0$,$|\boldsymbol{B}|\neq0$,所以 $\boldsymbol{A}^{-1}$、$\boldsymbol{B}^{-1}$ 都存在.在等式 $\boldsymbol{AXB}=\boldsymbol{C}$ 两边分别左乘 $\boldsymbol{A}^{-1}$、右乘 $\boldsymbol{B}^{-1}$,则有 $\boldsymbol{A}^{-1}(\boldsymbol{AXB})\boldsymbol{B}^{-1}=\boldsymbol{A}^{-1}\boldsymbol{CB}^{-1}$,即

$$\boldsymbol{X}=\boldsymbol{A}^{-1}\boldsymbol{CB}^{-1}.$$

经计算可得

$$\boldsymbol{A}^{-1}=\begin{pmatrix}1&3&-2\\-\frac{3}{2}&-3&\frac{5}{2}\\1&1&-1\end{pmatrix},\quad \boldsymbol{B}^{-1}=\begin{pmatrix}3&-1\\-5&2\end{pmatrix},$$

所以

$$\boldsymbol{X}=\begin{pmatrix}1&3&-2\\-\frac{3}{2}&-3&\frac{5}{2}\\1&1&-1\end{pmatrix}\begin{pmatrix}1&3\\2&0\\3&1\end{pmatrix}\begin{pmatrix}3&-1\\-5&2\end{pmatrix}$$

$$=\begin{pmatrix}1&1\\0&-2\\0&2\end{pmatrix}\begin{pmatrix}3&-1\\-5&2\end{pmatrix}=\begin{pmatrix}-2&1\\10&-4\\-10&4\end{pmatrix}.$$

例 3.2.6、例 3.2.7 中的等式 $\boldsymbol{AX}=\boldsymbol{A}+2\boldsymbol{X}$ 及 $\boldsymbol{AXB}=\boldsymbol{C}$ 称为矩阵方程，因为它们含有未知矩阵 $\boldsymbol{X}$. 当然矩阵方程还有许多其他形式. 矩阵的逆运算在这方面有着广泛应用.

习 题 3.2

1. 求下列矩阵的逆矩阵：

(1) $\begin{pmatrix}2&1\\3&2\end{pmatrix}$； (2) $\begin{pmatrix}1&3&1\\2&-1&1\\4&-3&2\end{pmatrix}$； (3) $\begin{pmatrix}1&0&2\\2&1&-1\\-1&2&4\end{pmatrix}$.

2. 解下列矩阵方程：

(1) $\begin{pmatrix}1&1&-1\\-2&1&1\\1&1&1\end{pmatrix}\boldsymbol{X}=\begin{pmatrix}2\\3\\6\end{pmatrix}$；

(2) $\boldsymbol{X}\begin{pmatrix}2&1&-1\\2&1&0\\1&-1&0\end{pmatrix}=\begin{pmatrix}1&-1&3\\4&3&2\end{pmatrix}$.

3. 设 $\boldsymbol{A}=\begin{pmatrix}4&2&3\\1&1&0\\-1&2&3\end{pmatrix}$，并且 $\boldsymbol{AX}=\boldsymbol{A}+2\boldsymbol{X}$，求矩阵 $\boldsymbol{X}$.

4. 设 $\boldsymbol{A}$ 为可逆的对称矩阵，证明 $\boldsymbol{A}^{-1}$ 及 $\boldsymbol{A}^*$ 也是对称矩阵.

5. 设 $\boldsymbol{A}$ 为 n 阶方阵，满足 $\boldsymbol{A}^2+\boldsymbol{A}+\boldsymbol{E}=\boldsymbol{O}$，求 $\boldsymbol{A}^{-1}$.

6. 设 $\boldsymbol{A}$ 为 n 阶方阵，$n\geqslant 2$，证明 $|\boldsymbol{A}^*|=|\boldsymbol{A}|^{n-1}$.

7. 若 $\boldsymbol{A}^2=\boldsymbol{A}$ 且 $\boldsymbol{A}\neq\boldsymbol{E}$，证明 $\boldsymbol{A}$ 不可逆.

3.3 分块矩阵

3.3.1 分块矩阵的定义

阶数较高的矩阵，运算相对比较繁琐，并且容易出错. 本节介绍如何用矩阵的分块法，将高阶矩阵化为低阶矩阵，这在一定程度上可以简化矩阵的运算.

将一个矩阵 $\boldsymbol{A}$ 用一些横线或纵线分成若干个小矩阵，每一个小矩阵称为 $\boldsymbol{A}$ 的一个子块. 以子块为元素的矩阵称为分块矩阵.

矩阵的分块方式可以是任意的，实际中可根据需要进行分块.

例如对矩阵

$$A=\begin{pmatrix}a_{11}&a_{12}&a_{13}&a_{14}\\a_{21}&a_{22}&a_{23}&a_{24}\\a_{31}&a_{32}&a_{33}&a_{34}\end{pmatrix},$$

分别作如下划分：

$$\left(\begin{array}{cc:cc}a_{11}&a_{12}&a_{13}&a_{14}\\a_{21}&a_{22}&a_{23}&a_{24}\\\hdashline a_{31}&a_{32}&a_{33}&a_{34}\end{array}\right),\quad\left(\begin{array}{c:c:c:c}a_{11}&a_{12}&a_{13}&a_{14}\\a_{21}&a_{22}&a_{23}&a_{24}\\a_{31}&a_{32}&a_{33}&a_{34}\end{array}\right),\quad\left(\begin{array}{c:ccc}a_{11}&a_{12}&a_{13}&a_{14}\\\hdashline a_{21}&a_{22}&a_{23}&a_{24}\\a_{31}&a_{32}&a_{33}&a_{34}\end{array}\right),$$

就得到 A 的三种分块矩阵形式.

记 $A_{11}=\begin{pmatrix}a_{11}&a_{12}\\a_{21}&a_{22}\end{pmatrix}$，$A_{12}=\begin{pmatrix}a_{13}&a_{14}\\a_{23}&a_{24}\end{pmatrix}$，$A_{21}=(a_{31}\quad a_{32})$，$A_{22}=(a_{33}\quad a_{34})$，则上述 A 的第一个分块矩阵就是

$$A=\begin{pmatrix}A_{11}&A_{12}\\A_{21}&A_{22}\end{pmatrix}.$$

A 的其他两个分块矩阵请读者写出.

当然，一个 $m\times n$ 的矩阵，我们也可以将其分为 $m\times n$ 块，即每块都是一阶矩阵，因此，普通矩阵是分块矩阵的特殊情形.

3.3.2 分块矩阵的运算

分块矩阵的运算规则与普通矩阵的情形基本相同，下面分别说明.

1. *加法*

设 A、B 都是 $m\times n$ 矩阵，用相同的分法将 A、B 分块得

$$A=\begin{pmatrix}A_{11}&\cdots&A_{1r}\\\vdots&&\vdots\\A_{s1}&\cdots&A_{sr}\end{pmatrix},\quad B=\begin{pmatrix}B_{11}&\cdots&B_{1r}\\\vdots&&\vdots\\B_{s1}&\cdots&B_{sr}\end{pmatrix},$$

那么

$$A+B=\begin{pmatrix}A_{11}+B_{11}&\cdots&A_{1r}+B_{1r}\\\vdots&&\vdots\\A_{s1}+B_{s1}&\cdots&A_{sr}+B_{sr}\end{pmatrix},\tag{3.3.1}$$

即将两个分块矩阵对应的块进行通常矩阵加法运算.

2. *数乘*

设 A 为 $m\times n$ 矩阵，λ 为常数. 将 A 分块得

$$A = \begin{pmatrix} A_{11} & \cdots & A_{1r} \\ \vdots & & \vdots \\ A_{s1} & \cdots & A_{sr} \end{pmatrix},$$

则

$$\lambda A = \begin{pmatrix} \lambda A_{11} & \cdots & \lambda A_{1r} \\ \vdots & & \vdots \\ \lambda A_{s1} & \cdots & \lambda A_{sr} \end{pmatrix}, \tag{3.3.2}$$

即将数 λ 与子块进行数乘运算.

3. 乘法

设 $\boldsymbol{A}$ 为 $m\times l$ 矩阵，$\boldsymbol{B}$ 为 $l\times n$ 矩阵，将 $\boldsymbol{A}$ 分成 $s\times t$ 块，将 $\boldsymbol{B}$ 分成 $t\times r$ 块，得

$$\boldsymbol{A} = \begin{pmatrix} \boldsymbol{A}_{11} & \cdots & \boldsymbol{A}_{1t} \\ \vdots & & \vdots \\ \boldsymbol{A}_{s1} & \cdots & \boldsymbol{A}_{st} \end{pmatrix}, \quad \boldsymbol{B} = \begin{pmatrix} \boldsymbol{B}_{11} & \cdots & \boldsymbol{B}_{1r} \\ \vdots & & \vdots \\ \boldsymbol{B}_{t1} & \cdots & \boldsymbol{B}_{tr} \end{pmatrix},$$

并且 $\boldsymbol{A}_{i1},\boldsymbol{A}_{i2},\cdots,\boldsymbol{A}_{it}$ 的列数分别等于 $\boldsymbol{B}_{1j},\boldsymbol{B}_{2j},\cdots,\boldsymbol{B}_{tj}$ 的行数，则

$$\boldsymbol{AB} = \begin{pmatrix} \boldsymbol{C}_{11} & \cdots & \boldsymbol{C}_{1r} \\ \vdots & & \vdots \\ \boldsymbol{C}_{s1} & \cdots & \boldsymbol{C}_{sr} \end{pmatrix}, \tag{3.3.3}$$

其中

$$\boldsymbol{C}_{ij} = \sum_{k=1}^{t} \boldsymbol{A}_{ik}\boldsymbol{B}_{kj}, i = 1,2,\cdots,s; j = 1,2,\cdots,r.$$

分块矩阵的乘法有许多具体应用，例如对于等式 $\boldsymbol{C}=\boldsymbol{A}_{m\times s}\boldsymbol{B}_{s\times n}$，将 $\boldsymbol{C},\boldsymbol{A}$ 按列分块得

$$(\boldsymbol{C}_1 \quad \boldsymbol{C}_2 \quad \cdots \quad \boldsymbol{C}_n) = (\boldsymbol{A}_1 \quad \boldsymbol{A}_2 \quad \cdots \quad \boldsymbol{A}_s)\begin{pmatrix} b_{11} & b_{12} & \cdots & b_{1n} \\ b_{21} & b_{22} & \cdots & b_{2n} \\ \vdots & \vdots & & \vdots \\ b_{s1} & b_{s2} & \cdots & b_{sn} \end{pmatrix}.$$

于是，对 $j=1,2,\cdots,n$，就有 $\boldsymbol{C}_j=b_{1j}\boldsymbol{A}_1+b_{2j}\boldsymbol{A}_2+\cdots+b_{sj}\boldsymbol{A}_s$. 因此等式 $\boldsymbol{C}=\boldsymbol{A}_{m\times s}\boldsymbol{B}_{s\times n}$ 说明矩阵 $\boldsymbol{C}$ 的列向量可由矩阵 $\boldsymbol{A}$ 的列向量线性表示. 又因为 $\boldsymbol{C}^{\mathrm{T}}=\boldsymbol{B}_{n\times s}^{\mathrm{T}}\boldsymbol{A}_{s\times m}^{\mathrm{T}}$，从而矩阵 $\boldsymbol{C}$ 的行向量可由矩阵 $\boldsymbol{B}$ 的行向量线性表示. 而当 $\boldsymbol{C}=\boldsymbol{O}$ 时，$\boldsymbol{A}_{m\times s}\boldsymbol{B}_{s\times n}=\boldsymbol{O}$ 则说明矩阵 $\boldsymbol{B}$ 的每一列都是线性方程组 $\boldsymbol{A}_{m\times s}\boldsymbol{x}=\boldsymbol{0}$ 的解.

将矩阵按行或按列分块在实际中常用，读者应特别注意.

例 3.3.1　设

$$\boldsymbol{A} = \begin{pmatrix} 1 & 2 & 1 & 0 \\ 0 & 1 & 0 & 1 \\ 0 & 0 & 2 & 1 \\ 0 & 0 & 0 & 3 \end{pmatrix}, \quad \boldsymbol{B} = \begin{pmatrix} 1 & 0 & 3 & 1 \\ 0 & 1 & 2 & -1 \\ 0 & 0 & -2 & 3 \\ 0 & 0 & 0 & -3 \end{pmatrix}.$$

试按分块法计算 $\boldsymbol{A}+\boldsymbol{B}$、$2\boldsymbol{A}$ 及 $\boldsymbol{AB}$.

解 将 $\boldsymbol{A}$、$\boldsymbol{B}$ 分块成

$$\boldsymbol{A}=\left(\begin{array}{cc:cc}1&2&1&0\\0&1&0&1\\ \hdashline 0&0&2&1\\0&0&0&3\end{array}\right)=\begin{pmatrix}\boldsymbol{A}_{11}&\boldsymbol{E}\\ \boldsymbol{O}&\boldsymbol{A}_{22}\end{pmatrix},\quad \boldsymbol{B}=\left(\begin{array}{cc:cc}1&0&3&1\\0&1&2&-1\\ \hdashline 0&0&-2&3\\0&0&0&-3\end{array}\right)=\begin{pmatrix}\boldsymbol{E}&\boldsymbol{B}_{12}\\ \boldsymbol{O}&\boldsymbol{B}_{22}\end{pmatrix},$$

那么

$$\boldsymbol{A}+\boldsymbol{B}=\begin{pmatrix}\boldsymbol{A}_{11}+\boldsymbol{E}&\boldsymbol{E}+\boldsymbol{B}_{12}\\ \boldsymbol{O}&\boldsymbol{A}_{22}+\boldsymbol{B}_{22}\end{pmatrix}=\left(\begin{array}{cc:cc}2&2&4&1\\0&2&2&0\\ \hdashline 0&0&0&4\\0&0&0&0\end{array}\right).$$

$$2\boldsymbol{A}=\begin{pmatrix}2\boldsymbol{A}_{11}&2\boldsymbol{E}\\ \boldsymbol{O}&2\boldsymbol{A}_{22}\end{pmatrix}=\left(\begin{array}{cc:cc}2&4&2&0\\0&2&0&2\\ \hdashline 0&0&4&2\\0&0&0&6\end{array}\right).$$

$$\boldsymbol{AB}=\begin{pmatrix}\boldsymbol{A}_{11}&\boldsymbol{A}_{11}\boldsymbol{B}_{12}+\boldsymbol{B}_{22}\\ \boldsymbol{O}&\boldsymbol{A}_{22}\boldsymbol{B}_{22}\end{pmatrix},$$

因为

$$\begin{aligned}\boldsymbol{A}_{11}\boldsymbol{B}_{12}+\boldsymbol{B}_{22}&=\begin{pmatrix}1&2\\0&1\end{pmatrix}\begin{pmatrix}3&1\\2&-1\end{pmatrix}+\begin{pmatrix}-2&3\\0&-3\end{pmatrix}\\&=\begin{pmatrix}7&-1\\2&-1\end{pmatrix}+\begin{pmatrix}-2&3\\0&-3\end{pmatrix}=\begin{pmatrix}5&2\\2&-4\end{pmatrix},\end{aligned}$$

$$\boldsymbol{A}_{22}\boldsymbol{B}_{22}=\begin{pmatrix}2&1\\0&3\end{pmatrix}\begin{pmatrix}-2&3\\0&-3\end{pmatrix}=\begin{pmatrix}-4&3\\0&-9\end{pmatrix},$$

所以

$$\boldsymbol{AB}=\left(\begin{array}{cc:cc}1&2&5&2\\0&1&2&-4\\ \hdashline 0&0&-4&3\\0&0&0&-9\end{array}\right).$$

4. 分块矩阵的转置

将矩阵 $\boldsymbol{A}$ 分块为

$$\boldsymbol{A}=\begin{pmatrix}\boldsymbol{A}_{11} & \cdots & \boldsymbol{A}_{1r}\\ \vdots & & \vdots\\ \boldsymbol{A}_{s1} & \cdots & \boldsymbol{A}_{sr}\end{pmatrix},$$

则

$$\boldsymbol{A}^{\mathrm{T}}=\begin{pmatrix}\boldsymbol{A}_{11}^{\mathrm{T}} & \cdots & \boldsymbol{A}_{s1}^{\mathrm{T}}\\ \vdots & & \vdots\\ \boldsymbol{A}_{1r}^{\mathrm{T}} & \cdots & \boldsymbol{A}_{sr}^{\mathrm{T}}\end{pmatrix}, \tag{3.3.4}$$

即先将 $\boldsymbol{A}$ 中的子块 $\boldsymbol{A}_{ij}$ 视为数，对 $\boldsymbol{A}$ 做转置运算，再对子块 $\boldsymbol{A}_{ij}$ 做转置运算.

例如

$$\boldsymbol{A}=\left(\begin{array}{cc:cc}1 & 2 & 1 & 0\\ 0 & 1 & 0 & 1\\ \hdashline 0 & 0 & 2 & 1\\ 0 & 0 & 0 & 3\end{array}\right)=\begin{pmatrix}\boldsymbol{A}_{11} & \boldsymbol{E}\\ \boldsymbol{O} & \boldsymbol{A}_{22}\end{pmatrix},$$

那么

$$\boldsymbol{A}^{\mathrm{T}}=\begin{pmatrix}\boldsymbol{A}_{11}^{\mathrm{T}} & \boldsymbol{O}\\ \boldsymbol{E} & \boldsymbol{A}_{22}^{\mathrm{T}}\end{pmatrix},$$

又因为

$$\boldsymbol{A}_{11}^{\mathrm{T}}=\begin{pmatrix}1 & 0\\ 2 & 1\end{pmatrix},\quad \boldsymbol{A}_{22}^{\mathrm{T}}=\begin{pmatrix}2 & 0\\ 1 & 3\end{pmatrix},$$

所以

$$\boldsymbol{A}^{\mathrm{T}}=\left(\begin{array}{cc:cc}1 & 0 & 0 & 0\\ 2 & 1 & 0 & 0\\ \hdashline 1 & 0 & 2 & 0\\ 0 & 1 & 1 & 3\end{array}\right).$$

5. 分块对角矩阵

设方阵

$$\boldsymbol{A}=\begin{pmatrix}\boldsymbol{A}_1 & \boldsymbol{O} & \cdots & \boldsymbol{O}\\ \boldsymbol{O} & \boldsymbol{A}_2 & \cdots & \boldsymbol{O}\\ \vdots & \vdots & & \vdots\\ \boldsymbol{O} & \boldsymbol{O} & \cdots & \boldsymbol{A}_s\end{pmatrix}, \tag{3.3.5}$$

其中 $\boldsymbol{A}_i(i=1,2,\cdots,s)$ 为方阵，它们的阶数可以不同，称形如(3.3.5)式这样的矩阵为分块对角矩阵，它是 3.1 节中对角矩阵的推广. 例如

$$\boldsymbol{A}=\begin{pmatrix}2&0&0&0&0&0\\0&2&3&-4&0&0\\0&0&1&5&0&0\\0&-3&0&6&0&0\\0&0&0&0&1&2\\0&0&0&0&2&1\end{pmatrix}=\begin{pmatrix}\boldsymbol{A}_1&\boldsymbol{O}&\boldsymbol{O}\\\boldsymbol{O}&\boldsymbol{A}_2&\boldsymbol{O}\\\boldsymbol{O}&\boldsymbol{O}&\boldsymbol{A}_3\end{pmatrix}$$

就是一个分块对角矩阵,其中

$$\boldsymbol{A}_1=(2),\quad \boldsymbol{A}_2=\begin{pmatrix}2&3&-4\\0&1&5\\-3&0&6\end{pmatrix},\quad \boldsymbol{A}_3=\begin{pmatrix}1&2\\2&1\end{pmatrix}.$$

分块对角矩阵的行列式有下述性质:

$$|\boldsymbol{A}|=|\boldsymbol{A}_1|\,|\boldsymbol{A}_2|\cdots|\boldsymbol{A}_s|.$$

由此性质可知,$\boldsymbol{A}$ 可逆当且仅当 $\boldsymbol{A}_i(i=1,2,\cdots,s)$ 都可逆,并且

$$\boldsymbol{A}^{-1}=\begin{pmatrix}\boldsymbol{A}_1^{-1}&\boldsymbol{O}&\cdots&\boldsymbol{O}\\\boldsymbol{O}&\boldsymbol{A}_2^{-1}&\cdots&\boldsymbol{O}\\\vdots&\vdots&&\vdots\\\boldsymbol{O}&\boldsymbol{O}&\cdots&\boldsymbol{A}_s^{-1}\end{pmatrix}.$$

同时,

$$\boldsymbol{A}^k=\begin{pmatrix}\boldsymbol{A}_1^k&\boldsymbol{O}&\cdots&\boldsymbol{O}\\\boldsymbol{O}&\boldsymbol{A}_2^k&\cdots&\boldsymbol{O}\\\vdots&\vdots&&\vdots\\\boldsymbol{O}&\boldsymbol{O}&\cdots&\boldsymbol{A}_s^k\end{pmatrix}.$$

例 3.3.2 设 $\boldsymbol{A}=\begin{pmatrix}2&3&0\\0&1&0\\0&0&-3\end{pmatrix}$,求 $|\boldsymbol{A}|$ 及 $\boldsymbol{A}^{-1}$.

解 将 $\boldsymbol{A}$ 分块为

$$\boldsymbol{A}=\left(\begin{array}{cc:c}2&3&0\\0&1&0\\\hdashline 0&0&-3\end{array}\right)=\begin{pmatrix}\boldsymbol{A}_1&\boldsymbol{O}\\\boldsymbol{O}&\boldsymbol{A}_2\end{pmatrix},$$

其中 $\boldsymbol{A}_1=\begin{pmatrix}2&3\\0&1\end{pmatrix}$,$\boldsymbol{A}_2=(-3)$,由于

$$|\boldsymbol{A}_1|=2,\quad |\boldsymbol{A}_2|=-3,\quad \boldsymbol{A}_1^{-1}=\begin{pmatrix}\frac{1}{2}&-\frac{3}{2}\\0&1\end{pmatrix},\quad \boldsymbol{A}_2^{-1}=\left(-\frac{1}{3}\right),$$

所以

$$|\boldsymbol{A}|=-6,\quad \boldsymbol{A}^{-1}=\left(\begin{array}{cc:c}\dfrac{1}{2} & -\dfrac{3}{2} & 0\\ 0 & 1 & 0\\ \hdashline 0 & 0 & -\dfrac{1}{3}\end{array}\right).$$

例 3.3.3　设分块矩阵 $\boldsymbol{A}=\begin{pmatrix}\boldsymbol{A}_1 & \boldsymbol{A}_2\\ \boldsymbol{O} & \boldsymbol{A}_4\end{pmatrix}$，其中 $\boldsymbol{A}_1$ 为 r 阶方阵，$\boldsymbol{A}_4$ 为 s 阶方阵，$\boldsymbol{A}_1$、$\boldsymbol{A}_4$ 均可逆，求 $\boldsymbol{A}^{-1}$.

解　设 $\boldsymbol{A}^{-1}=\begin{pmatrix}\boldsymbol{X}_1 & \boldsymbol{X}_2\\ \boldsymbol{X}_3 & \boldsymbol{X}_4\end{pmatrix}$，其中 $\boldsymbol{X}_1$ 是 r 阶方阵，$\boldsymbol{X}_4$ 是 s 阶方阵. 由分块矩阵的乘法规则可得

$$\boldsymbol{A}\boldsymbol{A}^{-1}=\begin{pmatrix}\boldsymbol{A}_1 & \boldsymbol{A}_2\\ \boldsymbol{O} & \boldsymbol{A}_4\end{pmatrix}\begin{pmatrix}\boldsymbol{X}_1 & \boldsymbol{X}_2\\ \boldsymbol{X}_3 & \boldsymbol{X}_4\end{pmatrix}=\begin{pmatrix}\boldsymbol{A}_1\boldsymbol{X}_1+\boldsymbol{A}_2\boldsymbol{X}_3 & \boldsymbol{A}_1\boldsymbol{X}_2+\boldsymbol{A}_2\boldsymbol{X}_4\\ \boldsymbol{A}_4\boldsymbol{X}_3 & \boldsymbol{A}_4\boldsymbol{X}_4\end{pmatrix}=\begin{pmatrix}\boldsymbol{E}_r & \boldsymbol{O}\\ \boldsymbol{O} & \boldsymbol{E}_s\end{pmatrix}.$$

于是得到

$$\begin{cases}\boldsymbol{A}_1\boldsymbol{X}_1+\boldsymbol{A}_2\boldsymbol{X}_3=\boldsymbol{E}_r,\\ \boldsymbol{A}_1\boldsymbol{X}_2+\boldsymbol{A}_2\boldsymbol{X}_4=\boldsymbol{O},\\ \boldsymbol{A}_4\boldsymbol{X}_3=\boldsymbol{O},\\ \boldsymbol{A}_4\boldsymbol{X}_4=\boldsymbol{E}_s.\end{cases}$$

由此可得

$$\begin{cases}\boldsymbol{X}_1=\boldsymbol{A}_1^{-1},\\ \boldsymbol{X}_2=-\boldsymbol{A}_1^{-1}\boldsymbol{A}_2\boldsymbol{A}_4^{-1},\\ \boldsymbol{X}_3=\boldsymbol{O},\\ \boldsymbol{X}_4=\boldsymbol{A}_4^{-1}.\end{cases}$$

所以

$$\boldsymbol{A}^{-1}=\begin{pmatrix}\boldsymbol{A}_1^{-1} & -\boldsymbol{A}_1^{-1}\boldsymbol{A}_2\boldsymbol{A}_4^{-1}\\ \boldsymbol{O} & \boldsymbol{A}_4^{-1}\end{pmatrix}.$$

这一结论读者可作为公式应用.

习　题　3.3

1. 设 $\boldsymbol{A}=\begin{pmatrix}4 & 2 & 1 & 0\\ -1 & 1 & 0 & 1\\ 0 & 0 & 1 & 2\\ 0 & 0 & -3 & 2\end{pmatrix}$，$\boldsymbol{B}=\begin{pmatrix}1 & 0 & 2 & -3\\ 0 & 1 & 0 & 5\\ 0 & 0 & -2 & 1\\ 0 & 0 & 1 & 2\end{pmatrix}$，用矩阵分块法计算 $\boldsymbol{A}+\boldsymbol{B}$，$\boldsymbol{A}\boldsymbol{B}$.

2. 用矩阵分块法求下列矩阵的逆矩阵：

(1) $\begin{pmatrix} 6 & 0 & 0 \\ 0 & 5 & 1 \\ 0 & 3 & 1 \end{pmatrix}$; (2) $\begin{pmatrix} 3 & 1 & 0 & 0 \\ 1 & 2 & 0 & 0 \\ 0 & 0 & -1 & 2 \\ 0 & 0 & 2 & -3 \end{pmatrix}$.

3. 设 r 阶方阵 $\boldsymbol{A}$ 和 s 阶方阵 $\boldsymbol{B}$ 都可逆,求 $\begin{pmatrix} \boldsymbol{O} & \boldsymbol{A} \\ \boldsymbol{B} & \boldsymbol{O} \end{pmatrix}^{-1}$.

4. 设 $\boldsymbol{A}=\begin{pmatrix} 3 & 4 & 0 & 0 \\ 4 & -3 & 0 & 0 \\ 0 & 0 & 2 & 0 \\ 0 & 0 & 2 & 2 \end{pmatrix}$,用矩阵分块法计算 $|\boldsymbol{A}^8|$.

3.4 矩 阵 的 秩

3.4.1 矩阵秩的定义

通过第 2 章的学习,读者已经认识到向量组的秩在 n 维向量的理论中占有重要地位,而 3.3 节说明将矩阵按行或者按列分块在实际中常用. 今后我们把

$$\boldsymbol{A} = \begin{pmatrix} a_{11} & a_{12} & \cdots & a_{1n} \\ a_{21} & a_{22} & \cdots & a_{2n} \\ \vdots & \vdots & & \vdots \\ a_{m1} & a_{m2} & \cdots & a_{mn} \end{pmatrix},$$

按行(列)分块得到向量组称为矩阵 $\boldsymbol{A}$ 的行(列)向量组. 具体地说,就是 $m\times n$ 的矩阵 $\boldsymbol{A}$ 对应着 m 个 n 维行向量 $\boldsymbol{\alpha}_i=(a_{i1},a_{i2},\cdots,a_{in})$,$i=1,2,\cdots,m$;同时也对应着 n 个 m 维列向量 $\boldsymbol{\beta}_j=(a_{1j},a_{2j},\cdots,a_{mj})^{\mathrm{T}}$,$j=1,2,\cdots,n$. 于是,我们可以用向量组的秩定义矩阵的秩.

定义 3.4.1 矩阵 $\boldsymbol{A}$ 的行向量组的秩称为矩阵 $\boldsymbol{A}$ 的秩,记作 $R(\boldsymbol{A})$.

根据定义 3.4.1,读者很自然地会想到为什么将矩阵行向量组的秩定义为矩阵的秩? 它与矩阵列向量组的秩又是什么关系? 事实上,我们可以证明二者是相等的. 为此,我们需要引进矩阵子式的概念,并用这一概念给出矩阵秩的另一个等价定义.

定义 3.4.2 在矩阵 $\boldsymbol{A}=(a_{ij})_{m\times n}$ 中取定 k 行、k 列($1\leqslant k\leqslant \min\{m,n\}$),位于这 k 行、k 列交叉处的 k^2 个元素保持它们在 $\boldsymbol{A}$ 中的相对位置,构成一个 k 阶行列式,称它为矩阵 $\boldsymbol{A}$ 的一个 k 阶子式.

例如设

$$\boldsymbol{A} = \begin{pmatrix} 0 & 2 & 1 & 3 \\ 3 & 4 & 2 & 0 \\ 5 & 5 & 0 & 2 \end{pmatrix},$$

在 $\boldsymbol{A}$ 中取定1、3行与1、2列，得到 $\boldsymbol{A}$ 的一个2阶子式

$$\begin{vmatrix} 0 & 2 \\ 5 & 5 \end{vmatrix}.$$

又如在 $\boldsymbol{A}$ 中取定1、2、3行与1、2、4列，得到 $\boldsymbol{A}$ 的一个3阶子式

$$\begin{vmatrix} 0 & 2 & 3 \\ 3 & 4 & 0 \\ 5 & 5 & 2 \end{vmatrix}.$$

显然，一个 $m\times n$ 的矩阵 $\boldsymbol{A}$，对每一个满足 $1\leqslant k\leqslant \min\{m,n\}$ 的正整数 k，共有 $C_m^k\cdot C_n^k$ 个 k 阶子式；特别矩阵 $\boldsymbol{A}$ 中的每一个元素都是 $\boldsymbol{A}$ 的一个一阶子式，而对于 n 阶方阵 $\boldsymbol{A}$ 而言，它的 n 阶子式只有一个，就是 $\boldsymbol{A}$ 的行列式 $|\boldsymbol{A}|$.

3.4.2　矩阵秩的性质

定理 3.4.1　矩阵 $\boldsymbol{A}$ 的秩等于 r 的充分必要条件是 $\boldsymbol{A}$ 中存在一个 r 阶子式 D 不等于零，而所有包含 D 的 $r+1$ 阶子式(如果存在的话)都等于零.

证明　充分性. 不失一般性，可设 D 位于 $\boldsymbol{A}$ 的左上角(否则可以通过互换 $\boldsymbol{A}$ 的行或列达到这一目的，而根据行列式的性质，$\boldsymbol{A}$ 的 k 阶子式的奇异性保持不变)，并将 $\boldsymbol{A}$ 按行分块，即

$$\boldsymbol{A}=\begin{pmatrix} a_{11} & \cdots & a_{1r} & a_{1,r+1} & \cdots & a_{1n} \\ \vdots & D & \vdots & \vdots & & \vdots \\ a_{r1} & \cdots & a_{rr} & a_{r,r+1} & \cdots & a_{rn} \\ a_{r+1,1} & \cdots & a_{r+1,r} & a_{r+1,r+1} & \cdots & a_{r+1,n} \\ \vdots & & \vdots & \vdots & & \vdots \\ a_{m1} & \cdots & a_{mr} & a_{m,r+1} & \cdots & a_{mn} \end{pmatrix}=\begin{pmatrix} \boldsymbol{\alpha}_1 \\ \vdots \\ \boldsymbol{\alpha}_r \\ \boldsymbol{\alpha}_{r+1} \\ \vdots \\ \boldsymbol{\alpha}_m \end{pmatrix}.$$

下面证明 $\boldsymbol{A}$ 的前 r 个行向量 $\boldsymbol{\alpha}_1,\boldsymbol{\alpha}_2,\cdots,\boldsymbol{\alpha}_r$ 是 $\boldsymbol{A}$ 的行向量组 $\boldsymbol{\alpha}_1,\boldsymbol{\alpha}_2,\cdots,\boldsymbol{\alpha}_m$ 的一个最大线性无关组.

显然 $\boldsymbol{\alpha}_1,\boldsymbol{\alpha}_2,\cdots,\boldsymbol{\alpha}_r$ 线性无关，否则其中某个向量可由其余 $r-1$ 个向量线性表示，从而 $D=0$，这与假设矛盾.

其次证明 $\boldsymbol{\alpha}_{r+1},\cdots,\boldsymbol{\alpha}_m$ 可由 $\boldsymbol{\alpha}_1,\boldsymbol{\alpha}_2,\cdots,\boldsymbol{\alpha}_r$ 线性表示. 为此，对 $l=r+1,\cdots,m$，$k=1,2,\cdots,n$，作 $r+1$ 阶行列式

$$D_{r+1}(l,k)=\begin{vmatrix} a_{11} & \cdots & a_{1r} & a_{1k} \\ \vdots & & \vdots & \vdots \\ a_{r1} & \cdots & a_{rr} & a_{rk} \\ a_{l1} & \cdots & a_{lr} & a_{lk} \end{vmatrix}.$$

若 $k\leqslant r$，则 $D_{r+1}(l,k)$ 中有两列相同，因而 $D_{r+1}(l,k)=0$；若 $k>r$，则 $D_{r+1}(l,k)$ 为

包含 D 的 $r+1$ 阶子式，由假设条件得 $D_{r+1}(l,k)=0$. 所以总有 $D_{r+1}(l,k)=0$.

因此，将 $D_{r+1}(l,k)$ 按最后一列展开可得

$$a_{1k}A_1+a_{2k}A_2+\cdots+a_{rk}A_r+a_{lk}D=0,$$

其中 $A_i(i=1,2,\cdots,r)$ 与 k 无关，是由 l 确定的一组常数. 由于 $D\neq0$，于是，

$$a_{lk}=-\frac{1}{D}(A_1a_{1k}+A_2a_{2k}+\cdots+A_ra_{rk}),k=1,2,\cdots,n,$$

即

$$\boldsymbol{\alpha}_l=-\frac{1}{D}(A_1\boldsymbol{\alpha}_1+A_2\boldsymbol{\alpha}_2+\cdots+A_r\boldsymbol{\alpha}_r),l=r+1,\cdots,m.$$

所以 $\boldsymbol{\alpha}_{r+1},\cdots,\boldsymbol{\alpha}_m$ 可由 $\boldsymbol{\alpha}_1,\boldsymbol{\alpha}_2,\cdots,\boldsymbol{\alpha}_r$ 线性表示，从而 $\boldsymbol{\alpha}_1,\boldsymbol{\alpha}_2,\cdots,\boldsymbol{\alpha}_r$ 是 $\boldsymbol{A}$ 的行向量组的一个最大无关组. 于是，由定义 3.4.1 得 $R(\boldsymbol{A})=r$.

必要性. 设 $R(\boldsymbol{A})=r$，那么 $\boldsymbol{A}$ 的行向量组的秩为 r，从而 $\boldsymbol{A}$ 的任意 $r+1$ 个行向量都线性相关，所以 $\boldsymbol{A}$ 的一切 $r+1$ 阶子式都等于零. 下面证明 $\boldsymbol{A}$ 存在 $\boldsymbol{A}$ 的一个 r 阶子式不等于零. 如果 $\boldsymbol{A}$ 的一切 r 阶子式都等于零，假设 $\boldsymbol{A}$ 的不为零的最高阶子式的阶数为 k，那么 $k<r$. 于是，由已经证明的充分性可知 $R(\boldsymbol{A})=k<r$，这显然与已知条件矛盾，证毕.

从定理 3.4.1 充分性的证明中我们知道，不为零的 r 阶子式所在的行的 r 个行向量即为 $\boldsymbol{A}$ 的行向量组的一个最大无关组. 这为求向量组的最大线性无关组提供了一种方法.

根据定理 3.4.1，容易得出下列结论.

推论 1 矩阵 $\boldsymbol{A}$ 的秩等于 r 的充分必要条件是存在一个 $\boldsymbol{A}$ 的 r 阶子式不等于零，而所有 $r+1$ 阶子式(如果存在的话)都等于零.

这说明矩阵 $\boldsymbol{A}$ 的秩等于 $\boldsymbol{A}$ 的最高阶非零子式的阶数.

推论 2 $R(\boldsymbol{A})\geqslant r$ 当且仅当存在 $\boldsymbol{A}$ 的 r 阶子式不为零.

推论 3 $R(\boldsymbol{A})<r$ 当且仅当 $\boldsymbol{A}$ 的所有 r 阶子式全为零.

例 3.4.1 求矩阵

$$\boldsymbol{A}=\begin{pmatrix}1&3&-1&-2\\2&-1&2&3\\3&2&1&1\end{pmatrix}$$

的秩.

解 因为 $\boldsymbol{A}$ 的二阶子式 $D=\begin{vmatrix}1&3\\2&-1\end{vmatrix}\neq0$，而包含 D 的三阶子式有两个，且都等于零，即

$$\begin{vmatrix}1&3&-1\\2&-1&2\\3&2&1\end{vmatrix}=0,\quad\begin{vmatrix}1&3&-2\\2&-1&3\\3&2&1\end{vmatrix}=0.$$

所以 $\boldsymbol{A}$ 的秩 $\boldsymbol{R}(A)=2$.

例 3.4.2　设 $\boldsymbol{\alpha}_1=(1,4,1,0)$，$\boldsymbol{\alpha}_2=(2,1,-1,-3)$，$\boldsymbol{\alpha}_3=(1,0,-3,-1)$，$\boldsymbol{\alpha}_4=(0,2,-6,3)$，求该向量组的秩和它的一个最大无关组.

解　将 $\boldsymbol{\alpha}_1,\boldsymbol{\alpha}_2,\boldsymbol{\alpha}_3,\boldsymbol{\alpha}_4$ 作为行向量组，构造矩阵

$$\boldsymbol{A}=\begin{pmatrix}1 & 4 & 1 & 0\\ 2 & 1 & -1 & -3\\ 1 & 0 & -3 & -1\\ 0 & 2 & -6 & 3\end{pmatrix}.$$

容易看出，$\boldsymbol{A}$ 的 2 阶子式

$$D_2=\begin{vmatrix}1 & 4\\ 2 & 1\end{vmatrix}\neq 0,$$

而 $\boldsymbol{A}$ 包含 D_2 的 3 阶子式共有 4 个，其中

$$D_3=\begin{vmatrix}1 & 4 & 1\\ 2 & 1 & -1\\ 1 & 0 & -3\end{vmatrix}=16\neq 0,$$

又因为 $\boldsymbol{A}$ 包含 D_3 的 4 阶子式只有一个，即 $|\boldsymbol{A}|$，经计算知 $|\boldsymbol{A}|=0$. 所以 $R(\boldsymbol{A})=3$，即向量组 $\boldsymbol{\alpha}_1,\boldsymbol{\alpha}_2,\boldsymbol{\alpha}_3,\boldsymbol{\alpha}_4$ 的秩等于 3. 且由 D_3 位于 $\boldsymbol{A}$ 的前三行知 $\boldsymbol{\alpha}_1,\boldsymbol{\alpha}_2,\boldsymbol{\alpha}_3$ 是该向量组的一个最大无关组.

定理 3.4.2　矩阵 $\boldsymbol{A}$ 的秩等于其列向量组的秩.

证明　因为 $\boldsymbol{A}^{\mathrm{T}}$ 的每个子式都是 $\boldsymbol{A}$ 的某个子式的转置，它们有相同的值，因此，由定理 3.4.1 可知 $R(\boldsymbol{A})=R(\boldsymbol{A}^{\mathrm{T}})$. 而 $\boldsymbol{A}^{\mathrm{T}}$ 的行向量组就是 $\boldsymbol{A}$ 的列向量组，所以 $\boldsymbol{A}$ 的秩等于它的列向量组的秩.

综上所述，矩阵 $\boldsymbol{A}$ 的秩等于矩阵 $\boldsymbol{A}$ 的行向量组的秩，也等于矩阵 $\boldsymbol{A}$ 的列向量组的秩.

例 3.4.3　证明 $R(\boldsymbol{AB})\leqslant\min\{R(\boldsymbol{A}),R(\boldsymbol{B})\}$，并且当 A 可逆时有 $R(\boldsymbol{AB})=R(\boldsymbol{B})$，而当 $\boldsymbol{B}$ 可逆时有 $R(\boldsymbol{AB})=R(\boldsymbol{A})$.

证明　记 $\boldsymbol{C}=\boldsymbol{AB}$，根据 3.4 节中的结论知 $\boldsymbol{C}$ 的列向量组可由 $\boldsymbol{A}$ 的列向量线性表示；而 $\boldsymbol{C}$ 的行向量组可由 $\boldsymbol{B}$ 的行向量线性表示. 进而由定义 3.4.1、定理 3.4.2 及定理 2.3.2 得到 $R(\boldsymbol{C})\leqslant R(\boldsymbol{A})$，$R(\boldsymbol{C})\leqslant R(\boldsymbol{B})$，所以 $R(\boldsymbol{AB})\leqslant\min\{R(\boldsymbol{A}),R(\boldsymbol{B})\}$.

当 $\boldsymbol{A}$ 可逆时，由 $\boldsymbol{C}=\boldsymbol{AB}$ 得 $\boldsymbol{A}^{-1}\boldsymbol{C}=\boldsymbol{B}$. 所以，由 $\boldsymbol{C}=\boldsymbol{AB}$ 知 $R(\boldsymbol{AB})\leqslant R(\boldsymbol{B})$；由 $\boldsymbol{A}^{-1}\boldsymbol{C}=\boldsymbol{B}$ 知 $R(\boldsymbol{B})\leqslant R(\boldsymbol{AB})$，因此 $R(\boldsymbol{AB})=R(\boldsymbol{B})$. 同理可证当 $\boldsymbol{B}$ 可逆时有 $R(\boldsymbol{AB})=R(\boldsymbol{A})$.

此例中的结论应特别注意，即一个矩阵乘以可逆矩阵后，它的秩不变.

习　题　3.4

1. 求下列矩阵的秩：

(1) $\begin{pmatrix} 1 & 0 & 0 & 1 \\ 1 & 2 & 0 & -1 \\ 3 & -1 & 0 & 4 \\ 1 & 4 & 5 & 1 \end{pmatrix}$； (2) $\begin{pmatrix} 3 & 2 & -1 & -3 & -2 \\ 2 & -1 & 3 & 1 & -3 \\ 7 & 0 & 5 & -1 & -8 \end{pmatrix}$； (3) $\begin{pmatrix} 1 & 1 & 1 & 0 & 5 \\ 2 & 1 & -1 & 1 & 1 \\ 1 & 2 & -1 & 1 & 2 \\ 0 & 1 & 2 & 3 & 3 \end{pmatrix}$.

2. 讨论下列向量组的线性相关性，并求它的最大无关组：

(1) $\boldsymbol{\alpha}_1=(1,2,-1)$，$\boldsymbol{\alpha}_2=(2,-3,1)$，$\boldsymbol{\alpha}_3=(4,1,-1)$；

(2) $\boldsymbol{\alpha}_1=(1,1,1,2)$，$\boldsymbol{\alpha}_2=(3,1,2,5)$，$\boldsymbol{\alpha}_3=(2,0,1,3)$，$\boldsymbol{\alpha}_4=(1,-1,0,1)$；

(3) $\boldsymbol{\alpha}_1=(1,2,1,3)$，$\boldsymbol{\alpha}_2=(4,-1,-5,-6)$，$\boldsymbol{\alpha}_3=(1,-3,-4,-7)$，$\boldsymbol{\alpha}_4=(2,1,-1,0)$.

3. 在秩为 r 的非零矩阵中，没有等于零的 r 阶子式，这一说法正确吗？

4. 从矩阵 $\boldsymbol{A}_{3\times 3}$ 中划去一行得到矩阵 $\boldsymbol{B}$，问 $\boldsymbol{A}$，$\boldsymbol{B}$ 的秩有何关系？

3.5 矩阵的初等变换

当矩阵的阶数较高时，按定理 3.4.1 求矩阵的秩，需要计算矩阵的许多子式，实际中难以直接应用. 下面介绍如何利用初等变换求矩阵的秩，它是一种较为方便的方法. 同时，它在计算矩阵的逆、解线性方程组以及求向量组的秩和其最大线性无关组等方面均有着广泛应用，可以说，它是求解线性代数中许多量的得力方法，读者应该特别注意.

3.5.1 初等变换的定义

定义 3.5.1 下面的三种变换称为矩阵的初等行变换.

(1) 对调某两行；

(2) 用非零数 k 乘某一行的所有元素；

(3) 将某一行所有元素的 k 倍加到另一行对应的元素上.

对调 i,j 两行，记作 $r_i\leftrightarrow r_j$；第 i 行元素乘以 k，记作 $r_i\times k$；第 j 行的 k 倍加到第 i 行上，记作 r_i+kr_j.

将定义 3.5.1 中的"行"换成"列"，所得到的对列施行的三种变换称为矩阵的初等列变换. 而在记号上，只要把"r"换成"c"即可.

矩阵的初等行变换和初等列变换，统称为矩阵的初等变换.

经过初等变换，矩阵 $\boldsymbol{A}$ 化为矩阵 $\boldsymbol{B}$，记作 $\boldsymbol{A}\rightarrow\boldsymbol{B}$. 所做的变换可用相应的记号标在→的上方或下方. 例如

$$\boldsymbol{A}=\begin{pmatrix} 2 & 1 & 0 & 3 \\ 1 & 4 & 1 & 0 \\ 3 & 5 & 1 & \dfrac{1}{5} \end{pmatrix}\xrightarrow[r_3\times 5]{r_1\leftrightarrow r_2}\begin{pmatrix} 1 & 4 & 1 & 0 \\ 2 & 1 & 0 & 3 \\ 15 & 25 & 5 & 1 \end{pmatrix}\xrightarrow{r_2+(-2)r_1}\begin{pmatrix} 1 & 4 & 1 & 0 \\ 0 & -7 & -2 & 3 \\ 15 & 25 & 5 & 1 \end{pmatrix}=\boldsymbol{B}.$$

定义 3.5.2 若矩阵 $\boldsymbol{A}$ 经过有限次的初等变换化为矩阵 $\boldsymbol{B}$，则称矩阵 $\boldsymbol{A}$ 与 $\boldsymbol{B}$

等价.

定理 3.5.1　矩阵的等价关系满足以下三条性质.

(1) 反身性: $\boldsymbol{A} \rightarrow \boldsymbol{A}$;

(2) 对称性: 若 $\boldsymbol{A} \rightarrow \boldsymbol{B}$, 则 $\boldsymbol{B} \rightarrow \boldsymbol{A}$;

(3) 传递性: 若 $\boldsymbol{A} \rightarrow \boldsymbol{B}, \boldsymbol{B} \rightarrow \boldsymbol{C}$, 则 $\boldsymbol{A} \rightarrow \boldsymbol{C}$.

证明　(1) 对 $\boldsymbol{A}$ 做 $r_1 \times 1$ 变换即可.

(2) 注意到初等变换是可逆变换, 即对行而言, $r_i \leftrightarrow r_j$、$r_i \times k$、$r_i + kr_j$ 的逆变换分别为 $r_j \leftrightarrow r_i$、$r_i \times \frac{1}{k}$、$r_i + (-k) r_j$. 这一结论对列同样成立. 因此当 $\boldsymbol{A} \rightarrow \boldsymbol{B}$ 时, 就有 $\boldsymbol{B} \rightarrow \boldsymbol{A}$.

(3) 由定义 3.5.2 即得.

3.5.2　用初等变换求矩阵的秩

下面给出本节最重要的结论, 它是初等变换的一个实质性结果.

定理 3.5.2　如果矩阵 $\boldsymbol{A}$ 经过有限次初等行(列)变换化为矩阵 $\boldsymbol{B}$, 那么下列结论成立.

(1) $\boldsymbol{A}$ 的行(列)向量组与 $\boldsymbol{B}$ 的行(列)向量组等价;

(2) $\boldsymbol{A}$ 的列(行)向量组与 $\boldsymbol{B}$ 的列(行)向量组具有相同的线性相关性.

证明　(1) 显然我们只需证明经过一次初等行(列)变换结论正确即可.

设 $\boldsymbol{A}$ 的行向量组为 $\boldsymbol{\alpha}_1, \boldsymbol{\alpha}_2, \cdots, \boldsymbol{\alpha}_m$, $\boldsymbol{B}$ 的行向量组为 $\boldsymbol{\beta}_1, \boldsymbol{\beta}_2, \cdots, \boldsymbol{\beta}_m$. 那么对于 $r_i \leftrightarrow r_j$ 及 $r_i \times k$, 结论显然成立. 下面考虑 $r_i + kr_j$.

因为对 $l = 1, 2, \cdots, m$, 当 $l \neq i$ 时, $\boldsymbol{\beta}_l = \boldsymbol{\alpha}_l$; 而当 $l = i$ 时, $\boldsymbol{\beta}_i = \boldsymbol{\alpha}_i + k\boldsymbol{\alpha}_j$, $\boldsymbol{\alpha}_i = \boldsymbol{\beta}_i - k\boldsymbol{\beta}_j$. 所以 $\boldsymbol{\beta}_1, \boldsymbol{\beta}_2, \cdots, \boldsymbol{\beta}_m$ 与 $\boldsymbol{\alpha}_1, \boldsymbol{\alpha}_2, \cdots, \boldsymbol{\alpha}_m$ 等价.

所以, 在三种初等行变换下 $\boldsymbol{A}$ 的行量组与 $\boldsymbol{B}$ 的行向量组等价.

对列变换情形, 同样可以证明.

(2) 设 $\boldsymbol{A}$ 的列向量组为 $\boldsymbol{\gamma}_1, \boldsymbol{\gamma}_2, \cdots, \boldsymbol{\gamma}_n$, $\boldsymbol{B}$ 的列向量组为 $\boldsymbol{\delta}_1, \boldsymbol{\delta}_2, \cdots, \boldsymbol{\delta}_n$. 任取 $\boldsymbol{\gamma}_{j_1}, \boldsymbol{\gamma}_{j_2}, \cdots, \boldsymbol{\gamma}_{j_k} \in \{\boldsymbol{\alpha}_1, \boldsymbol{\alpha}_2, \cdots, \boldsymbol{\alpha}_n\}$, 根据初等行变换的定义, 显然方程组

$$x_1 \boldsymbol{\gamma}_{j_1} + x_2 \boldsymbol{\gamma}_{j_2} + \cdots + x_k \boldsymbol{\gamma}_{j_k} = \boldsymbol{0}$$

与方程组

$$x_1 \boldsymbol{\delta}_{j_1} + x_2 \boldsymbol{\delta}_{j_2} + \cdots + x_k \boldsymbol{\delta}_{j_k} = \boldsymbol{0}$$

同解. 即它们同时只有零解或存在非零解. 所以 $\boldsymbol{A}$ 的列向量组与 $\boldsymbol{B}$ 的列向量组具有相同的线性相关性.

对列变换情形, 同样可以证明.

定理 3.5.2 可以简单叙述为行(列)变换保持行(列)等价; 并且行(列)变换保持列(行)的线性相关性不变. 这样便于记忆.

根据矩阵秩的定义、定理 3.5.2 及等价的向量组具有相同的秩等结论，我们得到

推论 1 若矩阵 $\boldsymbol{A}$ 与 $\boldsymbol{B}$ 等价，则 $R(\boldsymbol{A})=R(\boldsymbol{B})$.

推论 1 说明初等变换不改变矩阵的秩. 即秩是初等变换下矩阵的不变量. 因此，如果我们能够用初等变换将矩阵 $\boldsymbol{A}$ 化为某个便于判断其 k 阶子式奇异性的矩阵 $\boldsymbol{B}$，即可得到 $\boldsymbol{A}$ 的秩.

我们称矩阵 $\boldsymbol{A}$ 为一个行阶梯形矩阵，如果

(1) $\boldsymbol{A}$ 中元素全为零的行在非零行的下方；

(2) $\boldsymbol{A}$ 中各非零行的第一个非零元素的列指标随着行指标的增大而严格增大.

例如

$$\boldsymbol{A}=\begin{pmatrix}1 & -2 & -1 & 0 & 2\\ 0 & 3 & 2 & 2 & -1\\ 0 & 0 & 0 & 3 & -1\\ 0 & 0 & 0 & 0 & 0\end{pmatrix},\quad \boldsymbol{B}=\begin{pmatrix}2 & 3 & 4\\ 0 & -2 & 6\\ 0 & 0 & 5\end{pmatrix}$$

等，都是行阶梯形矩阵.

根据定理 3.4.1，容易知道行阶梯形矩阵的秩等于其非零行的个数. 例如上例中 $R(\boldsymbol{A})=R(\boldsymbol{B})=3$. 现在不加证明地给出下列结论.

定理 3.5.3 任意一个矩阵总可以经过有限次的初等行变换化为行阶梯形矩阵.

以下举例说明如何利用初等行变换将矩阵化为行阶梯形矩阵，从而可求出矩阵的秩.

例 3.5.1 求矩阵 $\boldsymbol{A}=\begin{pmatrix}1 & -2 & -1 & 0 & 2\\ -2 & 4 & 2 & 6 & -6\\ 2 & -1 & 0 & 2 & 3\\ 3 & 3 & 3 & 3 & 4\end{pmatrix}$ 的秩.

解 对 $\boldsymbol{A}$ 施行初等行变换，得

$$\boldsymbol{A}\xrightarrow[\substack{r_3-2r_1\\ r_4-3r_1}]{r_2+2r_1}\begin{pmatrix}1 & -2 & -1 & 0 & 2\\ 0 & 0 & 0 & 6 & -2\\ 0 & 3 & 2 & 2 & -1\\ 0 & 9 & 6 & 3 & -2\end{pmatrix}$$

$$\xrightarrow[r_4-3r_2]{r_2\leftrightarrow r_3}\begin{pmatrix}1 & -2 & -1 & 0 & 2\\ 0 & 3 & 2 & 2 & -1\\ 0 & 0 & 0 & 6 & -2\\ 0 & 0 & 0 & -3 & 1\end{pmatrix}$$

$$\xrightarrow[r_4+r_3]{r_3\times\frac{1}{2}}\begin{pmatrix}1 & -2 & -1 & 0 & 2\\ 0 & 3 & 2 & 2 & -1\\ 0 & 0 & 0 & 3 & -1\\ 0 & 0 & 0 & 0 & 0\end{pmatrix}=\boldsymbol{B}.$$

此时，矩阵 $\boldsymbol{B}$ 是行阶梯形矩阵，而且 $\boldsymbol{B}$ 的非零行数为 3，所以 $R(\boldsymbol{A})=R(\boldsymbol{B})=3$.

在例 3.5.1 中，对 $\boldsymbol{B}$ 继续施行行变换，还可化为更简单的形式：

$$\boldsymbol{B}=\begin{pmatrix}1 & -2 & -1 & 0 & 2\\ 0 & 3 & 2 & 2 & -1\\ 0 & 0 & 0 & 3 & -1\\ 0 & 0 & 0 & 0 & 0\end{pmatrix}\xrightarrow[r_3\times\frac{1}{3}]{r_2\times\frac{1}{3}}\begin{pmatrix}1 & -2 & -1 & 0 & 2\\ 0 & 1 & \frac{2}{3} & \frac{2}{3} & -\frac{1}{3}\\ 0 & 0 & 0 & 1 & -\frac{1}{3}\\ 0 & 0 & 0 & 0 & 0\end{pmatrix}$$

$$\xrightarrow[r_1+2r_2]{r_2-\frac{2}{3}r_3}\begin{pmatrix}1 & 0 & \frac{1}{3} & 0 & \frac{16}{9}\\ 0 & 1 & \frac{2}{3} & 0 & -\frac{1}{9}\\ 0 & 0 & 0 & 1 & -\frac{1}{3}\\ 0 & 0 & 0 & 0 & 0\end{pmatrix}=\boldsymbol{C}.$$

我们称形如 $\boldsymbol{C}$ 这样的行阶梯形矩阵为行最简形矩阵. 其特点是各非零行的第一个非零元素全为 1，而它们所在列的其他元素全为 0.

利用行最简形矩阵可以求得矩阵的列向量组的一个最大无关组，并将其余列向量用该最大无关组线性表示. 事实上，我们记

$$\boldsymbol{C}=(\boldsymbol{\beta}_1\quad\boldsymbol{\beta}_2\quad\boldsymbol{\beta}_3\quad\boldsymbol{\beta}_4\quad\boldsymbol{\beta}_5)$$

容易知道 $\boldsymbol{\beta}_1,\boldsymbol{\beta}_2,\boldsymbol{\beta}_4$ 是 $\boldsymbol{C}$ 的列向量组的一个最大无关组. 并且

$$\boldsymbol{\beta}_3=\frac{1}{3}\boldsymbol{\beta}_1+\frac{2}{3}\boldsymbol{\beta}_2,$$

$$\boldsymbol{\beta}_5=\frac{16}{9}\boldsymbol{\beta}_1-\frac{1}{9}\boldsymbol{\beta}_2-\frac{1}{3}\boldsymbol{\beta}_4.$$

于是，若记 $\boldsymbol{A}=(\boldsymbol{\alpha}_1\quad\boldsymbol{\alpha}_2\quad\boldsymbol{\alpha}_3\quad\boldsymbol{\alpha}_4\quad\boldsymbol{\alpha}_5)$，根据定理 3.5.2，我们就知道 $\boldsymbol{\alpha}_1,\boldsymbol{\alpha}_2,\boldsymbol{\alpha}_4$ 是 $\boldsymbol{A}$ 的列向量组的一个最大无关组，并且

$$\boldsymbol{\alpha}_3=\frac{1}{3}\boldsymbol{\alpha}_1+\frac{2}{3}\boldsymbol{\alpha}_2,$$

$$\boldsymbol{\alpha}_5=\frac{16}{9}\boldsymbol{\alpha}_1-\frac{1}{9}\boldsymbol{\alpha}_2-\frac{1}{3}\boldsymbol{\alpha}_4.$$

如果再对矩阵 $\boldsymbol{C}$ 作初等列变换，那么可得

$$\boldsymbol{C}=\begin{pmatrix}1 & 0 & \frac{1}{3} & 0 & \frac{16}{9}\\ 0 & 1 & \frac{2}{3} & 0 & -\frac{1}{9}\\ 0 & 0 & 0 & 1 & -\frac{1}{3}\\ 0 & 0 & 0 & 0 & 0\end{pmatrix}\to\begin{pmatrix}1 & 0 & 0 & 0 & 0\\ 0 & 1 & 0 & 0 & 0\\ 0 & 0 & 1 & 0 & 0\\ 0 & 0 & 0 & 0 & 0\end{pmatrix}=\boldsymbol{D}.$$

矩阵 $\boldsymbol{D}$ 可用分块矩阵的形式表示为$\begin{pmatrix}\boldsymbol{E}_3 & \boldsymbol{O}\\ \boldsymbol{O} & \boldsymbol{O}\end{pmatrix}$,我们称矩阵 $\boldsymbol{D}$ 为 $\boldsymbol{A}$ 的标准形. 因此,根据定理 3.5.3,我们又知道任意一个 $m\times n$ 矩阵 $\boldsymbol{A}$ 总可以经过有限次的初等变换化为其标准形

$$\begin{pmatrix}\boldsymbol{E}_r & \boldsymbol{O}\\ \boldsymbol{O} & \boldsymbol{O}\end{pmatrix},\tag{3.5.1}$$

其中 $\boldsymbol{E}_r$ 是 r 阶的单位矩阵,而单位矩阵的阶数 r 就是矩阵 $\boldsymbol{A}$ 的秩. 从而如果 $\boldsymbol{A}$ 为可逆矩阵,则它的标准形就是单位矩阵 $\boldsymbol{E}$,即可逆矩阵与单位矩阵等价.

将矩阵化为标准形的目的之一是可以按照标准形将矩阵分类. 即全体 $m\times n$ 的矩阵按照标准形中 r 的值共分为 $1+\min\{m,n\}$ 类. 而同一类的矩阵之间具有等价关系及相同的标准形. 并且它们的秩相同.

例 3.5.2 求向量组 $\boldsymbol{\alpha}_1=\begin{pmatrix}1\\1\\3\\1\end{pmatrix}$,$\boldsymbol{\alpha}_2=\begin{pmatrix}-1\\1\\-1\\3\end{pmatrix}$,$\boldsymbol{\alpha}_3=\begin{pmatrix}5\\-2\\8\\-9\end{pmatrix}$,$\boldsymbol{\alpha}_4=\begin{pmatrix}-1\\3\\1\\7\end{pmatrix}$的一个最大无关组,并将其余向量用该最大无关组线性表示.

解 记

$$\boldsymbol{A}=(\boldsymbol{\alpha}_1\ \boldsymbol{\alpha}_2\ \boldsymbol{\alpha}_3\ \boldsymbol{\alpha}_4)=\begin{pmatrix}1 & -1 & 5 & -1\\ 1 & 1 & -2 & 3\\ 3 & -1 & 8 & 1\\ 1 & 3 & -9 & 7\end{pmatrix}.$$

对 $\boldsymbol{A}$ 作初等行变换,得

$$\boldsymbol{A}\xrightarrow[r_4-r_1]{\substack{r_2-r_1\\ r_3-3r_1}}\begin{pmatrix}1 & -1 & 5 & -1\\ 0 & 2 & -7 & 4\\ 0 & 2 & -7 & 4\\ 0 & 4 & -14 & 8\end{pmatrix}\xrightarrow[r_4-2r_2]{r_3-r_2}\begin{pmatrix}1 & -1 & 5 & -1\\ 0 & 2 & -7 & 4\\ 0 & 0 & 0 & 0\\ 0 & 0 & 0 & 0\end{pmatrix}$$

$$\xrightarrow[r_1+r_2]{r_2\div 2}\begin{pmatrix}1 & 0 & \frac{3}{2} & 1\\ 0 & 1 & -\frac{7}{2} & 2\\ 0 & 0 & 0 & 0\\ 0 & 0 & 0 & 0\end{pmatrix}.$$

所以 $\boldsymbol{\alpha}_1,\boldsymbol{\alpha}_2$ 是向量组 $\boldsymbol{\alpha}_1,\boldsymbol{\alpha}_2,\boldsymbol{\alpha}_3,\boldsymbol{\alpha}_4$ 的一个最大无关组,并且

$$\boldsymbol{\alpha}_3=\frac{3}{2}\boldsymbol{\alpha}_1-\frac{7}{2}\boldsymbol{\alpha}_2,\quad \boldsymbol{\alpha}_4=\boldsymbol{\alpha}_1+2\boldsymbol{\alpha}_2.$$

3.5.3　初等矩阵

下面给出初等矩阵的概念,从而可以利用矩阵的乘法,用等式的形式表示初等变换.这样可以更深刻地认识初等变换,并能得出一些重要结论.

定义 3.5.3　对单位矩阵 $\boldsymbol{E}$ 进行一次初等变换后所得到的矩阵,称为初等矩阵.

由定义 3.5.3 及初等变换的种类可知初等矩阵共分三种,下面给出它们的具体形式.

(1) 对调单位矩阵 $\boldsymbol{E}$ 的 i、j 两行或者 i、j 两列,得到的是同一种初等矩阵,记为 $\boldsymbol{E}(i,j)$,即

$$\boldsymbol{E}(i,j)=\begin{pmatrix}1 &&&&&&&&&\\ &\ddots&&&&&&&&\\ &&1&&&&&&&\\ &&&0&\cdots&\cdots&\cdots&1&&\\ &&&\vdots&1&&&\vdots&&\\ &&&\vdots&&\ddots&&\vdots&&\\ &&&\vdots&&&1&\vdots&&\\ &&&1&\cdots&\cdots&\cdots&0&&\\ &&&&&&&&1&\\ &&&&&&&&&\ddots\\ &&&&&&&&&&1\end{pmatrix}\begin{matrix}\\ \\ \\ \leftarrow 第\ i\ 行\\ \\ \\ \\ \leftarrow 第\ j\ 行\\ \\ \\ \\ \end{matrix}.\tag{3.5.2}$$

(2) 以非零数 k 乘单位矩阵 $\boldsymbol{E}$ 第 i 行或者第 i 列,得到的也是同一种初等矩阵,记为 $\boldsymbol{E}(i(k))$,即

$$\boldsymbol{E}(i(k)) = \begin{pmatrix} 1 & & & & & & \\ & \ddots & & & & & \\ & & 1 & & & & \\ & & & k & & & \\ & & & & 1 & & \\ & & & & & \ddots & \\ & & & & & & 1 \end{pmatrix} \leftarrow 第\ i\ 行. \tag{3.5.3}$$

(3) 将单位矩阵 $\boldsymbol{E}$ 的第 j 行的 k 倍加到第 i 行,或者是第 i 列的 k 倍加到第 j 列,得到的初等矩阵记为 $\boldsymbol{E}(j(k),i)$,即

$$\boldsymbol{E}(j(k),i) = \begin{pmatrix} 1 & & & & & & \\ & \ddots & & & & & \\ & & 1 & \cdots & k & & \\ & & & \ddots & \vdots & & \\ & & & & 1 & & \\ & & & & & \ddots & \\ & & & & & & 1 \end{pmatrix} \begin{matrix} \\ \\ \leftarrow 第\ i\ 行 \\ \\ \leftarrow 第\ j\ 行 \\ \\ \\ \end{matrix}. \tag{3.5.4}$$

显然初等矩阵都是可逆的,并且容易验证

$$\boldsymbol{E}(i,j)^{-1} = \boldsymbol{E}(i,j), \quad \boldsymbol{E}(i(k))^{-1} = \boldsymbol{E}\left(i\left(\frac{1}{k}\right)\right), \quad \boldsymbol{E}(j(k),i)^{-1} = \boldsymbol{E}(j(-k),i).$$

即初等矩阵的逆矩阵仍是同类型的初等矩阵.

现在对矩阵 $\boldsymbol{A}=(a_{ij})_{m\times n}$,用 m 阶初等矩阵 $\boldsymbol{E}_m(i,j)$ 左乘它得到

$$\boldsymbol{E}_m(i,j)\boldsymbol{A} = \begin{pmatrix} a_{11} & a_{12} & \cdots & a_{1n} \\ \vdots & \vdots & & \vdots \\ a_{j1} & a_{j2} & \cdots & a_{jn} \\ \vdots & \vdots & & \vdots \\ a_{i1} & a_{i2} & \cdots & a_{in} \\ \vdots & \vdots & & \vdots \\ a_{m1} & a_{m2} & \cdots & a_{mn} \end{pmatrix} \begin{matrix} \\ \\ \leftarrow 第\ i\ 行 \\ \\ \leftarrow 第\ j\ 行 \\ \\ \\ \end{matrix}.$$

这表明矩阵 $\boldsymbol{A}$ 左乘 $\boldsymbol{E}_m(i,j)$ 的结果等于对 $\boldsymbol{A}$ 作第一种初等变换 $r_i \leftrightarrow r_j$. 而用 n 阶初等矩阵 $\boldsymbol{E}_n(i,j)$ 右乘矩阵 $\boldsymbol{A}$ 得到

$$\boldsymbol{A}\boldsymbol{E}_n(i,j) = \begin{pmatrix} a_{11} & \cdots & a_{1j} & \cdots & a_{1i} & \cdots & a_{1n} \\ a_{21} & \cdots & a_{2j} & \cdots & a_{2i} & \cdots & a_{2n} \\ \vdots & & \vdots & & \vdots & & \vdots \\ a_{m1} & \cdots & a_{mj} & \cdots & a_{mi} & \cdots & a_{mn} \end{pmatrix}.$$
$$\begin{matrix} \uparrow & \qquad & \uparrow \\ 第\ i\ 列 & & 第\ j\ 列 \end{matrix}$$

这表明矩阵 $\boldsymbol{A}$ 右乘 $\boldsymbol{E}_n(i,j)$ 等于对 $\boldsymbol{A}$ 作第一种初等列变换 $c_i \leftrightarrow c_j$.

用初等矩阵 $\boldsymbol{E}(i(k))$ 或 $\boldsymbol{E}(j(k),i)$ 乘以 $\boldsymbol{A}$ 也有同样的结果. 于是得到

定理 3.5.4 设 $\boldsymbol{A}$ 是 $m\times n$ 矩阵, 对 $\boldsymbol{A}$ 施行一次初等行变换, 相当于在 $\boldsymbol{A}$ 的左边乘以相应的 m 阶初等矩阵; 对 $\boldsymbol{A}$ 施行一次初等列变换, 相当于在 $\boldsymbol{A}$ 的右边乘以相应的 n 阶初等矩阵.

定理 3.5.5 矩阵 $\boldsymbol{A}$ 可逆的充分必要条件是其可以表示为有限个初等矩阵的乘积.

证明 必要性. 因为 $\boldsymbol{A}$ 可逆, 从而 $\boldsymbol{E}\to\boldsymbol{A}$, 即 $\boldsymbol{E}$ 可以经过有限次初等变换化为 $\boldsymbol{A}$, 于是由定理 3.5.4 知存在有限个初等矩阵 $\boldsymbol{P}_1,\boldsymbol{P}_2,\cdots,\boldsymbol{P}_l$, 使

$$\boldsymbol{P}_1\boldsymbol{P}_2\cdots\boldsymbol{P}_r\boldsymbol{E}\boldsymbol{P}_{r+1}\cdots\boldsymbol{P}_l=\boldsymbol{A},$$

即

$$\boldsymbol{A}=\boldsymbol{P}_1\boldsymbol{P}_2\cdots\boldsymbol{P}_l.$$

充分性. 如果 $\boldsymbol{A}=\boldsymbol{P}_1\boldsymbol{P}_2\cdots\boldsymbol{P}_l$, 其中 $\boldsymbol{P}_1,\boldsymbol{P}_2,\cdots,\boldsymbol{P}_l$ 都是初等矩阵. 而初等矩阵都是可逆矩阵, 因此 $\boldsymbol{A}$ 可逆.

据定理 3.5.5, 当 $\boldsymbol{A}$ 可逆时, 存在初等矩阵 $\boldsymbol{P}_1,\boldsymbol{P}_2,\cdots,\boldsymbol{P}_l$, 使

$$\boldsymbol{A}=\boldsymbol{P}_1\boldsymbol{P}_2\cdots\boldsymbol{P}_l,$$

上式两边分别左乘 $\boldsymbol{P}_1^{-1},\boldsymbol{P}_2^{-1},\cdots,\boldsymbol{P}_l^{-1}$, 有

$$\boldsymbol{P}_l^{-1}\cdots\boldsymbol{P}_2^{-1}\boldsymbol{P}_1^{-1}\boldsymbol{A}=\boldsymbol{E}, \tag{3.5.5}$$

在(3.5.5)式两边右乘 $\boldsymbol{A}^{-1}$, 有

$$\boldsymbol{P}_l^{-1}\cdots\boldsymbol{P}_2^{-1}\boldsymbol{P}_1^{-1}\boldsymbol{E}=\boldsymbol{A}^{-1}, \tag{3.5.6}$$

注意到 $\boldsymbol{P}_l^{-1},\cdots,\boldsymbol{P}_2^{-1},\boldsymbol{P}_1^{-1}$ 都是初等矩阵, 那么(3.5.5)式表明可逆阵 $\boldsymbol{A}$ 可以只用初等行变换即可化为单位矩阵 $\boldsymbol{E}$. 而(3.5.5)、(3.5.6)两式表明对 $\boldsymbol{A}$ 和 $\boldsymbol{E}$ 施行相同的初等行变换, 当 $\boldsymbol{A}$ 变换为单位阵 $\boldsymbol{E}$ 时, $\boldsymbol{E}$ 就变换为 $\boldsymbol{A}^{-1}$. 于是, 我们可以利用这一结果求 $\boldsymbol{A}^{-1}$. 具体作法是对给定的 n 阶可逆矩阵 $\boldsymbol{A}$, 取 n 阶单位矩阵 $\boldsymbol{E}$, 构造 $n\times 2n$ 的矩阵 $(\boldsymbol{A}\vdots\boldsymbol{E})$, 对其作初等行变换, 当 $\boldsymbol{A}$ 的位置变换为 $\boldsymbol{E}$ 时, $\boldsymbol{E}$ 的位置就是 $\boldsymbol{A}^{-1}$, 即

$$(\boldsymbol{A}\vdots\boldsymbol{E})\xrightarrow{\text{初等行变换}}(\boldsymbol{E}\vdots\boldsymbol{A}^{-1}). \tag{3.5.7}$$

这种求逆矩阵的方法比直接用公式 $\boldsymbol{A}^{-1}=\dfrac{1}{|\boldsymbol{A}|}\boldsymbol{A}^*$ 一般说来要简便一些. 要特别注意的是对 $(\boldsymbol{A}\vdots\boldsymbol{E})$ 只能作初等行变换.

例 3.5.3 用初等变换求 $\boldsymbol{A}=\begin{pmatrix}1&2&-2\\2&-3&2\\-2&-1&1\end{pmatrix}$ 的逆矩阵.

解 由于

$$(\boldsymbol{A}\vdots\boldsymbol{E})=\left(\begin{array}{ccc:ccc}1&2&-2&1&0&0\\2&-3&2&0&1&0\\-2&-1&1&0&0&1\end{array}\right)\xrightarrow[r_3+2r_1]{r_2-2r_1}\left(\begin{array}{ccc:ccc}1&2&-2&1&0&0\\0&-7&6&-2&1&0\\0&3&-3&2&0&1\end{array}\right)$$

$$\xrightarrow{r_2+2r_3}\left(\begin{array}{ccc:ccc}1&2&-2&1&0&0\\0&-1&0&2&1&2\\0&3&-3&2&0&1\end{array}\right)\xrightarrow[r_3+3r_2]{r_1+2r_2}\left(\begin{array}{ccc:ccc}1&0&-2&5&2&4\\0&-1&0&2&1&2\\0&0&-3&8&3&7\end{array}\right)$$

$$\xrightarrow{r_1-\frac{2}{3}r_3}\left(\begin{array}{ccc:ccc}1&0&0&-\frac{1}{3}&0&-\frac{2}{3}\\0&-1&0&2&1&2\\0&0&-3&8&3&7\end{array}\right)$$

$$\xrightarrow[r_3\times\left(-\frac{1}{3}\right)]{r_2\times(-1)}\left(\begin{array}{ccc:ccc}1&0&0&-\frac{1}{3}&0&-\frac{2}{3}\\0&1&0&-2&-1&-2\\0&0&1&-\frac{8}{3}&-1&-\frac{7}{3}\end{array}\right).$$

所以

$$\boldsymbol{A}^{-1}=\begin{pmatrix}-\frac{1}{3}&0&-\frac{2}{3}\\-2&-1&-2\\-\frac{8}{3}&-1&-\frac{7}{3}\end{pmatrix}.$$

由定理 3.5.4 及定理 3.5.5 容易得到.

定理 3.5.6 两个 $m\times n$ 矩阵 $\boldsymbol{A}$ 与 $\boldsymbol{B}$ 等价的充分必要条件是存在 m 阶可逆矩阵 $\boldsymbol{P}$ 及 n 阶可逆矩阵 $\boldsymbol{Q}$，使得 $\boldsymbol{PAQ}=\boldsymbol{B}$.

习 题 3.5

1. 用初等变换求下列矩阵的秩：

(1) $\begin{pmatrix}1&1&2&5&7\\1&2&3&7&10\\1&3&4&9&13\\1&4&5&11&16\end{pmatrix}$； (2) $\begin{pmatrix}3&1&0&2\\1&-3&2&-1\\1&3&-4&4\end{pmatrix}$.

2. 求下列矩阵的标准形：

(1) $\boldsymbol{A}=\begin{pmatrix}1&-2&1&-1\\2&1&-1&2\\3&-2&-1&1\\2&-5&1&-2\end{pmatrix}$； (2) $\boldsymbol{A}=\begin{pmatrix}1&2&1&-1\\3&6&-1&-3\\5&10&1&-5\end{pmatrix}$.

3. 已知向量 $\boldsymbol{\alpha}_1=(1,2,3,4)$，$\boldsymbol{\alpha}_2=(-1,1,0,2)$，$\boldsymbol{\alpha}_3=(0,1,2,1)$，$\boldsymbol{\alpha}_4=(1,6,8,11)$. 求向量组 $\boldsymbol{\alpha}_1,\boldsymbol{\alpha}_2,\boldsymbol{\alpha}_3,\boldsymbol{\alpha}_4$ 的秩及其一个极大线性无关组；讨论该向量组的线性相关性；并将向量 $\boldsymbol{\beta}=(1,-2,0,-5)$ 表示为所求极大线性无关组的线性组合.

4. 设 $\boldsymbol{A}=\begin{pmatrix} 2 & 1 & -3 & 0 \\ 1 & -2 & 1 & 3 \\ -1 & 3 & 2 & 1 \end{pmatrix}$,分别计算

(1) $\boldsymbol{E}(2,3)\boldsymbol{A}$；　(2) $\boldsymbol{AE}(3(-1))$；　(3) $\boldsymbol{E}(1(3),2)\boldsymbol{A}$；　(4) $\boldsymbol{AE}(1(3),2)$.

5. 证明:$m\times n$ 矩阵 $\boldsymbol{A}\sim\boldsymbol{B}$ 的充分必要条件是存在 m 阶可逆方阵 $\boldsymbol{P}$ 及 n 阶可逆方阵 $\boldsymbol{Q}$,使得 $\boldsymbol{PAQ}=\boldsymbol{B}$.

6. 利用矩阵的初等变换,求下列方阵的逆矩阵:

(1) $\begin{pmatrix} -2 & -1 & -2 \\ 1 & 3 & 2 \\ 1 & 5 & 3 \end{pmatrix}$;　(2) $\begin{pmatrix} 3 & -2 & 0 & -1 \\ 0 & 2 & 2 & 1 \\ 1 & -2 & -3 & -2 \\ 0 & 1 & 2 & 1 \end{pmatrix}$.

7. 已知 $\boldsymbol{A}=(a_{ij})_{3\times 3}$ 为可逆矩阵,交换 $\boldsymbol{A}$ 的第一、二列后所得的矩阵记为 $\boldsymbol{B}$,证明交换 $\boldsymbol{A}^{-1}$ 的第一、二行后所得的矩阵即为 $\boldsymbol{B}^{-1}$.

第 4 章　线性方程组

在许多理论及实际问题中，经常会遇到线性方程组的求解问题. 如何解线性方程组是线性代数主要解决的问题之一. 在第 1 章中，我们介绍了克拉默法则，但它只能解决方程个数与未知量个数相等，并且系数行列式不等于零时方程组的求解问题. 本章将以向量及矩阵作为主要工具，对一般线性方程组的求解问题进行全面讨论，使得这一问题最终得到彻底解决. 值得注意的是，尽管克拉默法则只适用于线性方程组的特殊情形，但它却是我们研究线性方程组的理论基础及本质所在.

4.1　线性方程组的基本概念

n 个未知量、m 个方程的线性方程组可表示为

$$\begin{cases} a_{11}x_1 + a_{12}x_2 + \cdots + a_{1n}x_n = b_1, \\ a_{21}x_1 + a_{22}x_2 + \cdots + a_{2n}x_n = b_2, \\ \cdots\cdots \\ a_{m1}x_1 + a_{m2}x_2 + \cdots + a_{mn}x_n = b_m, \end{cases} \tag{4.1.1}$$

或者

$$\sum_{j=1}^{n} a_{ij}x_j = b_i, \quad i = 1,2,\cdots,m. \tag{4.1.2}$$

通常称(4.1.1)或者(4.1.2)为线性方程组的代数形式.

分别记

$$\boldsymbol{A} = \begin{pmatrix} a_{11} & a_{12} & \cdots & a_{1n} \\ a_{21} & a_{22} & \cdots & a_{2n} \\ \vdots & \vdots & & \vdots \\ a_{m1} & a_{m2} & \cdots & a_{mn} \end{pmatrix}, \quad \boldsymbol{x} = \begin{pmatrix} x_1 \\ x_2 \\ \vdots \\ x_n \end{pmatrix}, \quad \boldsymbol{b} = \begin{pmatrix} b_1 \\ b_2 \\ \vdots \\ b_m \end{pmatrix},$$

则(4.1.1)可表示为

$$\boldsymbol{Ax} = \boldsymbol{b}. \tag{4.1.3}$$

称(4.1.3)为线性方程组的矩阵形式. 其中 $\boldsymbol{A}$ 称为(4.1.3)的系数矩阵.

进一步，将 $\boldsymbol{A}$ 按列分块，即 $\boldsymbol{A}=(\boldsymbol{\alpha}_1,\boldsymbol{\alpha}_2,\cdots,\boldsymbol{\alpha}_n)$，其中

$$\boldsymbol{\alpha}_1=\begin{pmatrix}a_{11}\\a_{21}\\\vdots\\a_{m1}\end{pmatrix},\quad \boldsymbol{\alpha}_2=\begin{pmatrix}a_{12}\\a_{22}\\\vdots\\a_{m2}\end{pmatrix},\cdots,\boldsymbol{\alpha}_n=\begin{pmatrix}a_{1n}\\a_{2n}\\\vdots\\a_{mn}\end{pmatrix},$$

那么(4.1.1)又可以表示为

$$x_1\boldsymbol{\alpha}_1+x_2\boldsymbol{\alpha}_2+\cdots+x_n\boldsymbol{\alpha}_n=\boldsymbol{b}. \tag{4.1.4}$$

称(4.1.4)为线性方程组的向量形式.

根据需要,写出线性方程组的不同形式,有利于对方程组的研究,读者应特别注意.

设 $c_1,c_2,\cdots,c_n$ 是 n 个实数,若 $x_1=c_1,x_2=c_2,\cdots,x_n=c_n$ 是(4.1.1)的解,则称 $\boldsymbol{x}=(c_1\quad c_2\quad\cdots\quad c_n)^{\mathrm{T}}$ 为方程组(4.1.1)、(4.1.2)、(4.1.3)及(4.1.4)的解向量,简称为解.下文中涉及解时,如不作特殊声明,均指解向量.

在第 1 章中我们已经指出,当 $\boldsymbol{b}=\mathbf{0}$ 时,方程组(4.1.3)称为齐次线性方程组;而当 $\boldsymbol{b}\neq\mathbf{0}$ 时,方程组(4.1.3)称为非齐次线性方程组.显然,一个非齐次方程组一定对应着一个齐次方程组.我们称 $\boldsymbol{A}\boldsymbol{x}=\mathbf{0}$ 为 $\boldsymbol{A}\boldsymbol{x}=\boldsymbol{b}$ 所对应的齐次方程组,或者称 $\boldsymbol{A}\boldsymbol{x}=\mathbf{0}$ 是 $\boldsymbol{A}\boldsymbol{x}=\boldsymbol{b}$ 的导出组.鉴于二者之间的密切关系,我们的讨论就从齐次线性方程组 $\boldsymbol{A}\boldsymbol{x}=\mathbf{0}$ 开始.

习　题　4.1

1. 给定线性方程组 $\begin{cases}x_1+2x_2-x_3+2x_4=1,\\2x_1+4x_2+x_3+x_4=5,\\-x_1-2x_2-x_3+x_4=-4.\end{cases}$

(1) 写出它的系数矩阵与增广矩阵;

(2) 写出它的矩阵形式与向量形式;

(3) 验证对任意常数 k,$\boldsymbol{x}=k\boldsymbol{\xi}+\boldsymbol{\eta}$ 都是它的解向量,其中

$$\boldsymbol{\xi}=\begin{pmatrix}-2\\1\\0\\0\end{pmatrix},\quad \boldsymbol{\eta}=\begin{pmatrix}3\\0\\0\\-1\end{pmatrix}.$$

2. 给定 n 阶方阵 $\boldsymbol{A}=(a_{ij})$,写出线性方程组 $\boldsymbol{A}\boldsymbol{x}=\boldsymbol{b}$ 的一个解向量.其中 n 维列向量 $\boldsymbol{b}=(|\boldsymbol{A}|,0,\cdots,0)^{\mathrm{T}}$.

4.2　齐次线性方程组

本节讨论齐次线性方程组

$$\begin{cases} a_{11}x_1 + a_{12}x_2 + \cdots + a_{1n}x_n = 0, \\ a_{21}x_1 + a_{22}x_2 + \cdots + a_{2n}x_n = 0, \\ \cdots\cdots \\ a_{m1}x_1 + a_{m2}x_2 + \cdots + a_{mn}x_n = 0. \end{cases} \tag{4.2.1}$$

齐次线性方程组(4.2.1)的特点之一是它一定有解,因为 $\boldsymbol{x}=\boldsymbol{0}$ 就是它的一个解,称为(4.2.1)的零解,如果 $\boldsymbol{x}\neq\boldsymbol{0}$ 是(4.2.1)的解,则 $\boldsymbol{x}$ 称为(4.2.1)的非零解.

4.2.1 齐次线性方程组只有零解的充分必要条件

采用前文引进的记号,方程组(4.2.1)可表示为

$$x_1\boldsymbol{\alpha}_1 + x_2\boldsymbol{\alpha}_2 + \cdots + x_n\boldsymbol{\alpha}_n = \boldsymbol{0}. \tag{4.2.2}$$

利用向量及矩阵的知识,立刻得到

定理 4.2.1 对于齐次线性方程组(4.2.1),下列命题等价.

(1) 方程组(4.2.1)只有零解;

(2) 向量组 $\boldsymbol{\alpha}_1,\boldsymbol{\alpha}_2,\cdots,\boldsymbol{\alpha}_n$ 线性无关;

(3) 系数矩阵的秩 $R(\boldsymbol{A})=n$.

容易看到,在实际应用时,命题(3)易于验证,而如果 $\boldsymbol{A}$ 为方阵,则有如下结论.

推论 1 含有 n 个方程 n 个未知量的齐次线性方程组仅有零解的充分必要条件是它的系数行列式 $|\boldsymbol{A}|\neq 0$.

4.2.2 齐次线性方程组存在非零解的充分必要条件

与定理 4.2.1 及推论 1 相应的有

定理 4.2.2 对于齐次线性方程组(4.2.1),下列命题等价.

(1) 方程组(4.2.1)存在非零解;

(2) 向量组 $\boldsymbol{\alpha}_1,\boldsymbol{\alpha}_2,\cdots,\boldsymbol{\alpha}_n$ 线性相关;

(3) 系数矩阵的秩 $R(\boldsymbol{A})<n$.

推论 2 含有 n 个方程 n 个未知量的齐次线性方程组存在非零解的充分必要条件是它的系数行列式 $|\boldsymbol{A}|=0$.

4.2.3 齐次线性方程组的通解

利用方程组(4.2.1)的矩阵形式

$$\boldsymbol{Ax} = \boldsymbol{0}, \tag{4.2.3}$$

容易得到齐次线性方程组的如下性质.

定理 4.2.3 对于齐次线性方程组(4.2.3),下列结论成立.

(1) 若 $\boldsymbol{\xi}_1,\boldsymbol{\xi}_2$ 都是(4.2.3)的解,则 $\boldsymbol{\xi}_1+\boldsymbol{\xi}_2$ 也是(4.2.3)的解;

(2) 若 $\boldsymbol{\xi}$ 是(4.2.3)的解,k 为任意实数,则 $k\boldsymbol{\xi}$ 也是(4.2.3)的解.

证明　(1) 因为 $\boldsymbol{\xi}_1,\boldsymbol{\xi}_2$ 都是(4.2.3)的解，所以 $\boldsymbol{A}\boldsymbol{\xi}_1=\boldsymbol{0},\boldsymbol{A}\boldsymbol{\xi}_2=\boldsymbol{0}$. 于是 $\boldsymbol{A}(\boldsymbol{\xi}_1+\boldsymbol{\xi}_2)=\boldsymbol{A}\boldsymbol{\xi}_1+\boldsymbol{A}\boldsymbol{\xi}_2=\boldsymbol{0}$，即 $\boldsymbol{\xi}_1+\boldsymbol{\xi}_2$ 是(4.2.3)的解.

(2) 因为 $\boldsymbol{\xi}$ 是(4.2.3)的解，所以 $\boldsymbol{A}\boldsymbol{\xi}=\boldsymbol{0}$. 而 k 为任意实数，于是 $\boldsymbol{A}(k\boldsymbol{\xi})=k\boldsymbol{A}\boldsymbol{\xi}=\boldsymbol{0}$，即 $k\boldsymbol{\xi}$ 是(4.2.3)的解.

由定理 4.2.3 容易知道，齐次线性方程组的任意有限个解向量 $\boldsymbol{\xi}_1,\boldsymbol{\xi}_2,\cdots,\boldsymbol{\xi}_t$ 的线性组合 $k_1\boldsymbol{\xi}_1+k_2\boldsymbol{\xi}_2+\cdots+k_t\boldsymbol{\xi}_t$ 仍然是它的解.

记集合

$$S(\boldsymbol{A})=\{\boldsymbol{x}\mid\boldsymbol{A}\boldsymbol{x}=\boldsymbol{0}\}. \tag{4.2.4}$$

因为 $\boldsymbol{x}=\boldsymbol{0}$ 是齐次线性方程组(4.2.3)解，所以 $S(\boldsymbol{A})$ 是 $\mathbf{R}^n$ 的非空子集. 进而由定理 4.2.3 可知，$S(\boldsymbol{A})$ 为一个向量空间，称为齐次线性方程组(4.2.3)的解空间.

定义　解空间 $S(\boldsymbol{A})$ 的基称为齐次线性方程组(4.2.3)的基础解系.

由定义 4.2.1 可知，n 维列向量组 $\boldsymbol{\xi}_1,\boldsymbol{\xi}_2,\cdots,\boldsymbol{\xi}_t$ 为齐次线性方程组(4.2.3)的一个基础解系，当且仅当下列条件满足.

(1) $\boldsymbol{\xi}_1,\boldsymbol{\xi}_2,\cdots,\boldsymbol{\xi}_t$ 都是(4.2.3)的解；

(2) $\boldsymbol{\xi}_1,\boldsymbol{\xi}_2,\cdots,\boldsymbol{\xi}_t$ 线性无关；

(3) (4.2.3)的任何一个解向量都可由 $\boldsymbol{\xi}_1,\boldsymbol{\xi}_2,\cdots,\boldsymbol{\xi}_t$ 线性表示.

因此，如果我们能求得齐次线性方程组(4.2.3)的一个基础解系 $\boldsymbol{\xi}_1,\boldsymbol{\xi}_2,\cdots,\boldsymbol{\xi}_t$，那么

$$\boldsymbol{x}=k_1\boldsymbol{\xi}_1+k_2\boldsymbol{\xi}_2+\cdots+k_t\boldsymbol{\xi}_t \tag{4.2.5}$$

就是它的全部解，其中 $k_1,k_2,\cdots,k_t$ 是任意实数(注意，零解已包含在(4.2.5)中). 我们称(4.2.5)式为齐次线性方程组(4.2.3)的通解.

定理 4.2.4　若齐次线性方程组(4.2.3)的系数矩阵的秩 $R(\boldsymbol{A})=r<n$，则解空间 $S(\boldsymbol{A})$ 的维数是 $n-r$，即它的基础解系含有 $n-r$ 个解向量.

证明　因为 $R(\boldsymbol{A})=r<n$，所以 $\boldsymbol{A}$ 中存在 r 阶子式不为零. 不妨设 $\boldsymbol{A}$ 的左上角 r 阶子式不为零，则 $\boldsymbol{A}$ 与矩阵

$$\begin{pmatrix} a_{11} & \cdots & a_{1r} & a_{1,r+1} & \cdots & a_{1n} \\ \vdots & & \vdots & \vdots & & \vdots \\ a_{r1} & \cdots & a_{rr} & a_{r,r+1} & \cdots & a_{rn} \\ 0 & \cdots & 0 & 0 & \cdots & 0 \\ \vdots & & \vdots & \vdots & & \vdots \\ 0 & \cdots & 0 & 0 & \cdots & 0 \end{pmatrix}$$

行等价. 从而方程组(4.2.1)与方程组

$$\begin{cases} a_{11}x_1+\cdots+a_{1r}x_r+a_{1,r+1}x_{r+1}+\cdots+a_{1n}x_n=0, \\ \qquad\qquad\cdots\cdots \\ a_{r1}x_1+\cdots+a_{rr}x_r+a_{r,r+1}x_{r+1}+\cdots+a_{rn}x_n=0 \end{cases} \tag{4.2.6}$$

同解,进一步方程组(4.2.1)与方程组

$$\begin{cases} a_{11}x_1+\cdots+a_{1r}x_r=-a_{1,r+1}x_{r+1}-\cdots-a_{1n}x_n, \\ \cdots\cdots \\ a_{r1}x_1+\cdots+a_{rr}x_r=-a_{r,r+1}x_{r+1}-\cdots-a_{rn}x_n \end{cases} \tag{4.2.7}$$

同解对任意常数 $c_{r+1},\cdots,c_n$,令 $x_{r+1}=c_{r+1},\cdots,x_n=c_n$,将它们代入(4.2.7)式的右端,此时,由于系数行列式不等于零,由克拉默法则,可解得唯一的 $x_1,x_2,\cdots,x_r$. 记 $x_1=c_1,\cdots,x_r=c_r$,于是

$$\boldsymbol{x}=(c_1,\cdots,c_r,c_{r+1},\cdots,c_n)^{\mathrm{T}}$$

就是方程组(4.2.1)的一个解. 现在分别取

$$\begin{pmatrix} x_{r+1} \\ x_{r+2} \\ \vdots \\ x_n \end{pmatrix}=\begin{pmatrix} 1 \\ 0 \\ \vdots \\ 0 \end{pmatrix},\begin{pmatrix} 0 \\ 1 \\ \vdots \\ 0 \end{pmatrix},\cdots,\begin{pmatrix} 0 \\ 0 \\ \vdots \\ 1 \end{pmatrix},$$

并依次代入(4.2.7)式的右端,可解得

$$\begin{pmatrix} x_1 \\ \vdots \\ x_r \end{pmatrix}=\begin{pmatrix} c_{11} \\ \vdots \\ c_{r1} \end{pmatrix},\begin{pmatrix} c_{12} \\ \vdots \\ c_{r2} \end{pmatrix},\cdots,\begin{pmatrix} c_{1,n-r} \\ \vdots \\ c_{r,n-r} \end{pmatrix}.$$

于是得到(4.2.1)的 $n-r$ 个解

$$\boldsymbol{\xi}_1=\begin{pmatrix} c_{11} \\ \vdots \\ c_{r1} \\ 1 \\ 0 \\ \vdots \\ 0 \end{pmatrix},\quad \boldsymbol{\xi}_2=\begin{pmatrix} c_{12} \\ \vdots \\ c_{r2} \\ 0 \\ 1 \\ \vdots \\ 0 \end{pmatrix},\quad \cdots,\quad \boldsymbol{\xi}_{n-r}=\begin{pmatrix} c_{1,n-r} \\ \vdots \\ c_{r,n-r} \\ 0 \\ 0 \\ \vdots \\ 1 \end{pmatrix}.$$

下面证明 $\boldsymbol{\xi}_1,\boldsymbol{\xi}_2,\cdots,\boldsymbol{\xi}_{n-r}$是方程组(4.2.1)的一个基础解系.

(1) 显然 $\boldsymbol{\xi}_1,\boldsymbol{\xi}_2,\cdots,\boldsymbol{\xi}_{n-r}$都是方程组(4.2.1)的解.

(2) $\boldsymbol{\xi}_1,\boldsymbol{\xi}_2,\cdots,\boldsymbol{\xi}_{n-r}$线性无关. 这是因为它们的后 $n-r$ 个分量对应的 $n-r$ 维向量是线性无关的,从而添上 r 个分量后仍然线性无关.

(3) 设 $\boldsymbol{\xi}=(\lambda_1,\lambda_2,\cdots,\lambda_r,\lambda_{r+1},\cdots,\lambda_n)^{\mathrm{T}}$ 为方程组(4.2.1)的任一解. 记 $\boldsymbol{\eta}=\lambda_{r+1}\boldsymbol{\xi}_1+\cdots+\lambda_n\boldsymbol{\xi}_{n-r}$,由定理 4.2.3 知 $\boldsymbol{\eta}$ 也是(4.2.1)的解,由 $\boldsymbol{\xi}_1,\boldsymbol{\xi}_2,\cdots,\boldsymbol{\xi}_{n-r}$ 的具体形式知 $\boldsymbol{\xi}$ 与 $\boldsymbol{\eta}$ 的后 $n-r$ 个分量对应相等,将 ξ、η 的后 $n-r$ 个分量代入(4.2.7)式右端,此时根据方程组(4.2.7)解的唯一性知 $\boldsymbol{\xi}$ 与 $\boldsymbol{\eta}$ 的前 r 个分量也必然对应相等,从而 $\boldsymbol{\xi}=\boldsymbol{\eta}$,即

$$\boldsymbol{\xi}=\lambda_{r+1}\boldsymbol{\xi}_1+\cdots+\lambda_n\boldsymbol{\xi}_{n-r},$$

因此 $\boldsymbol{\xi}$ 可由 $\boldsymbol{\xi}_1,\boldsymbol{\xi}_2,\cdots,\boldsymbol{\xi}_{n-r}$ 线性表示.

于是,由定义 4.2.1 知 $\boldsymbol{\xi}_1,\boldsymbol{\xi}_2,\cdots,\boldsymbol{\xi}_{n-r}$ 是方程组(4.2.1)的一个基础解系,定理证毕.

在方程组(4.2.7)中,等式右端的未知量 $x_{r+1},\cdots,x_n$ 可以任意取值,称形如这样的未知量为齐次线性方程组的自由未知量.注意,自由未知量的个数与基础解系所含的解向量的个数相等,都是 $n-r$.

定理 4.2.4 的证明过程事实上也给我们提供了一种求齐次线性方程组基础解系的途径.即将齐次线性方程组(4.2.1)的系数矩阵 $\boldsymbol{A}$ 利用初等行变换化为行最简形矩阵 $\boldsymbol{B}$,例如

$$\boldsymbol{A}\xrightarrow{\text{初等行变换}}\boldsymbol{B}=\begin{pmatrix}\boldsymbol{E}_r & \boldsymbol{B}_{r\times(n-r)}\\ \boldsymbol{O} & \boldsymbol{O}\end{pmatrix}=\begin{pmatrix}1 & 0 & \cdots & 0 & b_{1r+1} & \cdots & b_{1n}\\ 0 & 1 & \cdots & 0 & b_{2r+1} & \cdots & b_{2n}\\ \vdots & \vdots & & \vdots & \vdots & & \vdots\\ 0 & 0 & \cdots & 1 & b_{rr+1} & \cdots & b_{rn}\\ 0 & 0 & \cdots & 0 & 0 & \cdots & 0\\ \vdots & \vdots & & \vdots & \vdots & & \vdots\\ 0 & 0 & \cdots & 0 & 0 & \cdots & 0\end{pmatrix},$$

得到同解方程组

$$\begin{cases}x_1=-b_{1r+1}x_{r+1}-\cdots-b_{1n}x_n,\\ x_2=-b_{2r+1}x_{r+1}-\cdots-b_{2n}x_n,\\ \quad\cdots\cdots\\ x_r=-b_{rr+1}x_{r+1}-\cdots-b_{rn}x_n.\end{cases}\tag{4.2.8}$$

于是,方程组(4.2.1)的一个基础解系为

$$\boldsymbol{\xi}_1=\begin{pmatrix}-b_{1r=1}\\ \vdots\\ -b_{rr+1}\\ 1\\ 0\\ \vdots\\ 0\end{pmatrix},\quad \boldsymbol{\xi}_2=\begin{pmatrix}-b_{1r+2}\\ \vdots\\ -b_{rr+2}\\ 0\\ 1\\ \vdots\\ 0\end{pmatrix},\quad \cdots,\quad \boldsymbol{\xi}_{n-r}=\begin{pmatrix}-b_{1n}\\ \vdots\\ -b_{rn}\\ 0\\ 0\\ \vdots\\ 1\end{pmatrix}.$$

4.2.4　举例

设 $R(\boldsymbol{A}_{m\times n})=r$,注意到数 m,n,r 之间的大小关系直接影响方程组 $\boldsymbol{A}_{m\times n}\boldsymbol{x}=\boldsymbol{0}$ 解的情况,现在分别举例给予说明.

(1) $m<n$.

此时,因为 $m<n$,所以 $r=R(\boldsymbol{A}_{m\times n})\leqslant\min\{m,n\}=m<n$,因此方程组 $\boldsymbol{A}_{m\times n}\boldsymbol{x}=$

0 存在非零解.

例 4.2.1 求解方程组$\begin{cases}x_1+2x_2+x_3-x_4=0,\\3x_1+6x_2-x_3-3x_4=0,\\5x_1+10x_2+x_3-5x_4=0.\end{cases}$

解 方程组的系数矩阵

$$\boldsymbol{A}=\begin{pmatrix}1&2&1&-1\\3&6&-1&-3\\5&10&1&-5\end{pmatrix}.$$

对 $\boldsymbol{A}$ 作初等行变换得

$$\boldsymbol{A}\xrightarrow[r_3-5r_1]{r_2-3r_1}\begin{pmatrix}1&2&1&-1\\0&0&-4&0\\0&0&-4&0\end{pmatrix}\xrightarrow[r_2\times\left(-\frac{1}{4}\right)]{r_3-r_2}\begin{pmatrix}1&2&1&-1\\0&0&1&0\\0&0&0&0\end{pmatrix}$$

$$\xrightarrow{r_1-r_2}\begin{pmatrix}1&2&0&-1\\0&0&1&0\\0&0&0&0\end{pmatrix}=\boldsymbol{B}.$$

此时 $m=3,n=4,r=2$,方程组存在非零解,基础解系含有 2 个解向量. 注意到 $\boldsymbol{B}$ 是行最简形矩阵,于是得到同解方程组

$$\begin{cases}x_1=-2x_2+x_4,\\x_3=0.\end{cases}$$

分别取$\begin{pmatrix}x_2\\x_4\end{pmatrix}=\begin{pmatrix}1\\0\end{pmatrix},\begin{pmatrix}0\\1\end{pmatrix}$,依次代入上式得$\begin{pmatrix}x_1\\x_3\end{pmatrix}=\begin{pmatrix}-2\\0\end{pmatrix},\begin{pmatrix}1\\0\end{pmatrix}$. 所以基础解系为

$$\boldsymbol{\xi}_1=\begin{pmatrix}-2\\1\\0\\0\end{pmatrix},\quad \boldsymbol{\xi}_2=\begin{pmatrix}1\\0\\0\\1\end{pmatrix}.$$

故方程组的通解为

$$\boldsymbol{x}=k_1\begin{pmatrix}-2\\1\\0\\0\end{pmatrix}+k_2\begin{pmatrix}1\\0\\0\\1\end{pmatrix},$$

其中 k_1,k_2 为任意实数.

例 4.2.2 求解方程组$\begin{cases}x_1-x_2-x_3+x_4=0,\\x_1-x_2+x_3-3x_4=0,\\x_1-x_2-2x_3+3x_4=0.\end{cases}$

解 方程组的系数矩阵

$$A=\begin{pmatrix}1&-1&-1&1\\1&-1&1&-3\\1&-1&-2&3\end{pmatrix}.$$

对 $\boldsymbol{A}$ 作初等行变换得

$$\boldsymbol{A}\xrightarrow[r_3-r_1]{r_2-r_1}\begin{pmatrix}1&-1&-1&1\\0&0&2&-4\\0&0&-1&2\end{pmatrix}\xrightarrow[r_3+r_2]{r_2\div 2}\begin{pmatrix}1&-1&-1&1\\0&0&1&-2\\0&0&0&0\end{pmatrix}$$

$$\xrightarrow{r_1+r_2}\begin{pmatrix}1&-1&0&-1\\0&0&1&-2\\0&0&0&0\end{pmatrix}.$$

即得同解方程组

$$\begin{cases}x_1=x_2+x_4,\\x_2=x_2,\\x_3=2x_4,\\x_4=x_4.\end{cases}$$

故方程组的通解为

$$\begin{pmatrix}x_1\\x_2\\x_3\\x_4\end{pmatrix}=k_1\begin{pmatrix}1\\1\\0\\0\end{pmatrix}+k_2\begin{pmatrix}1\\0\\2\\1\end{pmatrix},$$

其中 k_1,k_2 为任意实数.

(2) $m\geqslant n$.

此时,若 $r=n$,则方程组 $\boldsymbol{A}_{m\times n}\boldsymbol{x}=\boldsymbol{0}$ 仅有零解,不存在基础解系;若 $r<n$,则方程组 $\boldsymbol{A}_{m\times n}\boldsymbol{x}=\boldsymbol{0}$ 存在非零解.

例 4.2.3　已知 λ 是给定的实数,求方程组

$$\begin{cases}(\lambda+3)x_1+x_2+2x_3=0,\\\lambda x_1+(\lambda-1)x_2+x_3=0,\\3(\lambda+1)x_1+\lambda x_2+(\lambda+3)x_3=0\end{cases}$$

的通解.

解　方程组的系数矩阵

$$\boldsymbol{A}=\begin{pmatrix}\lambda+3&1&2\\\lambda&\lambda-1&1\\3(\lambda+1)&\lambda&\lambda+3\end{pmatrix}.$$

容易算出 $|\boldsymbol{A}|=\lambda^2(\lambda-1)$,所以方程 $\lambda^2(\lambda-1)=0$ 的根为 $\lambda_1=\lambda_2=0,\lambda_3=1$.

根据推论 1,当 $\lambda\in(-\infty,0)\cup(0,1)\cup(1,+\infty)$ 时,方程组仅有零解,即 $\boldsymbol{x}=\boldsymbol{0}$.

当 $\lambda=0$ 时,方程组的系数矩阵

$$\boldsymbol{A}=\begin{pmatrix}3 & 1 & 2\\0 & -1 & 1\\3 & 0 & 3\end{pmatrix}.$$

对 $\boldsymbol{A}$ 作初等行变换,将其化为行最简形矩阵,得

$$\boldsymbol{A}\longrightarrow\begin{pmatrix}1 & 0 & 1\\0 & 1 & -1\\0 & 0 & 0\end{pmatrix}.$$

于是方程组的通解为

$$\boldsymbol{x}=k_1\begin{pmatrix}-1\\1\\1\end{pmatrix},$$

其中 k_1 为任意实数.

当 $\lambda=1$ 时,方程组的系数矩阵

$$\boldsymbol{A}=\begin{pmatrix}4 & 1 & 2\\1 & 0 & 1\\6 & 1 & 4\end{pmatrix}.$$

对 $\boldsymbol{A}$ 作初等行变换,将其化为行最简形矩阵,得

$$\boldsymbol{A}\longrightarrow\begin{pmatrix}1 & 0 & 1\\0 & 1 & -2\\0 & 0 & 0\end{pmatrix}.$$

于是方程组的通解为

$$\boldsymbol{x}=k_2\begin{pmatrix}-1\\2\\1\end{pmatrix},$$

其中 k_2 为任意实数.

例 4.2.3 说明对于线性方程组 $\boldsymbol{Ax}=\boldsymbol{0}$,当 $m=n$ 时,如果系数矩阵 $\boldsymbol{A}$ 中含有参数,可先计算系数矩阵 $\boldsymbol{A}$ 的行列式 $|\boldsymbol{A}|$,这样做有利于参数的确定. 当然也可以直接对方程组的系数矩阵作初等行变换. 显然,后一种方法一般说来相对复杂. 而当 $m>n$ 时,则只能用初等行变换的方法.

例 4.2.4 已知 a 是给定的实数,求方程组

$$\begin{cases}ax_1+x_2+x_3=0,\\x_1+2x_2+x_3=0,\\2x_1+3x_2+2x_3=0,\\x_1+x_2+x_3=0\end{cases}$$

的通解.

解　方程组的系数矩阵

$$\boldsymbol{A}=\begin{pmatrix}a&1&1\\1&2&1\\2&3&2\\1&1&1\end{pmatrix}.$$

对 $\boldsymbol{A}$ 作初等行变换,得

$$\boldsymbol{A}\longrightarrow\begin{pmatrix}1&1&1\\0&1-a&1-a\\0&1&0\\0&0&0\end{pmatrix}.$$

所以当 $a\neq1$ 时,

$$\boldsymbol{A}\longrightarrow\begin{pmatrix}1&1&1\\0&1&1\\0&1&0\\0&0&0\end{pmatrix}.$$

从而 $R(\boldsymbol{A})=3$,方程组仅有零解,即 $\boldsymbol{x}=\boldsymbol{0}$.

当 $a=1$ 时,

$$\boldsymbol{A}\longrightarrow\begin{pmatrix}1&1&1\\0&0&0\\0&1&0\\0&0&0\end{pmatrix}\longrightarrow\begin{pmatrix}1&0&1\\0&1&0\\0&0&0\\0&0&0\end{pmatrix}.$$

从而 $R(\boldsymbol{A})=2$,方程组存在非零解. 通解为

$$\boldsymbol{x}=k\begin{pmatrix}-1\\0\\1\end{pmatrix},$$

其中 k 为任意实数.

习　题　4.2

1. 判断下列齐次线性方程组是否有非零解:

(1) $\begin{cases}3x_1-x_2+x_3=0,\\x_1+x_2-3x_3=0,\\x_1-7x_2+17x_3=0;\end{cases}$

(2) $\begin{cases} x_1+2x_2-2x_3-x_4=0, \\ 2x_1+x_2+3x_3+x_4=0, \\ x_2-x_3-2x_4=0, \\ 3x_1-x_2+2x_3+x_4=0. \end{cases}$

2. 求解下列齐次线性方程组：

(1) $\begin{cases} x_1+x_2+2x_3-x_4=0, \\ 2x_1+x_2+x_3-x_4=0, \\ 2x_1+2x_2+x_3+2x_4=0; \end{cases}$

(2) $\begin{cases} 2x_1+3x_2-x_3+5x_4=0, \\ 3x_1+x_2+2x_3-7x_4=0, \\ 4x_1+x_2-3x_3+6x_4=0, \\ x_1-2x_2+4x_3-7x_4=0; \end{cases}$

(3) $\begin{cases} x_1+x_2-3x_4-x_5=0, \\ x_1-x_2+2x_3-x_4=0, \\ 4x_1-2x_2+6x_3+3x_4-4x_5=0, \\ 3x_1+3x_2+3x_4-7x_5=0; \end{cases}$

(4) $x_1+2x_2+\cdots+100x_{100}=0$;

(5) $x_1=x_2=\cdots=x_{10}$.

3. 若 $\boldsymbol{\xi}_1,\boldsymbol{\xi}_2,\boldsymbol{\xi}_3$ 是齐次线性方程组 $\boldsymbol{Ax}=\boldsymbol{0}$ 的一个基础解系，证明：$\boldsymbol{\xi}_1+2\boldsymbol{\xi}_3,\boldsymbol{\xi}_2+2\boldsymbol{\xi}_3,\boldsymbol{\xi}_1+2\boldsymbol{\xi}_2$ 也是该方程组的基础解系.

4. 设 $\boldsymbol{A}$ 是 n 阶方阵，证明：存在一个非零矩阵 $\boldsymbol{B}$，使得 $\boldsymbol{AB}=\boldsymbol{O}$ 的充要条件是 $|\boldsymbol{A}|=0$.

5. 设 $\boldsymbol{A},\boldsymbol{B}$ 都是 n 阶方阵，且 $\boldsymbol{AB}=\boldsymbol{O}$，证明 $R(\boldsymbol{A})+R(\boldsymbol{B})\leqslant n$.

4.3 非齐次线性方程组

本节讨论非齐次线性方程组

$$\begin{cases} a_{11}x_1+a_{12}x_2+\cdots+a_{1n}x_n=b_1, \\ a_{21}x_1+a_{22}x_2+\cdots+a_{2n}x_n=b_2, \\ \qquad\cdots\cdots \\ a_{m1}x_1+a_{m2}x_2+\cdots+a_{mn}x_n=b_m \end{cases} \tag{4.3.1}$$

的解法.

称 $m\times(n+1)$ 矩阵

$$\widetilde{\boldsymbol{A}}=(\boldsymbol{A}\,\vdots\,\boldsymbol{b})=\begin{pmatrix} a_{11} & \cdots & a_{1n} & b_1 \\ a_{21} & \cdots & a_{2n} & b_2 \\ \vdots & & \vdots & \vdots \\ a_{m1} & \cdots & a_{mn} & b_m \end{pmatrix}$$

为非齐次线性方程组(4.3.1)的增广矩阵.

非齐次线性方程组(4.3.1)的特点是 $\boldsymbol{x}=\mathbf{0}$ 一定不是它的解,并且(4.3.1)有可能无解.因此我们首先给出方程组(4.3.1)有解的充分必要条件.非齐次线性方程组(4.3.1)对应的齐次线性方程组为

$$\begin{cases} a_{11}x_1 + a_{12}x_2 + \cdots + a_{1n}x_n = 0, \\ a_{21}x_1 + a_{22}x_2 + \cdots + a_{2n}x_n = 0, \\ \qquad\qquad \cdots\cdots \\ a_{m1}x_1 + a_{m2}x_2 + \cdots + a_{mn}x_n = 0. \end{cases} \tag{4.3.2}$$

4.3.1　非齐次线性方程组有解的充分必要条件

采用前文引进的记号,利用定理 2.3.3,立刻得到

定理 4.3.1　对于非齐次线性方程组(4.3.1),下列命题等价.

(1) 方程组(4.3.1)有解;

(2) 向量 $\boldsymbol{b}$ 可由向量组 $\boldsymbol{\alpha}_1,\boldsymbol{\alpha}_2,\cdots,\boldsymbol{\alpha}_n$ 线性表示;

(3) 向量组 $\boldsymbol{\alpha}_1,\boldsymbol{\alpha}_2,\cdots,\boldsymbol{\alpha}_n,\boldsymbol{b}$ 与向量组 $\boldsymbol{\alpha}_1,\boldsymbol{\alpha}_2,\cdots,\boldsymbol{\alpha}_n$ 等价;

(4) $R(\widetilde{\mathbf{A}})=R(\mathbf{A})$.

容易看到在实际应用时,命题(4)易于验证.

4.3.2　非齐次线性方程组的通解

利用方程组(4.3.1)、(4.3.2)的矩阵形式 $\mathbf{A}\boldsymbol{x}=\boldsymbol{b}$ 及 $\mathbf{A}\boldsymbol{x}=\mathbf{0}$,容易得到非齐次线性方程组的解与其所对应的齐次线性方程组解之间的关系.

定理 4.3.2　对于线性方程组(4.3.1)与(4.3.2),下列命题成立.

(1) 若 $\boldsymbol{\eta}_1$ 及 $\boldsymbol{\eta}_2$ 都是(4.3.1)的解,则 $\boldsymbol{\eta}_1-\boldsymbol{\eta}_2$ 为(4.3.2)的解;

(2) 若 $\boldsymbol{\eta}$ 为(4.3.1)的解,$\boldsymbol{\xi}$ 为(4.3.2)的解,则 $\boldsymbol{\xi}+\boldsymbol{\eta}$ 为(4.3.1)的解.

证明　(1) 因为 $\boldsymbol{\eta}_1$ 及 $\boldsymbol{\eta}_2$ 都是(4.3.1)的解,所以 $\mathbf{A}\boldsymbol{\eta}_1=\boldsymbol{b},\mathbf{A}\boldsymbol{\eta}_2=\boldsymbol{b}$.于是

$$\mathbf{A}(\boldsymbol{\eta}_1-\boldsymbol{\eta}_2)=\mathbf{A}\boldsymbol{\eta}_1-\mathbf{A}\boldsymbol{\eta}_2=\boldsymbol{b}-\boldsymbol{b}=\mathbf{0},$$

从而 $\boldsymbol{\eta}_1-\boldsymbol{\eta}_2$ 是(4.3.2)的解.

(2) 因为 $\boldsymbol{\eta}$ 是(4.3.1)的解,所以 $\mathbf{A}\boldsymbol{\eta}=\boldsymbol{b}$.因为 $\boldsymbol{\xi}$ 是(4.3.2)的解,所以 $\mathbf{A}\boldsymbol{\xi}=\mathbf{0}$.于是,

$$\mathbf{A}(\boldsymbol{\xi}+\boldsymbol{\eta})=\mathbf{A}\boldsymbol{\xi}+\mathbf{A}\boldsymbol{\eta}=\mathbf{0}+\boldsymbol{b}=\boldsymbol{b},$$

从而 $\boldsymbol{\xi}+\boldsymbol{\eta}$ 是(4.3.1)的解.

利用定理 4.3.2,结合齐次线性方程组的通解形式,可以得到

定理 4.3.3　设 $R(\widetilde{\mathbf{A}})=R(\mathbf{A})=r<n$. $\boldsymbol{\eta}$ 为非齐次线性方程组(4.3.1)的一个解,$\xi_1,\xi_2,\cdots,\xi_{n-r}$ 为(4.3.1)所对应齐次线性方程组(4.3.2)的一个基础解系,那么非齐次线性方程组(4.3.1)的全部解为

$$x = k_1\boldsymbol{\xi}_1 + \cdots + k_{n-r}\boldsymbol{\xi}_{n-r} + \boldsymbol{\eta}, \tag{4.3.3}$$

其中 $k_1, k_2, \cdots, k_{n-r}$ 是任意实数.

证明 设 $\boldsymbol{\eta}^*$ 为非齐次线性方程组(4.3.1)的任意一个解，因为 $\boldsymbol{\eta}$ 也是(4.3.1)的一个解，于是，由定理 4.3.2 的(1)知 $\boldsymbol{\eta}^* - \boldsymbol{\eta}$ 是(4.3.2)的解. 而 $\boldsymbol{\xi}_1, \boldsymbol{\xi}_2, \cdots, \boldsymbol{\xi}_{n-r}$ 为(4.3.2)的基础解系，所以存在常数 $c_1, c_2, \cdots, c_{n-r}$ 使得 $\boldsymbol{\eta}^* - \boldsymbol{\eta} = c_1\boldsymbol{\xi}_1 + \cdots + c_{n-r}\boldsymbol{\xi}_{n-r}$，从而 $\boldsymbol{\eta}^* = c_1\boldsymbol{\xi}_1 + \cdots + c_{n-r}\boldsymbol{\xi}_{n-r} + \boldsymbol{\eta}$. 因此当 $k_1, k_2, \cdots, k_{n-r}$ 是任意实数时，$k_1\boldsymbol{\xi}_1 + \cdots + k_{n-r}\boldsymbol{\xi}_{n-r} + \boldsymbol{\eta}$ 表示了(4.3.1)的全部解.

利用公式(4.3.3)，结合定理 4.3.1，我们得到

定理 4.3.4 对于非齐次线性方程组(4.3.1)，下列结论成立.

(1) 方程组(4.3.1)存在唯一解的充分必要条件是 $R(\widetilde{\mathbf{A}}) = R(\mathbf{A}) = n$；

(2) 方程组(4.3.1)存在无穷多解的充分必要条件是 $R(\widetilde{\mathbf{A}}) = R(\mathbf{A}) < n$.

根据定理 4.3.4，非齐次线性方程组(4.3.1)的解只可能出现三种情形，即无解、有唯一解、有无穷多解. 当(4.3.1)有解时，我们称(4.3.3)式为(4.3.1)的通解. 而(4.3.1)的不含任意常数的解称为它的特解. 所以非齐次线性方程组(4.3.1)的通解等于其对应的齐次线性方程(4.3.2)的通解与(4.3.1)的任意一个特解之和.

4.3.3 举例

设 $R(\mathbf{A}_{m\times n}) = r$，与齐次线性方程组的情形类似，数 m, n, r 的大小关系同样直接影响非齐次线性方程组 $\mathbf{A}\boldsymbol{x} = \boldsymbol{b}$ 解的情况.

(1) $m < n$.

此时，因为 $m < n$，所以 $r = R(\mathbf{A}_{m\times n}) \leqslant \min\{m, n\} = m < n$，因此方程组 $\mathbf{A}_{m\times n}\boldsymbol{x} = \boldsymbol{b}$ 要么无解，要么有无穷多解.

例 4.3.1 求解线性方程组 $\begin{cases} 2x_1 + x_2 - x_3 + x_4 = 1, \\ 2x_1 + x_2 - x_3 - x_4 = 1, \\ 4x_1 + 2x_2 - 2x_3 + x_4 = 2. \end{cases}$

解 方程组的增广矩阵

$$\widetilde{\mathbf{A}} = \begin{pmatrix} 2 & 1 & -1 & 1 & 1 \\ 2 & 1 & -1 & -1 & 1 \\ 4 & 2 & -2 & 1 & 2 \end{pmatrix}.$$

对增广矩阵 $\widetilde{\mathbf{A}}$ 做初等行变换，得

$$\widetilde{\mathbf{A}} \xrightarrow[r_3 - 2r_1]{r_2 - r_1} \begin{pmatrix} 2 & 1 & -1 & 1 & 1 \\ 0 & 0 & 0 & -2 & 0 \\ 0 & 0 & 0 & -1 & 0 \end{pmatrix} \xrightarrow[r_3 + r_2]{r_2 \times \left(-\frac{1}{2}\right)} \begin{pmatrix} 2 & 1 & -1 & 1 & 1 \\ 0 & 0 & 0 & 1 & 0 \\ 0 & 0 & 0 & 0 & 0 \end{pmatrix}.$$

由此可知 $R(\widetilde{\mathbf{A}})=R(\mathbf{A})=2<4$，故方程组有解，并且有无穷多解，同解方程组为

$$\begin{cases} x_2+x_4=-2x_1+x_3+1, \\ x_4=0. \end{cases}$$

取 $x_1=x_3=0$，代入上式，解得 $x_2=1, x_4=0$. 于是，得方程组的一个特解为

$$\boldsymbol{\eta}=\begin{pmatrix}0\\1\\0\\0\end{pmatrix}.$$

对应的齐次方程组为

$$\begin{cases} x_2+x_4=-2x_1+x_3, \\ x_4=0. \end{cases}$$

分别取 $\begin{pmatrix}x_1\\x_3\end{pmatrix}=\begin{pmatrix}1\\0\end{pmatrix},\begin{pmatrix}0\\1\end{pmatrix}$，代入上式，解得 $\begin{pmatrix}x_2\\x_4\end{pmatrix}=\begin{pmatrix}-2\\0\end{pmatrix},\begin{pmatrix}1\\0\end{pmatrix}$，于是，得到对应的齐次方程组的一个基础解系为

$$\boldsymbol{\xi}_1=\begin{pmatrix}1\\-2\\0\\0\end{pmatrix},\quad \boldsymbol{\xi}_2=\begin{pmatrix}0\\1\\1\\0\end{pmatrix}.$$

所以方程组的通解为

$$\boldsymbol{x}=k_1\begin{pmatrix}1\\-2\\0\\0\end{pmatrix}+k_2\begin{pmatrix}0\\1\\1\\0\end{pmatrix}+\begin{pmatrix}0\\1\\0\\0\end{pmatrix},$$

其中 k_1, k_2 为任意实数.

通过例 4.3.1，容易得到求解非齐次线性方程组 $\mathbf{A}\boldsymbol{x}=\boldsymbol{b}$ 的一般步骤：

(1) 写出非齐次线性方程组的增广矩阵 $\widetilde{\mathbf{A}}=(\mathbf{A}\ \vdots\ \boldsymbol{b})$；

(2) 对 $\widetilde{\mathbf{A}}$ 作初等行变换，将 $\widetilde{\mathbf{A}}$ 化为行最简形矩阵 $\widetilde{\mathbf{A}}_1=(\overline{\mathbf{A}}\ \vdots\ \overline{\boldsymbol{b}})$. 如果 $R(\overline{\mathbf{A}}\ \vdots\ \overline{\boldsymbol{b}})\neq R(\overline{\mathbf{A}})$，则方程组无解. 如果 $R(\overline{\mathbf{A}}\ \vdots\ \overline{\boldsymbol{b}})=R(\overline{\mathbf{A}})$，写出与原方程组同解的非齐次线性方程组 $\overline{\mathbf{A}}x=\overline{\boldsymbol{b}}$；

(3) 求出 $\overline{\mathbf{A}}\boldsymbol{x}=\overline{\boldsymbol{b}}$ 的一个特解 $\boldsymbol{\eta}$；

(4) 求出 $\overline{\mathbf{A}}\boldsymbol{x}=\mathbf{0}$ 的一个基础解系 $\boldsymbol{\xi}_1, \boldsymbol{\xi}_2, \cdots, \boldsymbol{\xi}_{n-r}$；

(5) 写出原方程组的通解 $\boldsymbol{x}=k_1\boldsymbol{\xi}_1+\cdots+k_{n-r}\boldsymbol{\xi}_{n-r}+\boldsymbol{\eta}$，并注明“其中 $k_1, k_2, \cdots, k_{n-r}$ 是任意实数”.

例 4.3.2 已知 a,b 为给定的常数，求解方程组$\begin{cases}x_1+x_2+x_3+x_4+x_5=1,\\3x_1+2x_2+x_3+x_4-3x_5=a,\\x_2+2x_3+2x_4+6x_5=3,\\5x_1+4x_2+3x_3+3x_4-x_5=b.\end{cases}$

解 方程组的增广矩阵

$$\widetilde{\mathbf{A}}=\begin{pmatrix}1&1&1&1&1&1\\3&2&1&1&-3&a\\0&1&2&2&6&3\\5&4&3&3&-1&b\end{pmatrix}.$$

对增广矩阵做初等行变换，得

$$\widetilde{\mathbf{A}}\xrightarrow[r_4-5r_1]{r_2-3r_1}\begin{pmatrix}1&1&1&1&1&1\\0&-1&-2&-2&-6&a-3\\0&1&2&2&6&3\\0&-1&-2&-2&-6&b-5\end{pmatrix}$$

$$\xrightarrow{r_2\leftrightarrow r_3}\begin{pmatrix}1&1&1&1&1&1\\0&1&2&2&6&3\\0&-1&-2&-2&-6&a-3\\0&-1&-2&-2&-6&b-5\end{pmatrix}$$

$$\xrightarrow[r_4+r_2]{\substack{r_1-r_2\\r_3+r_2}}\begin{pmatrix}1&0&-1&-1&-5&-2\\0&1&2&2&6&3\\0&0&0&0&0&a\\0&0&0&0&0&b-2\end{pmatrix}.$$

由此可知 $R(\mathbf{A})=2$，所以

(1) 当 $a\neq0$ 或者 $b\neq2$ 时，$R(\widetilde{\mathbf{A}})=3$，即 $R(\widetilde{\mathbf{A}})\neq R(\mathbf{A})$，从而方程组无解；

(2) 当 $a=0$ 并且 $b=2$ 时，$R(\widetilde{\mathbf{A}})=R(\mathbf{A})=2<5$，从而方程组有无穷多解.

此时同解方程组为

$$\begin{cases}x_1=x_3+x_4+5x_5-2,\\x_2=-2x_3-2x_4-6x_5+3.\end{cases}$$

取 $x_3=x_4=x_5=0$，代入上式，得到非齐次方程组的一个特解为

$$\boldsymbol{\eta}=\begin{pmatrix}-2\\3\\0\\0\\0\end{pmatrix}.$$

因为对应的齐次方程组为

$$\begin{cases} x_1 = x_3 + x_4 + 5x_5, \\ x_2 = -2x_3 - 2x_4 - 6x_5. \end{cases}$$

分别取$\begin{pmatrix} x_3 \\ x_4 \\ x_5 \end{pmatrix} = \begin{pmatrix} 1 \\ 0 \\ 0 \end{pmatrix}, \begin{pmatrix} 0 \\ 1 \\ 0 \end{pmatrix}, \begin{pmatrix} 0 \\ 0 \\ 1 \end{pmatrix}$,代入上式,得到其一个基础解系为

$$\boldsymbol{\xi}_1 = \begin{pmatrix} 1 \\ -2 \\ 1 \\ 0 \\ 0 \end{pmatrix}, \quad \boldsymbol{\xi}_2 = \begin{pmatrix} 1 \\ -2 \\ 0 \\ 1 \\ 0 \end{pmatrix}, \quad \boldsymbol{\xi}_3 = \begin{pmatrix} 5 \\ -6 \\ 0 \\ 0 \\ 1 \end{pmatrix}.$$

所以方程组的通解为

$$\boldsymbol{x} = k_1 \begin{pmatrix} 1 \\ -2 \\ 1 \\ 0 \\ 0 \end{pmatrix} + k_2 \begin{pmatrix} 1 \\ -2 \\ 0 \\ 1 \\ 0 \end{pmatrix} + k_3 \begin{pmatrix} 5 \\ -6 \\ 0 \\ 0 \\ 1 \end{pmatrix} + \begin{pmatrix} -2 \\ 3 \\ 0 \\ 0 \\ 0 \end{pmatrix},$$

其中 k_1, k_2, k_3 为任意实数.

(2) $m \geqslant n$.

此时,方程组 $\mathbf{A}_{m\times n}\boldsymbol{x} = \boldsymbol{b}$ 解的三种情形都有可能出现.

如果 $m=n=r$,注意到此时增广矩阵 $\widetilde{\mathbf{A}}$ 为 $n\times(n+1)$ 矩阵,所以 $n = R(\mathbf{A}_{m\times n}) \leqslant R(\widetilde{\mathbf{A}}) \leqslant \min\{n, n+1\} = n$,即 $R(\widetilde{\mathbf{A}}) = R(\mathbf{A}) = n$,于是,由定理 4.3.4 知方程组 $\mathbf{A}_{n\times n}\boldsymbol{x} = \boldsymbol{b}$ 有唯一解.

注意到 $m=n=r$,所以 $|\mathbf{A}| \neq 0$,从而根据克拉默法则知方程组 $\mathbf{A}_{n\times n}\boldsymbol{x} = \boldsymbol{b}$ 有唯一解.因此两种方法所得的结论是一致的.

例 4.3.3　讨论当 λ 为何值时,方程组$\begin{cases} \lambda x_1 + x_2 + x_3 = 1, \\ x_1 + \lambda x_2 + x_3 = \lambda, \\ x_1 + x_2 + \lambda x_3 = \lambda^2 \end{cases}$有唯一解?无解?有无穷多解?

解　方程组的增广矩阵

$$\widetilde{\mathbf{A}} = \begin{pmatrix} \lambda & 1 & 1 & 1 \\ 1 & \lambda & 1 & \lambda \\ 1 & 1 & \lambda & \lambda^2 \end{pmatrix}.$$

方程组系数矩阵的行列式

$$|\mathbf{A}|=\begin{vmatrix}\lambda & 1 & 1\\ 1 & \lambda & 1\\ 1 & 1 & \lambda\end{vmatrix}=(\lambda+2)(\lambda-1)^2.$$

由$(\lambda+2)(\lambda-1)^2=0$得$\lambda=-2$或者$\lambda=1$.所以

(1) 当$\lambda\neq-2$且$\lambda\neq1$时,$R(\widetilde{\mathbf{A}})=R(\mathbf{A})=3$,因此方程组有唯一解.

(2) 当$\lambda=-2$时,对增广矩阵作初等行变换,得

$$\widetilde{\mathbf{A}}=\begin{pmatrix}-2 & 1 & 1 & 1\\ 1 & -2 & 1 & -2\\ 1 & 1 & -2 & 4\end{pmatrix}\xrightarrow{r_1\leftrightarrow r_2}\begin{pmatrix}1 & -2 & 1 & -2\\ -2 & 1 & 1 & 1\\ 1 & 1 & -2 & 4\end{pmatrix}$$

$$\xrightarrow[r_3-r_1]{r_2+2r_1}\begin{pmatrix}1 & -2 & 1 & -2\\ 0 & -3 & 3 & -3\\ 0 & 3 & -3 & 6\end{pmatrix}\xrightarrow[r_2\div 3]{r_3+r_2}\begin{pmatrix}1 & -2 & 1 & -2\\ 0 & -1 & 1 & -1\\ 0 & 0 & 0 & 3\end{pmatrix}.$$

所以$R(\mathbf{A})=2$,$R(\widetilde{\mathbf{A}})=3$,$R(\widetilde{\mathbf{A}})\neq R(\mathbf{A})$,因此方程组无解.

(3) 当$\lambda=1$时,方程组的增广矩阵为

$$\widetilde{\mathbf{A}}=\begin{pmatrix}1 & 1 & 1 & 1\\ 1 & 1 & 1 & 1\\ 1 & 1 & 1 & 1\end{pmatrix},$$

所以$R(\widetilde{\mathbf{A}})=R(\mathbf{A})=1<3$,因此方程组有无穷多解.

综上所述,当$\lambda\neq-2$且$\lambda\neq1$时,方程组有唯一解;当$\lambda=-2$时,方程组无解;当$\lambda=1$时,方程组有无穷多解.

习 题 4.3

1. 判断下列线性方程组是否有解:

(1) $\begin{cases}x_1-x_2+3x_3-2x_4=1,\\ x_1+2x_2-x_3+x_4=2,\\ x_1+8x_2-9x_3+7x_4=5;\end{cases}$

(2) $\begin{cases}3x_1-x_2+x_3+3x_4=-2,\\ x_1+3x_2-2x_3-x_4=1,\\ 3x_1-11x_2+8x_3+9x_4=-7;\end{cases}$

(3) $\begin{cases}x_1-x_2+x_3=-1,\\ 2x_1+x_2-x_3=2,\\ x_2+3x_3=3,\\ 4x_1+4x_2-8x_3=5.\end{cases}$

2. 讨论λ取何值时,下面的线性方程组有解?

$$\begin{cases}-2x_1+x_2+x_3=-2,\\ x_1-2x_2+x_3=\lambda,\\ x_1+x_2-2x_3=\lambda^2.\end{cases}$$

3. 解下列线性方程组：

(1) $\begin{cases} 2x_1-3x_2+x_3+5x_4=6, \\ -3x_1+x_2+2x_3-4x_4=5, \\ -x_1-2x_2+3x_3+x_4=11; \end{cases}$

(2) $\begin{cases} x_1+x_2+2x_3-2x_4=3, \\ 2x_1+3x_2+9x_3-9x_4=8, \\ 2x_1+x_2-x_3+x_4=4; \end{cases}$

(3) $\begin{cases} x_1-3x_2-2x_3-x_4=6, \\ 3x_1-8x_2+x_3+5x_4=0, \\ -2x_1+x_2-4x_3+x_4=-12, \\ -x_1+4x_2-x_3-3x_4=2. \end{cases}$

4. 当 a 为何值时，下面的线性方程组有解？并求出通解.

$$\begin{cases} x_1+x_2+x_3+x_4=-7, \\ x_1+3x_3-x_4=8, \\ x_1+2x_2-x_3+x_4=2a+2, \\ 3x_1+3x_2+3x_3+2x_4=-11, \\ 2x_1+2x_2+2x_3+x_4=2a. \end{cases}$$

5. 线性方程组

$$\begin{cases} x_1+x_2-2x_3+3x_4=0, \\ 2x_1+x_2-6x_3+4x_4=-1, \\ 3x_1+2x_2-8x_3+7x_4=-1, \\ x_1-x_2-6x_3-x_4=t. \end{cases}$$

当 t 为何值时无解？t 为何值时有解？并求出全部解.

6. 给定线性方程组

$$\begin{cases} (2-\lambda)x_1+2x_2-2x_3=1, \\ 2x_1+(5-\lambda)x_2-4x_3=2, \\ -2x_1-4x_2+(5-\lambda)x_3=-\lambda-1. \end{cases}$$

问 λ 为何值时，该方程组(1)有唯一解；(2)无解；(3)有无穷多解？

7. 设 $\boldsymbol{\eta}_1,\boldsymbol{\eta}_2$ 是非齐次线性方程组 $\boldsymbol{Ax}=\boldsymbol{b}$ 的两个解，λ_1,λ_2 为实数，满足 $\lambda_1+\lambda_2=1$. 证明 $\boldsymbol{x}=\lambda_1\boldsymbol{\eta}_1+\lambda_2\boldsymbol{\eta}_2$ 仍是该方程组的解.

第 5 章　相似矩阵与二次型

本章重点介绍两个内容，一个是将实对称阵经相似变换化为对角阵，另一个是将实二次型化为标准形. 从某个角度讲这是同一问题的两种不同表述，为了解决这些问题，需要介绍向量的内积，矩阵的特征值与特征向量等内容，当然它们在其他方面也有着广泛的应用.

5.1　向量的内积

在 n 维向量空间中，已经定义了向量的加法和数乘两种运算，但这对于解决某些实际问题还是不够的，这里介绍 n 维向量的另一种运算，即向量的内积. 它是三维向量空间 $\mathbf{R}^3$ 中向量的数量积概念的推广. 像 $\mathbf{R}^3$ 一样，利用向量的内积，进一步可定义 n 维向量的长度、夹角等度量概念.

5.1.1　向量的内积

定义 5.1.1　设 n 维向量 $\boldsymbol{\alpha}=(a_1,a_2,\cdots,a_n)^{\mathrm{T}}$，$\boldsymbol{\beta}=(b_1,b_2,\cdots,b_n)^{\mathrm{T}}$，令

$$[\boldsymbol{\alpha},\boldsymbol{\beta}]=a_1b_1+a_2b_2+\cdots+a_nb_n, \tag{5.1.1}$$

则称数 $[\boldsymbol{\alpha},\boldsymbol{\beta}]$ 为向量 $\boldsymbol{\alpha}$ 与 $\boldsymbol{\beta}$ 的内积.

利用矩阵的乘法规则，向量 $\boldsymbol{\alpha}$ 与 $\boldsymbol{\beta}$ 的内积可表示为矩阵形式

$$[\boldsymbol{\alpha},\boldsymbol{\beta}]=\boldsymbol{\alpha}^{\mathrm{T}}\boldsymbol{\beta}. \tag{5.1.2}$$

利用(5.1.2)，容易证明向量的内积满足以下运算规律：

设 $\boldsymbol{\alpha},\boldsymbol{\beta},\boldsymbol{\gamma}$ 为 n 维向量，k 为实数，则有

(1) 对称性　$[\boldsymbol{\alpha},\boldsymbol{\beta}]=[\boldsymbol{\beta},\boldsymbol{\alpha}]$；

(2) 齐次性　$[k\boldsymbol{\alpha},\boldsymbol{\beta}]=k[\boldsymbol{\alpha},\boldsymbol{\beta}]$；

(3) 可加性　$[\boldsymbol{\alpha}+\boldsymbol{\beta},\boldsymbol{\gamma}]=[\boldsymbol{\alpha},\boldsymbol{\gamma}]+[\boldsymbol{\beta},\boldsymbol{\gamma}]$；

(4) 非负性　$[\boldsymbol{\alpha},\boldsymbol{\alpha}]\geqslant 0$，$[\boldsymbol{\alpha},\boldsymbol{\alpha}]=0$ 当且仅当 $\boldsymbol{\alpha}=\mathbf{0}$.

利用上述性质(1)—(3)，对任意的 $\boldsymbol{\alpha}_i,\boldsymbol{\beta}_j\in\mathbf{R}^n$，$k_i,l_j\in\mathbf{R}$($i=1,2,\cdots,n$；$j=1,2,\cdots,m$)，容易证明

$$\left[\sum_{i=1}^{n}k_i\boldsymbol{\alpha}_i,\sum_{j=1}^{m}l_j\boldsymbol{\beta}_j\right]=\sum_{i=1}^{n}\sum_{j=1}^{m}k_il_j[\boldsymbol{\alpha}_i,\boldsymbol{\beta}_j].$$

可以证明，向量的内积还满足如下施瓦茨不等式，即

$$[\boldsymbol{\alpha},\boldsymbol{\beta}]^2\leqslant[\boldsymbol{\alpha},\boldsymbol{\alpha}][\boldsymbol{\beta},\boldsymbol{\beta}].$$

下面利用内积来定义 n 维向量的长度和夹角.

定义 5.1.2　设 n 维向量 $\boldsymbol{\alpha}=(a_1,a_2,\cdots,a_n)^{\mathrm{T}}$,令

$$\|\boldsymbol{\alpha}\| = \sqrt{[\boldsymbol{\alpha},\boldsymbol{\alpha}]} = \sqrt{a_1^2+a_2^2+\cdots+a_n^2}, \tag{5.1.3}$$

则称 $\|\boldsymbol{\alpha}\|$ 为 n 维向量 $\boldsymbol{\alpha}$ 的长度(或范数).

若 $\|\boldsymbol{\alpha}\|=1$,则称 $\boldsymbol{\alpha}$ 为单位向量.

向量的长度具有下述性质:

设 $\boldsymbol{\alpha},\boldsymbol{\beta}$ 为 n 维向量,k 为实数,则有

(1) 非负性　$\|\boldsymbol{\alpha}\|\geqslant 0$,并且 $\|\boldsymbol{\alpha}\|=0$ 当且仅当 $\boldsymbol{\alpha}=\mathbf{0}$;

(2) 齐次性　$\|k\boldsymbol{\alpha}\|=|k|\,\|\boldsymbol{\alpha}\|$;

(3) 三角不等式　$\|\boldsymbol{\alpha}+\boldsymbol{\beta}\|\leqslant\|\boldsymbol{\alpha}\|+\|\boldsymbol{\beta}\|$.

证明　(1)、(2)显然成立,下面证明性质(3). 利用施瓦茨不等式,得

$$\begin{aligned}\|\boldsymbol{\alpha}+\boldsymbol{\beta}\|^2 &= [\boldsymbol{\alpha}+\boldsymbol{\beta},\boldsymbol{\alpha}+\boldsymbol{\beta}] = [\boldsymbol{\alpha},\boldsymbol{\alpha}]+[\boldsymbol{\alpha},\boldsymbol{\beta}]+[\boldsymbol{\beta},\boldsymbol{\alpha}]+[\boldsymbol{\beta},\boldsymbol{\beta}]\\ &= \|\boldsymbol{\alpha}\|^2+2[\boldsymbol{\alpha},\boldsymbol{\beta}]+\|\boldsymbol{\beta}\|^2 \leqslant (\|\boldsymbol{\alpha}\|+\|\boldsymbol{\beta}\|)^2.\end{aligned}$$

进一步,若 $\|\boldsymbol{\alpha}\|\neq 0$, $\|\boldsymbol{\beta}\|\neq 0$,由施瓦茨不等式,得

$$\left|\frac{[\boldsymbol{\alpha},\boldsymbol{\beta}]}{\|\boldsymbol{\alpha}\|\,\|\boldsymbol{\beta}\|}\right|\leqslant 1.$$

于是有下面的定义.

定义 5.1.3　设 $\boldsymbol{\alpha},\boldsymbol{\beta}$ 为 n 维向量,若 $\|\boldsymbol{\alpha}\|\neq 0$, $\|\boldsymbol{\beta}\|\neq 0$,记

$$\langle\boldsymbol{\alpha},\boldsymbol{\beta}\rangle = \arccos\frac{[\boldsymbol{\alpha},\boldsymbol{\beta}]}{\|\boldsymbol{\alpha}\|\,\|\boldsymbol{\beta}\|},$$

则称 $\langle\boldsymbol{\alpha},\boldsymbol{\beta}\rangle$ 为 n 维向量 $\boldsymbol{\alpha}$ 与 $\boldsymbol{\beta}$ 的夹角. 若 $[\boldsymbol{\alpha},\boldsymbol{\beta}]=0$(包括 $\boldsymbol{\alpha}=\mathbf{0}$ 或 $\boldsymbol{\beta}=\mathbf{0}$),则记 $\langle\boldsymbol{\alpha},\boldsymbol{\beta}\rangle=\frac{\pi}{2}$,这时称 $\boldsymbol{\alpha}$ 与 $\boldsymbol{\beta}$ 正交,记为 $\boldsymbol{\alpha}\perp\boldsymbol{\beta}$.

注　对任意一个向量 $\boldsymbol{\alpha}$,显然 $[\mathbf{0},\boldsymbol{\alpha}]=0$,所以零向量与任何向量都正交.

例 5.1.1　设 $\boldsymbol{\alpha}=(3,2,1,2)^{\mathrm{T}}$,$\boldsymbol{\beta}=(3,-2,2,1)^{\mathrm{T}}$,求 $\boldsymbol{\alpha}$ 与 $\boldsymbol{\beta}$ 的夹角 $\langle\boldsymbol{\alpha},\boldsymbol{\beta}\rangle$.

解　因为

$$[\boldsymbol{\alpha},\boldsymbol{\beta}] = 3\times 3+2\times(-2)+1\times 2+2\times 1 = 9,$$

$$\|\boldsymbol{\alpha}\| = \sqrt{3^2+2^2+1^2+2^2} = 3\sqrt{2},$$

$$\|\boldsymbol{\beta}\| = \sqrt{3^2+(-2)^2+2^2+1^2} = 3\sqrt{2},$$

故得 $\boldsymbol{\alpha}$ 与 $\boldsymbol{\beta}$ 的夹角

$$\langle\boldsymbol{\alpha},\boldsymbol{\beta}\rangle = \arccos\frac{[\boldsymbol{\alpha},\boldsymbol{\beta}]}{\|\boldsymbol{\alpha}\|\,\|\boldsymbol{\beta}\|} = \arccos\frac{1}{2} = \frac{\pi}{3}.$$

定义 5.1.4　如果非零向量组 $\boldsymbol{\alpha}_1,\boldsymbol{\alpha}_2,\cdots,\boldsymbol{\alpha}_m$ 两两正交,即

$$[\boldsymbol{\alpha}_i,\boldsymbol{\alpha}_j] = 0,\quad i,j = 1,2,\cdots,m \text{ 且 } i\neq j,$$

则称该向量组为正交向量组.

例如 n 维向量组 $\boldsymbol{\varepsilon}_1=(1,0,\cdots,0)^{\mathrm{T}},\boldsymbol{\varepsilon}_2=(0,1,\cdots,0)^{\mathrm{T}},\cdots,\boldsymbol{\varepsilon}_n=(0,0,\cdots,1)^{\mathrm{T}}$ 就是一个正交向量组.

5.1.2 标准正交基

下面讨论正交向量组的性质.

定理 5.1.1 设 $\boldsymbol{\alpha}_1,\boldsymbol{\alpha}_2,\cdots,\boldsymbol{\alpha}_r$ 是正交向量组,则向量组 $\boldsymbol{\alpha}_1,\boldsymbol{\alpha}_2,\cdots,\boldsymbol{\alpha}_r$ 线性无关.

证明 设有数 $k_1,k_2,\cdots,k_r$,使

$$k_1\boldsymbol{\alpha}_1+k_2\boldsymbol{\alpha}_2+\cdots+k_r\boldsymbol{\alpha}_r=\mathbf{0},$$

对于任意的 $i=1,2,\cdots,r$,以 $\boldsymbol{\alpha}_i^{\mathrm{T}}$ 左乘上式两端,由已知条件,得

$$k_i\boldsymbol{\alpha}_i^{\mathrm{T}}\boldsymbol{\alpha}_i=0,$$

因为 $\boldsymbol{\alpha}_i\neq\mathbf{0}$,故得 $\boldsymbol{\alpha}_i^{\mathrm{T}}\boldsymbol{\alpha}_i=\|\boldsymbol{\alpha}_i\|^2>0$,从而对于 $i=1,2,\cdots,r$,有 $k_i=0$,所以向量组 $\boldsymbol{\alpha}_1,\boldsymbol{\alpha}_2,\cdots,\boldsymbol{\alpha}_r$ 线性无关.

注 定理 5.1.1 的逆命题不成立,即线性无关的向量组不一定是正交向量组.

例 5.1.2 已知三维向量空间 $\mathbf{R}^3$ 中的两个向量

$$\boldsymbol{\alpha}_1=(1,1,1)^{\mathrm{T}},\quad \boldsymbol{\alpha}_2=(1,0,-1)^{\mathrm{T}}$$

正交,试求一个非零向量 $\boldsymbol{\alpha}_3$,使 $\boldsymbol{\alpha}_1,\boldsymbol{\alpha}_2,\boldsymbol{\alpha}_3$ 两两正交.

解 设 $\boldsymbol{\alpha}_3=(x_1,x_2,x_3)^{\mathrm{T}}$,由题意应有 $\boldsymbol{\alpha}_1^{\mathrm{T}}\boldsymbol{\alpha}_3=0,\boldsymbol{\alpha}_2^{\mathrm{T}}\boldsymbol{\alpha}_3=0$,即有方程组

$$\begin{cases}x_1+x_2+x_3=0,\\ x_1-x_3=0.\end{cases}$$

由

$$\boldsymbol{A}=\begin{pmatrix}1&1&1\\1&0&-1\end{pmatrix}\xrightarrow[(-1)r_2+r_1]{\substack{(-1)r_1+r_2\\(-1)r_2}}\begin{pmatrix}1&0&-1\\0&1&2\end{pmatrix},$$

得基础解系 $(1,-2,1)^{\mathrm{T}}$,因此取 $\boldsymbol{\alpha}_3=(1,-2,1)^{\mathrm{T}}$ 即可.事实上此方程组的任一非零解向量都可作为 $\boldsymbol{\alpha}_3$.

定义 5.1.5 设 $\boldsymbol{e}_1,\boldsymbol{e}_2,\cdots,\boldsymbol{e}_r$ 为向量空间 V_r 的一个基,若 $\boldsymbol{e}_1,\boldsymbol{e}_2,\cdots,\boldsymbol{e}_r$ 为两两正交的单位向量,则称 $\boldsymbol{e}_1,\boldsymbol{e}_2,\cdots,\boldsymbol{e}_r$ 为 V_r 的一个标准正交基,或正交规范基.

容易验证,$\boldsymbol{\varepsilon}_1,\boldsymbol{\varepsilon}_2,\cdots,\boldsymbol{\varepsilon}_n$ 是 $\mathbf{R}^n$ 的一个标准正交基.而向量组

$$\boldsymbol{e}_1=\begin{pmatrix}\frac{1}{\sqrt{2}}\\\frac{1}{\sqrt{2}}\\0\\0\end{pmatrix},\quad \boldsymbol{e}_2=\begin{pmatrix}\frac{1}{\sqrt{2}}\\-\frac{1}{\sqrt{2}}\\0\\0\end{pmatrix},\quad \boldsymbol{e}_3=\begin{pmatrix}0\\0\\\frac{1}{\sqrt{2}}\\\frac{1}{\sqrt{2}}\end{pmatrix},\quad \boldsymbol{e}_4=\begin{pmatrix}0\\0\\\frac{1}{\sqrt{2}}\\-\frac{1}{\sqrt{2}}\end{pmatrix}$$

是 $\mathbf{R}^4$ 的一个标准正交基.

注　若 $\boldsymbol{e}_1,\boldsymbol{e}_2,\cdots,\boldsymbol{e}_r$ 为向量空间 V_r 的一个标准正交基,则有

$$[\boldsymbol{e}_i,\boldsymbol{e}_j]=\delta_{ij}=\begin{cases}1, & i=j,\\ 0, & i\neq j\end{cases}\qquad (i,j=1,2,\cdots,r).$$

设 $\boldsymbol{e}_1,\boldsymbol{e}_2,\cdots,\boldsymbol{e}_r$ 为向量空间 V_r 的一个基,那么 V_r 中任一向量 $\boldsymbol{\alpha}$,都能由 $\boldsymbol{e}_1,\boldsymbol{e}_2,\cdots,\boldsymbol{e}_r$ 唯一线性表示,设表示式为

$$\boldsymbol{\alpha}=x_1\boldsymbol{e}_1+x_2\boldsymbol{e}_2+\cdots+x_r\boldsymbol{e}_r,$$

其中系数 $x_1,x_2,\cdots,x_r$ 称为 $\boldsymbol{\alpha}$ 在基 $\boldsymbol{e}_1,\boldsymbol{e}_2,\cdots,\boldsymbol{e}_r$ 下的坐标.一般讲 $\boldsymbol{\alpha}$ 在基 $\boldsymbol{e}_1,\boldsymbol{e}_2,\cdots,\boldsymbol{e}_r$ 下的坐标不易求得,但若 $\boldsymbol{e}_1,\boldsymbol{e}_2,\cdots,\boldsymbol{e}_r$ 为 V_r 的一个标准正交基,则求向量 $\boldsymbol{\alpha}$ 在此标准正交基下的坐标较为方便,为了求其坐标 $x_i(i=1,2,\cdots,r)$,可用 $\boldsymbol{e}_i^{\mathrm{T}}$ 左乘上式,有

$$\boldsymbol{e}_i^{\mathrm{T}}\boldsymbol{\alpha}=x_i\boldsymbol{e}_i^{\mathrm{T}}\boldsymbol{e}_i=x_i\ \text{或}\ x_i=\boldsymbol{e}_i^{\mathrm{T}}\boldsymbol{\alpha}=[\boldsymbol{\alpha},\boldsymbol{e}_i],$$

这也就是为什么要引进标准正交基的原因之一.

下面介绍如何从向量空间 V_r 的一个基,求出 V_r 的一个标准正交基,即所谓的施密特正交化方法.

设 $\boldsymbol{\alpha}_1,\boldsymbol{\alpha}_2,\cdots,\boldsymbol{\alpha}_r$ 是向量空间 V_r 的一个基,现将它化为 V_r 的一个标准正交基.即求 V_r 的一个标准正交基 $\boldsymbol{e}_1,\boldsymbol{e}_2,\cdots,\boldsymbol{e}_r$,使得对于 $k=1,2,\cdots,r$,有 $\boldsymbol{\alpha}_1,\boldsymbol{\alpha}_2,\cdots,\boldsymbol{\alpha}_k$ 与 $\boldsymbol{e}_1,\boldsymbol{e}_2,\cdots,\boldsymbol{e}_k$ 等价.这一过程称为把基 $\boldsymbol{\alpha}_1,\boldsymbol{\alpha}_2,\cdots,\boldsymbol{\alpha}_r$ 标准正交化,或称正交规范化.取

$$\boldsymbol{\beta}_1=\boldsymbol{\alpha}_1;$$

$$\boldsymbol{\beta}_2=\boldsymbol{\alpha}_2-\frac{[\boldsymbol{\alpha}_2,\boldsymbol{\beta}_1]}{[\boldsymbol{\beta}_1,\boldsymbol{\beta}_1]}\boldsymbol{\beta}_1;$$

……

$$\boldsymbol{\beta}_r=\boldsymbol{\alpha}_r-\frac{[\boldsymbol{\alpha}_r,\boldsymbol{\beta}_1]}{[\boldsymbol{\beta}_1,\boldsymbol{\beta}_1]}\boldsymbol{\beta}_1-\frac{[\boldsymbol{\alpha}_r,\boldsymbol{\beta}_2]}{[\boldsymbol{\beta}_2,\boldsymbol{\beta}_2]}\boldsymbol{\beta}_2-\cdots-\frac{[\boldsymbol{\alpha}_r,\boldsymbol{\beta}_{r-1}]}{[\boldsymbol{\beta}_{r-1},\boldsymbol{\beta}_{r-1}]}\boldsymbol{\beta}_{r-1}.$$

可以证明 $\boldsymbol{\beta}_1,\boldsymbol{\beta}_2,\cdots,\boldsymbol{\beta}_r$ 两两正交,且当 $1\leqslant k\leqslant r$ 时,$\boldsymbol{\beta}_1,\boldsymbol{\beta}_2,\cdots,\boldsymbol{\beta}_k$ 与 $\boldsymbol{\alpha}_1,\boldsymbol{\alpha}_2,\cdots,\boldsymbol{\alpha}_k$ 等价.

然后将 $\boldsymbol{\beta}_1,\boldsymbol{\beta}_2,\cdots,\boldsymbol{\beta}_r$ 单位化,令

$$\boldsymbol{e}_1=\frac{\boldsymbol{\beta}_1}{\|\boldsymbol{\beta}_1\|},\boldsymbol{e}_2=\frac{\boldsymbol{\beta}_2}{\|\boldsymbol{\beta}_2\|},\cdots,\boldsymbol{e}_r=\frac{\boldsymbol{\beta}_r}{\|\boldsymbol{\beta}_r\|},$$

可得 V_r 的一个标准正交基 $\boldsymbol{e}_1,\boldsymbol{e}_2,\cdots,\boldsymbol{e}_r$.

5.1.3　正交矩阵

设 n 维列向量 $\boldsymbol{\alpha}_1,\boldsymbol{\alpha}_2,\cdots,\boldsymbol{\alpha}_n$ 为 $\mathbf{R}^n$ 的一个标准正交基,记 $\boldsymbol{A}=(\boldsymbol{\alpha}_1,\boldsymbol{\alpha}_2,\cdots,\boldsymbol{\alpha}_n)$,则

$$A^{\mathrm{T}}=\begin{pmatrix}\boldsymbol{\alpha}_1^{\mathrm{T}}\\ \boldsymbol{\alpha}_2^{\mathrm{T}}\\ \vdots\\ \boldsymbol{\alpha}_n^{\mathrm{T}}\end{pmatrix},$$

利用向量 $\boldsymbol{\alpha}_1,\boldsymbol{\alpha}_2,\cdots,\boldsymbol{\alpha}_n$ 的标准正交性，即

$$\boldsymbol{\alpha}_i^{\mathrm{T}}\boldsymbol{\alpha}_j=\begin{cases}1, & i=j\\ 0, & i\neq j\end{cases}\qquad (i,j=1,2,\cdots,n),$$

可得

$$\boldsymbol{A}^{\mathrm{T}}\boldsymbol{A}=\begin{pmatrix}\boldsymbol{\alpha}_1^{\mathrm{T}}\boldsymbol{\alpha}_1 & \boldsymbol{\alpha}_1^{\mathrm{T}}\boldsymbol{\alpha}_2 & \cdots & \boldsymbol{\alpha}_1^{\mathrm{T}}\boldsymbol{\alpha}_n\\ \boldsymbol{\alpha}_2^{\mathrm{T}}\boldsymbol{\alpha}_1 & \boldsymbol{\alpha}_2^{\mathrm{T}}\boldsymbol{\alpha}_2 & \cdots & \boldsymbol{\alpha}_2^{\mathrm{T}}\boldsymbol{\alpha}_n\\ \vdots & \vdots & & \vdots\\ \boldsymbol{\alpha}_n^{\mathrm{T}}\boldsymbol{\alpha}_1 & \boldsymbol{\alpha}_n^{\mathrm{T}}\boldsymbol{\alpha}_2 & \cdots & \boldsymbol{\alpha}_n^{\mathrm{T}}\boldsymbol{\alpha}_n\end{pmatrix}=\begin{pmatrix}1 & 0 & \cdots & 0\\ 0 & 1 & \cdots & 0\\ \vdots & \vdots & & \vdots\\ 0 & 0 & \cdots & 1\end{pmatrix}=\boldsymbol{E}.$$

反之，若 n 阶方阵 $\boldsymbol{A}$ 满足 $\boldsymbol{A}^{\mathrm{T}}\boldsymbol{A}=\boldsymbol{E}$，则 $\boldsymbol{A}$ 的 n 个列向量 $\boldsymbol{\alpha}_1,\boldsymbol{\alpha}_2,\cdots,\boldsymbol{\alpha}_n$ 是两两正交的单位向量，从而构成 $\mathbf{R}^n$ 的一个标准正交基. 我们把具有这种性质的矩阵称为正交矩阵.

定义 5.1.6 设 $\boldsymbol{A}$ 为 n 阶方阵，若 $\boldsymbol{A}^{\mathrm{T}}\boldsymbol{A}=\boldsymbol{E}$，则称 $\boldsymbol{A}$ 为正交矩阵.

注 单位阵 $\boldsymbol{E}$ 是一个正交矩阵.

容易验证矩阵

$$\boldsymbol{A}=\begin{pmatrix}\frac{1}{\sqrt{2}} & \frac{1}{\sqrt{2}} & 0 & 0\\ \frac{1}{\sqrt{2}} & -\frac{1}{\sqrt{2}} & 0 & 0\\ 0 & 0 & \frac{1}{\sqrt{2}} & \frac{1}{\sqrt{2}}\\ 0 & 0 & \frac{1}{\sqrt{2}} & -\frac{1}{\sqrt{2}}\end{pmatrix}$$

是正交矩阵.

显然，若 $\boldsymbol{A}^{\mathrm{T}}\boldsymbol{A}=\boldsymbol{E}$，则 $\boldsymbol{A}^{-1}=\boldsymbol{A}^{\mathrm{T}}$，从而 $\boldsymbol{A}\boldsymbol{A}^{\mathrm{T}}=\boldsymbol{E}$，反之也真. 由此可得正交矩阵 $\boldsymbol{A}$ 的行向量也是两两正交的单位向量，也构成 $\mathbf{R}^n$ 的一个标准正交基. 综上讨论，有如下定理.

定理 5.1.2 设 $\boldsymbol{A}$ 为 n 阶方阵，则 $\boldsymbol{A}$ 为正交矩阵的充分必要条件是下列条件之一成立：

(1) $\boldsymbol{A}$ 的列(行)向量组是两两正交的单位向量；

(2) $\boldsymbol{A}$ 的列(行)向量组构成 $\mathbf{R}^n$ 的一个标准正交基；

(3) $\boldsymbol{A}\boldsymbol{A}^{\mathrm{T}}=\boldsymbol{E}$；

(4) $\boldsymbol{A}^{\mathrm{T}}\boldsymbol{A}=\boldsymbol{E}$；

(5) $\boldsymbol{A}^{-1}=\boldsymbol{A}^{\mathrm{T}}$.

例 5.1.3　设 $\boldsymbol{A}$ 与 $\boldsymbol{B}$ 都是 n 阶正交矩阵,证明 $\boldsymbol{AB}$ 也是正交矩阵.

证明　由 $\boldsymbol{A}$ 与 $\boldsymbol{B}$ 都是 n 阶正交矩阵,则有 $\boldsymbol{A}^{\mathrm{T}}\boldsymbol{A}=\boldsymbol{E},\boldsymbol{B}^{\mathrm{T}}\boldsymbol{B}=\boldsymbol{E}$,从而

$$(\boldsymbol{AB})^{\mathrm{T}}\boldsymbol{AB}=\boldsymbol{B}^{\mathrm{T}}(\boldsymbol{A}^{\mathrm{T}}\boldsymbol{A})\boldsymbol{B}=\boldsymbol{B}^{\mathrm{T}}\boldsymbol{B}=\boldsymbol{E},$$

故 $\boldsymbol{AB}$ 也是正交矩阵.

习　题　5.1

1. 判断下列向量组是否为 $\mathbf{R}^3$ 的标准正交基.

(1) $(1,0,0)^{\mathrm{T}},(1,1,0)^{\mathrm{T}},(1,1,1)^{\mathrm{T}}$;

(2) $\left(\frac{1}{2},\frac{1}{2},1\right)^{\mathrm{T}},(1,-1,0)^{\mathrm{T}},(1,1,-1)^{\mathrm{T}}$;

(3) $\left(\frac{2}{7},-\frac{6}{7},\frac{3}{7}\right)^{\mathrm{T}},\left(\frac{6}{7},\frac{3}{7},\frac{2}{7}\right)^{\mathrm{T}},\left(-\frac{3}{7},\frac{2}{7},\frac{6}{7}\right)^{\mathrm{T}}$.

2. $\mathbf{R}^n$ 中是否存在 $n+1$ 个非零向量,它们两两正交?

3. 将下列向量组标准正交化:

(1) $\boldsymbol{\alpha}_1=(2,-1,-2)^{\mathrm{T}},\boldsymbol{\alpha}_2=(-1,5,1)^{\mathrm{T}},\boldsymbol{\alpha}_3=(6,2,-1)^{\mathrm{T}}$;

(2) $\boldsymbol{\alpha}_1=(1,1,1,1)^{\mathrm{T}},\boldsymbol{\alpha}_2=(3,-1,3,-1)^{\mathrm{T}},\boldsymbol{\alpha}_3=(1,3,-1,1)^{\mathrm{T}},\boldsymbol{\alpha}_4=(-2,0,0,6)^{\mathrm{T}}$.

4. 下列矩阵是否为正交矩阵?

(1) $\begin{pmatrix}\frac{1}{\sqrt{3}} & \frac{1}{\sqrt{3}} & \frac{1}{\sqrt{3}}\\ 0 & \frac{1}{\sqrt{2}} & \frac{1}{\sqrt{2}}\\ -\frac{2}{\sqrt{6}} & \frac{1}{\sqrt{6}} & \frac{1}{\sqrt{6}}\end{pmatrix}$;　　(2) $\begin{pmatrix}\frac{1}{2} & -\frac{1}{3} & \frac{1}{2}\\ \frac{1}{3} & \frac{1}{2} & 0\\ \frac{1}{2} & 0 & -\frac{1}{2}\end{pmatrix}$;

(3) $\begin{pmatrix}\frac{\sqrt{2}}{2} & 0 & -\frac{\sqrt{2}}{2}\\ \frac{\sqrt{2}}{6} & -\frac{2\sqrt{2}}{3} & \frac{\sqrt{2}}{6}\\ \frac{2}{3} & \frac{1}{3} & \frac{2}{3}\end{pmatrix}$;　(4) $\begin{pmatrix}0 & 0 & 0 & -1\\ -1 & 0 & 0 & 0\\ 0 & -1 & 0 & 0\\ 0 & 0 & 1 & 0\end{pmatrix}$.

5. 设 $\boldsymbol{A}$ 为正交矩阵,证明 $|\boldsymbol{A}|=\pm 1$.

6. 设 $\boldsymbol{A}$ 是 n 阶对称阵,$\boldsymbol{B}$ 为 n 阶正交矩阵,证明 $\boldsymbol{B}^{-1}\boldsymbol{AB}$ 也是对称阵.

7. 设 $\boldsymbol{A},\boldsymbol{B}$ 都是 n 阶正交矩阵,证明

$$\begin{pmatrix}\boldsymbol{A} & \boldsymbol{O}\\ \boldsymbol{O} & \boldsymbol{B}\end{pmatrix}$$

也是正交矩阵.

5.2　特征值与特征向量

一方面矩阵的对角化问题,需要先引入矩阵的特征值、特征向量概念;另一方

面矩阵的特征值与特征向量理论在其他一些问题,如某个系统的振动、稳定性等问题中又有重要应用.为此,本节介绍它们的基本内容.

5.2.1 特征值与特征向量的概念

定义 5.2.1 设 $\boldsymbol{A}$ 是 n 阶方阵,如果存在数 λ 和 n 维非零列向量 $\boldsymbol{x}$,使

$$\boldsymbol{A}\boldsymbol{x} = \lambda\boldsymbol{x} \tag{5.2.1}$$

成立,则数 λ 称为 $\boldsymbol{A}$ 的特征值,非零向量 $\boldsymbol{x}$ 称为 $\boldsymbol{A}$ 的特征值 λ 对应的特征向量.

从上述定义可以看出,设 $\boldsymbol{A}$ 是方阵,若齐次线性方程组 $\boldsymbol{A}\boldsymbol{x}=\boldsymbol{0}$ 有非零解 $\boldsymbol{p}$,那么由 $\boldsymbol{A}\boldsymbol{p}=0\boldsymbol{p}$ 可知,$\lambda=0$ 是方阵 $\boldsymbol{A}$ 的特征值,非零解 $\boldsymbol{p}$ 就是特征值 $\lambda=0$ 对应的特征向量.

又如,设 $\boldsymbol{A}=\begin{pmatrix}1&2\\2&1\end{pmatrix}$,对于 $\lambda_1=3$,$\boldsymbol{p}_1=\begin{pmatrix}1\\1\end{pmatrix}$,有

$$\boldsymbol{A}\boldsymbol{p}_1 = \begin{pmatrix}1&2\\2&1\end{pmatrix}\begin{pmatrix}1\\1\end{pmatrix}=\begin{pmatrix}3\\3\end{pmatrix}=3\begin{pmatrix}1\\1\end{pmatrix}=\lambda_1\boldsymbol{p}_1,$$

所以 $\lambda_1=3$ 是 $\boldsymbol{A}=\begin{pmatrix}1&2\\2&1\end{pmatrix}$ 的一个特征值,$\boldsymbol{p}_1=\begin{pmatrix}1\\1\end{pmatrix}$ 是特征值 $\lambda_1=3$ 对应的特征向量.

对于 $\lambda_2=-1$,$\boldsymbol{p}_2=\begin{pmatrix}1\\-1\end{pmatrix}$,有

$$\boldsymbol{A}\boldsymbol{p}_2 = \begin{pmatrix}1&2\\2&1\end{pmatrix}\begin{pmatrix}1\\-1\end{pmatrix}=\begin{pmatrix}-1\\1\end{pmatrix}=-\begin{pmatrix}1\\-1\end{pmatrix}=\lambda_2\boldsymbol{p}_2,$$

所以 $\lambda_2=-1$ 也是 $\boldsymbol{A}=\begin{pmatrix}1&2\\2&1\end{pmatrix}$ 的一个特征值,$\boldsymbol{p}_2=\begin{pmatrix}1\\-1\end{pmatrix}$ 是特征值 $\lambda_2=-1$ 对应的特征向量.

5.2.2 特征值与特征向量的计算

下面讨论如何求方阵 $\boldsymbol{A}$ 的特征值与特征向量.

(5.2.1)式可写成

$$(\lambda\boldsymbol{E}-\boldsymbol{A})\boldsymbol{x} = \boldsymbol{0}, \tag{5.2.2}$$

即特征向量 $\boldsymbol{x}$ 是齐次线性方程组(5.2.2)的非零解.而方程(5.2.2)有非零解的充分必要条件是系数行列式

$$|\lambda\boldsymbol{E}-\boldsymbol{A}| = \begin{vmatrix}\lambda-a_{11} & -a_{12} & \cdots & -a_{1n}\\ -a_{21} & \lambda-a_{22} & \cdots & -a_{2n}\\ \vdots & \vdots & & \vdots\\ -a_{n1} & -a_{n2} & \cdots & \lambda-a_{nn}\end{vmatrix} = 0. \tag{5.2.3}$$

式(5.2.3)是以 λ 为未知量的一元 n 次方程,称为方阵 $\boldsymbol{A}$ 的特征方程.方程的左端

$|\lambda \boldsymbol{E}-\boldsymbol{A}|$是$\lambda$的$n$次多项式，称为方阵$\boldsymbol{A}$的特征多项式，记作$f(\lambda)$.

上面的分析说明：如果λ_0为方阵$\boldsymbol{A}$的特征值，那么λ_0一定是方阵$\boldsymbol{A}$的特征方程的根；反过来，如果λ_0是方阵$\boldsymbol{A}$的特征方程的根，即$f(\lambda_0)=|\lambda_0\boldsymbol{E}-\boldsymbol{A}|=0$，那么齐次线性方程组(5.2.2)就有非零解$\boldsymbol{p}$，满足$\boldsymbol{A}\boldsymbol{p}=\lambda_0\boldsymbol{p}$，这说明$\lambda_0$为方阵$\boldsymbol{A}$的特征值，$\boldsymbol{p}$为特征值$\lambda_0$对应的特征向量. 而且，齐次线性方程组(5.2.2)的所有非零解就是方阵$\boldsymbol{A}$的特征值λ_0对应的全部特征向量. 由齐次线性方程组解的性质可知，特征值λ_0对应的全部特征向量，再添上零向量，即构成齐次线性方程组$(\lambda_0\boldsymbol{E}-\boldsymbol{A})\boldsymbol{x}=\boldsymbol{0}$的解空间，称为$\boldsymbol{A}$的特征值$\lambda_0$的特征子空间，记为$V_{\lambda_0}$.

综上讨论，求给定方阵$\boldsymbol{A}$的特征值与特征向量的步骤如下：

(1) 求特征多项式$f(\lambda)=|\lambda \boldsymbol{E}-\boldsymbol{A}|$；

(2) 解特征方程$f(\lambda)=|\lambda \boldsymbol{E}-\boldsymbol{A}|=0$，求出$\boldsymbol{A}$的全部特征值；

(3) 对每个特征值$\lambda=\lambda_i$，求出齐次线性方程组$(\lambda_i\boldsymbol{E}-\boldsymbol{A})\boldsymbol{x}=\boldsymbol{0}$的所有非零解，即为$\lambda=\lambda_i$所对应的全部特征向量.

例 5.2.1　求矩阵

$$\boldsymbol{A}=\begin{pmatrix}1 & -1\\ 2 & 4\end{pmatrix}$$

的特征值与特征向量.

解　$\boldsymbol{A}$的特征多项式为

$$\begin{vmatrix}\lambda-1 & 1\\ -2 & \lambda-4\end{vmatrix}=\lambda^2-5\lambda+6=(\lambda-2)(\lambda-3),$$

所以$\boldsymbol{A}$的特征值为$\lambda_1=2,\lambda_2=3$.

当$\lambda_1=2$时，对应的特征向量应满足方程组$(2\boldsymbol{E}-\boldsymbol{A})\boldsymbol{x}=\boldsymbol{0}$，由

$$(2\boldsymbol{E}-\boldsymbol{A})=\begin{pmatrix}2-1 & 1\\ -2 & 2-4\end{pmatrix}\xrightarrow{2r_1+r_2}\begin{pmatrix}1 & 1\\ 0 & 0\end{pmatrix},$$

得基础解系$\boldsymbol{p}_1=\begin{pmatrix}-1\\ 1\end{pmatrix}$，所以$\lambda_1=2$对应的全部特征向量为$\boldsymbol{x}=k_1\begin{pmatrix}-1\\ 1\end{pmatrix}$，其中任意常数$k_1\neq 0$.

当$\lambda_2=3$时，对应的特征向量应满足方程组$(3\boldsymbol{E}-\boldsymbol{A})\boldsymbol{x}=\boldsymbol{0}$，由

$$3\boldsymbol{E}-\boldsymbol{A}=\begin{pmatrix}3-1 & 1\\ -2 & 3-4\end{pmatrix}\xrightarrow{r_1+r_2}\begin{pmatrix}2 & 1\\ 0 & 0\end{pmatrix},$$

得基础解系$\boldsymbol{p}_2=\begin{pmatrix}1\\ -2\end{pmatrix}$，所以$\lambda_2=3$对应的全部特征向量为$\boldsymbol{x}=k_2\begin{pmatrix}1\\ -2\end{pmatrix}$，其中任意常数$k_2\neq 0$.

例 5.2.2 求矩阵

$$A=\begin{pmatrix}-2 & 1 & 1\\ 0 & 2 & 0\\ -4 & 1 & 3\end{pmatrix}$$

的特征值和特征向量.

解 A 的特征多项式

$$|\lambda E-A|=\begin{vmatrix}\lambda+2 & -1 & -1\\ 0 & \lambda-2 & 0\\ 4 & -1 & \lambda-3\end{vmatrix}$$

$$=(\lambda-2)(\lambda^2-\lambda-2)=(\lambda+1)(\lambda-2)^2,$$

所以 A 的特征值为 $\lambda_1=-1,\lambda_2=\lambda_3=2$.

当 $\lambda_1=-1$ 时,对应特征向量满足方程组 $(-E-A)x=0$,由

$$(-E-A)=\begin{pmatrix}1 & -1 & -1\\ 0 & -3 & 0\\ 4 & -1 & -4\end{pmatrix}\xrightarrow{\text{初等行变换}}\begin{pmatrix}1 & 0 & -1\\ 0 & 1 & 0\\ 0 & 0 & 0\end{pmatrix},$$

得基础解系 $p_1=\begin{pmatrix}1\\0\\1\end{pmatrix}$,所以 $\lambda_1=-1$ 对应的全部特征向量为 $x=k\begin{pmatrix}1\\0\\1\end{pmatrix}$,其中任意常数 $k\neq 0$.

当 $\lambda_2=\lambda_3=2$ 时,对应特征向量满足方程组 $(2E-A)x=0$,由

$$(2E-A)=\begin{pmatrix}4 & -1 & -1\\ 0 & 0 & 0\\ 4 & -1 & -1\end{pmatrix}\xrightarrow{\text{初等行变换}}\begin{pmatrix}4 & -1 & -1\\ 0 & 0 & 0\\ 0 & 0 & 0\end{pmatrix},$$

得基础解系 $p_2=\begin{pmatrix}1\\0\\4\end{pmatrix}$, $p_3=\begin{pmatrix}0\\1\\-1\end{pmatrix}$. 所以 $\lambda_2=\lambda_3=2$ 对应的全部特征向量为

$$x=k_1\begin{pmatrix}1\\0\\4\end{pmatrix}+k_2\begin{pmatrix}0\\1\\-1\end{pmatrix},$$

其中任意常数 k_1,k_2 不同时为 0.

例 5.2.3 求矩阵

$$A=\begin{pmatrix}2 & 3 & 2\\ 1 & 4 & 2\\ 1 & -3 & 1\end{pmatrix}$$

的特征值和特征向量.

解　$\boldsymbol{A}$ 的特征方程为

$$|\lambda\boldsymbol{E}-\boldsymbol{A}|=\begin{vmatrix}\lambda-2 & -3 & -2\\ -1 & \lambda-4 & -2\\ -1 & 3 & \lambda-1\end{vmatrix}=(\lambda-1)(\lambda-3)^2=0,$$

所以 $\boldsymbol{A}$ 的特征值为 $\lambda_1=1,\lambda_2=\lambda_3=3$.

当 $\lambda_1=1$ 时,对应特征向量满足方程组 $(\boldsymbol{E}-\boldsymbol{A})\boldsymbol{x}=\boldsymbol{0}$,由

$$(\boldsymbol{E}-\boldsymbol{A})=\begin{pmatrix}-1 & -3 & -2\\ -1 & -3 & -2\\ -1 & 3 & 0\end{pmatrix}\xrightarrow{\text{初等行变换}}\begin{pmatrix}1 & 0 & 1\\ 0 & 3 & 1\\ 0 & 0 & 0\end{pmatrix},$$

得基础解系 $\boldsymbol{p}_1=\begin{pmatrix}3\\1\\-3\end{pmatrix}$,所以 $\lambda_1=1$ 对应的全部特征向量为 $\boldsymbol{x}=k_1\begin{pmatrix}3\\1\\-3\end{pmatrix}$,其中任意常数 $k_1\neq0$.

当 $\lambda_2=\lambda_3=3$ 时,对应特征向量满足方程组 $(3\boldsymbol{E}-\boldsymbol{A})\boldsymbol{x}=\boldsymbol{0}$,由

$$(3\boldsymbol{E}-\boldsymbol{A})=\begin{pmatrix}1 & -3 & -2\\ -1 & -1 & -2\\ -1 & 3 & 2\end{pmatrix}\xrightarrow{\text{初等行变换}}\begin{pmatrix}1 & 0 & 1\\ 0 & 1 & 1\\ 0 & 0 & 0\end{pmatrix},$$

得基础解系 $\boldsymbol{p}_2=\begin{pmatrix}1\\1\\-1\end{pmatrix}$,所以 $\lambda_2=\lambda_3=2$ 对应的全部特征向量为 $\boldsymbol{x}=k_2\begin{pmatrix}1\\1\\-1\end{pmatrix}$,其中任意常数 $k_2\neq0$.

5.2.3　特征值与特征向量的性质

设 $\boldsymbol{A}=(a_{ij})_{n\times n}$ 是一个 n 阶方阵,利用行列式的定义,得 $\boldsymbol{A}$ 的特征多项式为

$$f(\lambda)=|\lambda\boldsymbol{E}-\boldsymbol{A}|=\begin{vmatrix}\lambda-a_{11} & -a_{12} & \cdots & -a_{1n}\\ -a_{21} & \lambda-a_{22} & \cdots & -a_{2n}\\ \vdots & \vdots & & \vdots\\ -a_{n1} & -a_{n2} & \cdots & \lambda-a_{nn}\end{vmatrix}$$

$$=\lambda^n-(a_{11}+a_{22}+\cdots+a_{nn})\lambda^{n-1}+\cdots+(-1)^n|\boldsymbol{A}|.$$

由代数基本定理,n 次方程 $f(\lambda)=0$ 在复数范围内有 n 个复根 $\lambda_1,\lambda_2,\cdots,\lambda_n$,所以 n 阶方阵在复数范围内共有 n 个特征值,并且

$$f(\lambda)=|\lambda\boldsymbol{E}-\boldsymbol{A}|=(\lambda-\lambda_1)(\lambda-\lambda_2)\cdots(\lambda-\lambda_n),$$

比较上述两式,得方阵 $\boldsymbol{A}$ 与它的特征值之间具有如下关系:

(1) $\lambda_1+\lambda_2+\cdots+\lambda_n=a_{11}+a_{22}+\cdots+a_{nn}$;

(2) $\lambda_1\lambda_2\cdots\lambda_n=|\boldsymbol{A}|$.

设 n 阶方阵 $\boldsymbol{A}$ 的特征方程有重根，不妨设有 m 个互不相同的根 $\lambda_1,\lambda_2,\cdots,\lambda_m$ $(1\leqslant m\leqslant n)$，于是

$$f(\lambda)=|\lambda\boldsymbol{E}-\boldsymbol{A}|=(\lambda-\lambda_1)^{r_1}(\lambda-\lambda_2)^{r_2}\cdots(\lambda-\lambda_m)^{r_m},$$

其中 $r_1+r_2+\cdots+r_m=n$，r_i 称为特征值 $\lambda_i(i=1,2,\cdots,m)$ 的重数.

特征值 λ_0 在特征多项式中的重数称为 λ_0 的代数重数，而属于 λ_0 的特征子空间 V_{λ_0} 的维数 $n-R(\lambda_0\boldsymbol{E}-\boldsymbol{A})$ 称为 λ_0 的几何重数. 可以证明：对于每个特征值而言，它的几何重数总不大于它的代数重数，即 $n-R(\lambda_i\boldsymbol{E}-\boldsymbol{A})\leqslant r_i$，也就是方程组 $(\lambda_i\boldsymbol{E}-\boldsymbol{A})\boldsymbol{x}=\boldsymbol{0}$ 的基础解系所含解向量的个数小于等于 $r_i(i=1,2,\cdots,m)$.

定理 5.2.1 设 $\lambda_1,\lambda_2,\cdots,\lambda_m$ 是方阵 $\boldsymbol{A}$ 的 m 个互不相同的特征值，$\boldsymbol{p}_1,\boldsymbol{p}_2,\cdots,\boldsymbol{p}_m$ 依次是与之对应的特征向量，则 $\boldsymbol{p}_1,\boldsymbol{p}_2,\cdots,\boldsymbol{p}_m$ 线性无关.

证明 设存在常数 $k_1,k_2,\cdots,k_m$，使 $k_1\boldsymbol{p}_1+k_2\boldsymbol{p}_2+\cdots+k_m\boldsymbol{p}_m=\boldsymbol{0}$，则

$$\boldsymbol{A}(k_1\boldsymbol{p}_1+k_2\boldsymbol{p}_2+\cdots+k_m\boldsymbol{p}_m)=\boldsymbol{0},$$

即

$$\lambda_1k_1\boldsymbol{p}_1+\lambda_2k_2\boldsymbol{p}_2+\cdots+\lambda_mk_m\boldsymbol{p}_m=\boldsymbol{0},$$

类似地，有

$$\lambda_1^lk_1\boldsymbol{p}_1+\lambda_2^lk_2\boldsymbol{p}_2+\cdots+\lambda_m^lk_m\boldsymbol{p}_m=\boldsymbol{0}\quad(l=2,\cdots,m-1).$$

把上面各式合写成矩阵形式

$$(k_1\boldsymbol{p}_1,k_2\boldsymbol{p}_2,\cdots,k_m\boldsymbol{p}_m)\begin{pmatrix}1&\lambda_1&\cdots&\lambda_1^{m-1}\\1&\lambda_2&\cdots&\lambda_2^{m-1}\\\vdots&\vdots&&\vdots\\1&\lambda_m&\cdots&\lambda_m^{m-1}\end{pmatrix}=\boldsymbol{O}_{m\times m},$$

因为 $\lambda_1,\lambda_2,\cdots,\lambda_m$ 各不相同，故得 $k_i\boldsymbol{p}_i=\boldsymbol{0}(i=1,2,\cdots,m)$，从而 $k_1=k_2=\cdots=k_m=0$，即 $\boldsymbol{p}_1,\boldsymbol{p}_2,\cdots,\boldsymbol{p}_m$ 线性无关.

推论 1 如果 n 阶方阵 $\boldsymbol{A}$ 有 n 个不同的特征值，则 $\boldsymbol{A}$ 有 n 个线性无关的特征向量.

推论 2 设 $\lambda_1,\lambda_2,\cdots,\lambda_m$ 是方阵 $\boldsymbol{A}$ 的 m 个互不相同的特征值，如果 $\boldsymbol{p}_1^{(i)},\boldsymbol{p}_2^{(i)},\cdots,\boldsymbol{p}_{t_i}^{(i)}$ 是相应于 λ_i 的线性无关的特征向量，$i=1,2,\cdots,m$，则 $\boldsymbol{p}_1^{(1)},\cdots,\boldsymbol{p}_{t_1}^{(1)},\cdots,\boldsymbol{p}_1^{(m)},\cdots,\boldsymbol{p}_{t_m}^{(m)}$ 也线性无关.

证明 设有数 $k_1^{(1)},\cdots,k_{t_1}^{(1)},\cdots,k_1^{(m)},\cdots,k_{t_m}^{(m)}$，使得

$$\sum_{i=1}^{m}(k_1^{(i)}\boldsymbol{p}_1^{(i)}+k_2^{(i)}\boldsymbol{p}_2^{(i)}+\cdots+k_{t_i}^{(i)}\boldsymbol{p}_{t_i}^{(i)})=\boldsymbol{0},$$

记 $\boldsymbol{\eta}_i=k_1^{(i)}\boldsymbol{p}_1^{(i)}+k_2^{(i)}\boldsymbol{p}_2^{(i)}+\cdots+k_{t_i}^{(i)}\boldsymbol{p}_{t_i}^{(i)}$，$i=1,2,\cdots,m$. 注意到如果 $\boldsymbol{\eta}_1,\boldsymbol{\eta}_2,\cdots,\boldsymbol{\eta}_m$ 全为零，则数 $k_1^{(1)},\cdots,k_{t_1}^{(1)},\cdots,k_1^{(m)},\cdots,k_{t_m}^{(m)}$ 均为零，这时定理的结论自然成立；若某个 $\boldsymbol{\eta}_i$ 不为零，则它必为 λ_i 对应的特征向量.

设 $\boldsymbol{\eta}_1,\boldsymbol{\eta}_2,\cdots,\boldsymbol{\eta}_m$ 中有 l 个不为零，不妨设 $\boldsymbol{\eta}_1\neq\boldsymbol{0},\boldsymbol{\eta}_2\neq\boldsymbol{0},\cdots,\boldsymbol{\eta}_l\neq\boldsymbol{0}$，它们依次是

互不相同的特征值 $\lambda_1,\lambda_2,\cdots,\lambda_l$ 对应的特征向量，由定理 5.2.1 知 $\boldsymbol{\eta}_1,\boldsymbol{\eta}_2,\cdots,\boldsymbol{\eta}_l$ 线性无关，但现在 $\sum\limits_{i=1}^{l}\boldsymbol{\eta}_i=\mathbf{0}$，这显然是矛盾的. 证毕.

例 5.2.4　设 λ_1,λ_2 是方阵 $\boldsymbol{A}$ 的两个不同的特征值，$\boldsymbol{p}_1,\boldsymbol{p}_2$ 是 $\boldsymbol{A}$ 的分别属于 λ_1,λ_2 的特征向量，证明 $\boldsymbol{p}_1+\boldsymbol{p}_2$ 不是 $\boldsymbol{A}$ 的特征向量.

证明　用反证法. 假设 $\boldsymbol{p}_1+\boldsymbol{p}_2$ 是 $\boldsymbol{A}$ 的属于特征值 λ 的特征向量，则

$$\boldsymbol{A}(\boldsymbol{p}_1+\boldsymbol{p}_2)=\lambda(\boldsymbol{p}_1+\boldsymbol{p}_2),$$

由已知 $\boldsymbol{A}\boldsymbol{p}_1=\lambda_1\boldsymbol{p}_1,\boldsymbol{A}\boldsymbol{p}_2=\lambda_2\boldsymbol{p}_2$，代入上式得

$$(\lambda_1-\lambda)\boldsymbol{p}_1+(\lambda_2-\lambda)\boldsymbol{p}_2=\mathbf{0},$$

由定理 5.2.1 知 $\boldsymbol{p}_1,\boldsymbol{p}_2$ 线性无关，所以 $\lambda_1=\lambda_2=\lambda$，这与 $\lambda_1\neq\lambda_2$ 相矛盾.

不难证明如下定理.

定理 5.2.2　设 $\boldsymbol{A}$ 是 n 阶方阵，m 是正整数，k 是实数，$\varphi(x)$ 是多项式. 若 λ 是 $\boldsymbol{A}$ 的一个特征值，则 $k\lambda,\lambda^m$ 依次是 $k\boldsymbol{A},\boldsymbol{A}^m$ 的一个特征值；从而 $\varphi(\lambda)$ 是 $\varphi(\boldsymbol{A})$ 的一个特征值.

习　题　5.2

1. 求下列矩阵的特征值和特征向量：

(1) $\begin{pmatrix}1&2&0\\2&2&2\\0&2&3\end{pmatrix}$；　(2) $\begin{pmatrix}3&-1&1\\2&0&1\\1&-1&2\end{pmatrix}$；　(3) $\begin{pmatrix}4&5&-2\\-2&-2&1\\-1&-1&1\end{pmatrix}$.

2. 设 $\boldsymbol{A}$ 可逆，λ 是 $\boldsymbol{A}$ 的特征值，证明 λ^{-1} 是 $\boldsymbol{A}^{-1}$ 的特征值.

3. 已知方阵 $\boldsymbol{A}$ 的多项式 $\varphi(\boldsymbol{A})=\alpha_0\boldsymbol{A}^m+\alpha_1\boldsymbol{A}^{m-1}+\cdots+\alpha_m\boldsymbol{E}$，若 λ 是 $\boldsymbol{A}$ 的特征值，证明 $\varphi(\lambda)=\alpha_0\lambda^m+\alpha_1\lambda^{m-1}+\cdots+\alpha_m$ 是 $\varphi(\boldsymbol{A})$ 的特征值.

4. 设 $\boldsymbol{A}$ 为 n 阶方阵，若 $\boldsymbol{A}^2=\boldsymbol{E}$，证明 $\boldsymbol{A}$ 的特征值只能是 1 或 -1.

5. 设 $\boldsymbol{A}$ 为 n 阶方阵，若 $\boldsymbol{A}^2=\boldsymbol{A}$，证明 $\boldsymbol{A}$ 的特征值只能是 1 或 0.

6. 试证方阵 $\boldsymbol{A}$ 与 $\boldsymbol{A}^{\mathrm{T}}$ 有相同的特征值.

5.3　相似矩阵

本节我们讨论方阵如何经相似变换化为对角阵问题，为此先介绍相似矩阵及其性质.

5.3.1　相似矩阵及其性质

定义 5.3.1　设 $\boldsymbol{A},\boldsymbol{B}$ 为 n 阶方阵，若存在可逆阵 $\boldsymbol{P}$，使 $\boldsymbol{P}^{-1}\boldsymbol{A}\boldsymbol{P}=\boldsymbol{B}$ 成立，则称 $\boldsymbol{B}$ 是 $\boldsymbol{A}$ 的相似矩阵，也说矩阵 $\boldsymbol{A}$ 与 $\boldsymbol{B}$ 相似. 记为 $\boldsymbol{A}\backsim\boldsymbol{B}$.

注　若 $\boldsymbol{A}$ 与 $\boldsymbol{B}$ 相似，则 $\boldsymbol{A}$ 与 $\boldsymbol{B}$ 等价，从而 $\boldsymbol{A}$ 与 $\boldsymbol{B}$ 有相同的秩.

矩阵的相似关系有以下性质.

(1) 反身性　$\boldsymbol{A}\backsim\boldsymbol{A}$;

(2) 对称性　若 $\boldsymbol{A}\backsim\boldsymbol{B}$,则 $\boldsymbol{B}\backsim\boldsymbol{A}$;

(3) 传递性　若 $\boldsymbol{A}\backsim\boldsymbol{B},\boldsymbol{B}\backsim\boldsymbol{C}$,则 $\boldsymbol{A}\backsim\boldsymbol{C}$.

除此之外,容易证明矩阵的相似关系有以下结论.

定理 5.3.1　设 $\boldsymbol{A}$、$\boldsymbol{B}$ 为 n 阶方阵,m 是正整数,k 是实数,$\varphi(x)$是多项式. 若 $\boldsymbol{A}\backsim\boldsymbol{B}$,则 $k\boldsymbol{A}\backsim k\boldsymbol{B}$,$\boldsymbol{A}^m\backsim\boldsymbol{B}^m$,从而 $\varphi(\boldsymbol{A})\backsim\varphi(\boldsymbol{B})$.

定理 5.3.2　设 $\boldsymbol{A}$、$\boldsymbol{B}$ 为 n 阶方阵,若 $\boldsymbol{A}$ 与 $\boldsymbol{B}$ 相似,则 $\boldsymbol{A}$ 与 $\boldsymbol{B}$ 有相同的特征多项式,从而有相同的特征值.

证明　因为 $\boldsymbol{A}$ 与 $\boldsymbol{B}$ 相似,故有可逆阵 $\boldsymbol{P}$,使 $\boldsymbol{P}^{-1}\boldsymbol{A}\boldsymbol{P}=\boldsymbol{B}$. 于是

$$\begin{aligned}|\lambda\boldsymbol{E}-\boldsymbol{B}|&=|\lambda\boldsymbol{E}-\boldsymbol{P}^{-1}\boldsymbol{A}\boldsymbol{P}|=|\boldsymbol{P}^{-1}(\lambda\boldsymbol{E}-\boldsymbol{A})\boldsymbol{P}|\\&=|\boldsymbol{P}^{-1}|\,|\lambda\boldsymbol{E}-\boldsymbol{A}|\,|\boldsymbol{P}|=|\lambda\boldsymbol{E}-\boldsymbol{A}|.\end{aligned}$$

证毕.

由于对角阵 $\boldsymbol{\Lambda}=\mathrm{diag}(\lambda_1,\lambda_2,\cdots,\lambda_n)$的特征值就是 $\lambda_1,\lambda_2,\cdots,\lambda_n$,于是我们有

推论 1　如果 n 阶方阵 $\boldsymbol{A}$ 与对角阵

$$\boldsymbol{\Lambda}=\mathrm{diag}(\lambda_1,\lambda_2,\cdots,\lambda_n)$$

相似,则 $\lambda_1,\lambda_2,\cdots,\lambda_n$ 就是 $\boldsymbol{A}$ 的全部特征值.

定义 5.3.2　设 $\boldsymbol{A}$ 为 n 阶方阵,对 $\boldsymbol{A}$ 做运算 $\boldsymbol{P}^{-1}\boldsymbol{A}\boldsymbol{P}$,称为对 $\boldsymbol{A}$ 做相似变换,其中 $\boldsymbol{P}$ 称为相似变换矩阵.

5.3.2 方阵对角化

由于相似矩阵有许多共同的性质,对于给定的 n 阶方阵 $\boldsymbol{A}$,自然希望找一个形式上简单又能与 $\boldsymbol{A}$ 相似的矩阵,这样只要研究这个简单的矩阵,就可了解到 $\boldsymbol{A}$ 的性质. 对角矩阵可以认为是矩阵中最简单的一种,那么是否任一个矩阵都能相似于一个对角矩阵,或者说具有什么性质的矩阵能与对角矩阵相似(对角化)呢? 下面就来讨论方阵对角化的条件和如何将其化为对角阵的问题. 即对 n 阶方阵 $\boldsymbol{A}$,寻找可逆矩阵 $\boldsymbol{P}$,使 $\boldsymbol{P}^{-1}\boldsymbol{A}\boldsymbol{P}=\boldsymbol{\Lambda}$ 为对角阵.

将 $\boldsymbol{P}$ 按列分块为 $\boldsymbol{P}=(\boldsymbol{p}_1,\boldsymbol{p}_2,\ldots,\boldsymbol{p}_n)$,若有 $\boldsymbol{P}^{-1}\boldsymbol{A}\boldsymbol{P}=\boldsymbol{\Lambda}$,则 $\boldsymbol{A}\boldsymbol{P}=\boldsymbol{P}\boldsymbol{\Lambda}$,即

$$\boldsymbol{A}(\boldsymbol{p}_1,\boldsymbol{p}_2,\cdots,\boldsymbol{p}_n)=(\boldsymbol{p}_1,\boldsymbol{p}_2,\cdots,\boldsymbol{p}_n)\begin{pmatrix}\lambda_1&&&\\&\lambda_2&&\\&&\ddots&\\&&&\lambda_n\end{pmatrix},$$

由分块矩阵的乘法,得

$$(\boldsymbol{A}\boldsymbol{p}_1,\boldsymbol{A}\boldsymbol{p}_2,\cdots,\boldsymbol{A}\boldsymbol{p}_n)=(\lambda_1\boldsymbol{p}_1,\lambda_2\boldsymbol{p}_2,\cdots,\lambda_n\boldsymbol{p}_n),$$

于是

$$Ap_1 = \lambda_1 p_1, \quad Ap_2 = \lambda_2 p_2, \quad \cdots, \quad Ap_n = \lambda_n p_n. \tag{5.3.1}$$

因为 $\boldsymbol{P}$ 是可逆的，所以 $\boldsymbol{p}_1,\boldsymbol{p}_2,\cdots,\boldsymbol{p}_n$ 均不为零且线性无关，它们依次是特征值 λ_1，$\lambda_2,\cdots,\lambda_n$ 对应的特征向量. 即 $\boldsymbol{A}$ 有 n 个线性无关的特征向量.

反之，若 n 阶方阵 $\boldsymbol{A}$ 有 n 个线性无关的特征向量 $\boldsymbol{p}_1,\boldsymbol{p}_2,\cdots,\boldsymbol{p}_n$ 满足(5.3.1)，那么由此构成的矩阵 $\boldsymbol{P}=(\boldsymbol{p}_1,\boldsymbol{p}_2,\cdots,\boldsymbol{p}_n)$ 是可逆的，且 $\boldsymbol{AP}=\boldsymbol{P\Lambda}$. 于是有 $\boldsymbol{P}^{-1}\boldsymbol{AP}=\boldsymbol{\Lambda}$，即将 $\boldsymbol{A}$ 化为对角阵.

于是有如下定理.

定理 5.3.3　n 阶方阵 $\boldsymbol{A}$ 与对角阵相似(即 $\boldsymbol{A}$ 可对角化)的充分必要条件是 $\boldsymbol{A}$ 有 n 个线性无关的特征向量.

推论 2　若 n 阶方阵 $\boldsymbol{A}$ 有 n 个不同的特征值，则 $\boldsymbol{A}$ 与对角阵相似.

由上节的讨论及上述定理不难证明如下结论.

定理 5.3.4　设 $\boldsymbol{A}$ 为 n 阶方阵，若 $\boldsymbol{A}$ 有 $m(1\leqslant m\leqslant n)$ 个互不相同的特征值，即

$$|\lambda\boldsymbol{E}-\boldsymbol{A}|=(\lambda-\lambda_1)^{r_1}(\lambda-\lambda_2)^{r_2}\cdots(\lambda-\lambda_m)^{r_m},$$

其中 $r_1+r_2+\cdots+r_m=n$，则 $\boldsymbol{A}$ 与对角阵相似的充分必要条件是 $n-R(\lambda_i\boldsymbol{E}-\boldsymbol{A})=r_i$，其中 $i=1,2,\cdots,m$.

例 5.3.1　设

$$\boldsymbol{A}=\begin{pmatrix} 4 & 6 & 0 \\ -3 & -5 & 0 \\ -3 & -6 & 1 \end{pmatrix},$$

求相似变换矩阵 $\boldsymbol{P}$，使 $\boldsymbol{P}^{-1}\boldsymbol{AP}=\boldsymbol{\Lambda}$ 为对角阵.

解　$\boldsymbol{A}$ 的特征方程为

$$|\lambda\boldsymbol{E}-\boldsymbol{A}|=\begin{vmatrix} \lambda-4 & -6 & 0 \\ 3 & \lambda+5 & 0 \\ 3 & 6 & \lambda-1 \end{vmatrix}=(\lambda-1)^2(\lambda+2)=0,$$

所以 $\boldsymbol{A}$ 的特征值为 $\lambda_1=-2,\lambda_2=\lambda_3=1$.

当 $\lambda_1=-2$ 时，解方程组 $(-2\boldsymbol{E}-\boldsymbol{A})\boldsymbol{x}=\boldsymbol{0}$，由

$$-2\boldsymbol{E}-\boldsymbol{A}=\begin{pmatrix} -6 & -6 & 0 \\ 3 & 3 & 0 \\ 3 & 6 & -3 \end{pmatrix}\xrightarrow{\text{初等行变换}}\begin{pmatrix} 1 & 0 & 1 \\ 0 & 1 & -1 \\ 0 & 0 & 0 \end{pmatrix},$$

得基础解系 $\boldsymbol{p}_1=\begin{pmatrix} -1 \\ 1 \\ 1 \end{pmatrix}$，它是 $\lambda_1=-2$ 对应的特征向量.

当 $\lambda_2=\lambda_3=1$ 时，解方程组 $(\boldsymbol{E}-\boldsymbol{A})\boldsymbol{x}=\boldsymbol{0}$，由

$$\boldsymbol{E}-\boldsymbol{A}=\begin{pmatrix} -3 & -6 & 0 \\ 3 & 6 & 0 \\ 3 & 6 & 0 \end{pmatrix}\xrightarrow{\text{初等行变换}}\begin{pmatrix} 1 & 2 & 0 \\ 0 & 0 & 0 \\ 0 & 0 & 0 \end{pmatrix},$$

得基础解系 $\boldsymbol{p}_2=\begin{pmatrix}-2\\1\\0\end{pmatrix}$，$\boldsymbol{p}_3=\begin{pmatrix}0\\0\\1\end{pmatrix}$，它们是 $\lambda_2=\lambda_3=1$ 对应的线性无关的特征向量.

根据上节推论 1，$\boldsymbol{p}_1,\boldsymbol{p}_2,\boldsymbol{p}_3$ 线性无关，取 $\boldsymbol{P}=(\boldsymbol{p}_1,\boldsymbol{p}_2,\boldsymbol{p}_3)=\begin{pmatrix}-1&-2&0\\1&1&0\\1&0&1\end{pmatrix}$，则有

$$\boldsymbol{P}^{-1}\boldsymbol{A}\boldsymbol{P}=\boldsymbol{\Lambda}=\begin{pmatrix}-2&&\\&1&\\&&1\end{pmatrix}.$$

例 5.3.2 设方阵

$$\boldsymbol{A}=\begin{pmatrix}1&-2&-4\\-2&x&-2\\-4&-2&1\end{pmatrix}\text{与}\boldsymbol{\Lambda}=\begin{pmatrix}5&&\\&y&\\&&-4\end{pmatrix}$$

相似，求 x,y.

解法一 因为 $\boldsymbol{A}$ 与 $\boldsymbol{\Lambda}$ 相似，所以 $\boldsymbol{A}$ 与 $\boldsymbol{\Lambda}$ 有相同的特征值. 因此 $\lambda=-4$ 是 $\boldsymbol{A}$ 的一个特征值，故

$$|-4\boldsymbol{E}-\boldsymbol{A}|=0,$$

即

$$\begin{vmatrix}-5&2&4\\2&-4-x&2\\4&2&-5\end{vmatrix}=-9(x-4)=0,$$

得 $x=4$. 于是矩阵

$$\boldsymbol{A}=\begin{pmatrix}1&-2&-4\\-2&4&-2\\-4&-2&1\end{pmatrix},$$

它的特征多项式

$$|\lambda\boldsymbol{E}-\boldsymbol{A}|=\begin{vmatrix}\lambda-1&2&4\\2&\lambda-4&2\\4&2&\lambda-1\end{vmatrix}=(\lambda-5)^2(\lambda+4),$$

所以 $\boldsymbol{A}$ 的特征值 $\lambda_1=\lambda_2=5$，$\lambda_3=-4$. 与 $\boldsymbol{\Lambda}$ 比较，得 $y=5$.

解法二 由方阵 $\boldsymbol{A}$ 与它的特征值之间的关系，得

$$\begin{cases}5+y-4=1+x+1,\\-20y=|\boldsymbol{A}|=-15x-40.\end{cases}$$

解得 $x=4$，$y=5$.

5.3.3　实对称矩阵的对角化

由于 n 阶方阵的线性无关的特征向量最多有 n 个，但不一定都能有 n 个，因此并非任何方阵都能与对角阵相似. 那么什么样的矩阵一定能对角化呢？下面讨论的实对称阵就一定能对角化. 先来研究实对称矩阵的特征值和特征向量的性质.

定理 5.3.5　实对称矩阵的特征值都是实数.

证明　设 λ 是实对称矩阵 $\boldsymbol{A}$ 的特征值，x 为 $\boldsymbol{A}$ 的对应于 λ 的特征向量. 则 $\boldsymbol{Ax}=\lambda\boldsymbol{x}$，两边取共轭，得

$$\overline{\boldsymbol{A}}\overline{\boldsymbol{x}}=\overline{\lambda}\overline{\boldsymbol{x}},$$

注意到 $\boldsymbol{A}$ 为实矩阵，所以

$$\boldsymbol{A}\overline{\boldsymbol{x}}=\overline{\lambda}\overline{\boldsymbol{x}},$$

又 $\boldsymbol{A}$ 为对称阵，即 $\boldsymbol{A}^{\mathrm{T}}=\boldsymbol{A}$，所以

$$\overline{\boldsymbol{x}}^{\mathrm{T}}\boldsymbol{Ax}=\overline{\boldsymbol{x}}^{\mathrm{T}}(\boldsymbol{Ax})=\overline{\boldsymbol{x}}^{\mathrm{T}}(\lambda\boldsymbol{x})=\lambda\overline{\boldsymbol{x}}^{\mathrm{T}}\boldsymbol{x},$$

及

$$\overline{\boldsymbol{x}}^{\mathrm{T}}\boldsymbol{Ax}=(\overline{\boldsymbol{x}}^{\mathrm{T}}\boldsymbol{A})\boldsymbol{x}=(\overline{\boldsymbol{x}}^{\mathrm{T}}\boldsymbol{A}^{\mathrm{T}})\boldsymbol{x}=(\boldsymbol{A}\overline{\boldsymbol{x}})^{\mathrm{T}}\boldsymbol{x}=(\overline{\lambda}\overline{\boldsymbol{x}})^{\mathrm{T}}\boldsymbol{x}=\overline{\lambda}\overline{\boldsymbol{x}}^{\mathrm{T}}\boldsymbol{x}.$$

两式相减，得

$$(\lambda-\overline{\lambda})\overline{\boldsymbol{x}}^{\mathrm{T}}\boldsymbol{x}=0,$$

由于 $\boldsymbol{x}\neq\boldsymbol{0}$，从而

$$\overline{\boldsymbol{x}}^{\mathrm{T}}\boldsymbol{x}=\sum_{i=1}^{n}\overline{x}_i x_i=\sum_{i=1}^{n}|x_i|^2\neq 0,$$

因此 $(\lambda-\overline{\lambda})=0$，即 $\lambda=\overline{\lambda}$. 这说明 λ 是实数.

定理 5.3.6　实对称矩阵 $\boldsymbol{A}$ 的对应于不同特征值的特征向量正交.

证明　设 λ_1,λ_2 是 $\boldsymbol{A}$ 的两个不同的特征值，$\boldsymbol{p}_1,\boldsymbol{p}_2$ 分别是对应于 λ_1,λ_2 的特征向量，则

$$\boldsymbol{Ap}_1=\lambda_1\boldsymbol{p}_1,\quad \boldsymbol{Ap}_2=\lambda_2\boldsymbol{p}_2.$$

因为 $\boldsymbol{A}$ 对称，故 $\lambda_1\boldsymbol{p}_1^{\mathrm{T}}=(\lambda_1\boldsymbol{p}_1)^{\mathrm{T}}=(\boldsymbol{Ap}_1)^{\mathrm{T}}=\boldsymbol{p}_1^{\mathrm{T}}\boldsymbol{A}^{\mathrm{T}}=\boldsymbol{p}_1^{\mathrm{T}}\boldsymbol{A}$，于是

$$\lambda_1\boldsymbol{p}_1^{\mathrm{T}}\boldsymbol{p}_2=\boldsymbol{p}_1^{\mathrm{T}}\boldsymbol{Ap}_2=\boldsymbol{p}_1^{\mathrm{T}}(\boldsymbol{Ap}_2)=\boldsymbol{p}_1^{\mathrm{T}}(\lambda_2\boldsymbol{p}_2)=\lambda_2\boldsymbol{p}_1^{\mathrm{T}}\boldsymbol{p}_2,$$

即 $(\lambda_1-\lambda_2)\boldsymbol{p}_1^{\mathrm{T}}\boldsymbol{p}_2=0$，但 $\lambda_1\neq\lambda_2$，所以 $\boldsymbol{p}_1^{\mathrm{T}}\boldsymbol{p}_2=0$，即 $\boldsymbol{p}_1$ 与 $\boldsymbol{p}_2$ 正交.

上一节提到过，对于任何一个矩阵的每个特征值而言，它的几何重数总不大于它的代数重数. 对于实对称矩阵来说可以证明：它的每个特征值的几何重数就等于其代数重数. 从而有如下定理.

定理 5.3.7　设 $\boldsymbol{A}$ 为 n 阶实对称矩阵，λ 是 $\boldsymbol{A}$ 的 r 重特征值(即 r 重特征根)，则对应 λ 一定有 r 个线性无关的特征向量.

由定理 5.3.4 及定理 5.3.7 可得如下推论.

推论 1　n 阶实对称矩阵必有 n 个线性无关的特征向量.

推论 2 实对称矩阵一定与对角阵相似.

上述推论告诉我们,实对称矩阵经过相似变换后可化为对角阵.事实上我们进一步可以证明实对称矩阵经过正交相似变换后可化为对角阵.

定理 5.3.8 设 $\boldsymbol{A}$ 为 n 阶实对称矩阵,则必存在正交矩阵 $\boldsymbol{P}$,使 $\boldsymbol{P}^{-1}\boldsymbol{AP}=\boldsymbol{P}^{\mathrm{T}}\boldsymbol{AP}=\boldsymbol{\Lambda}$,其中 $\boldsymbol{\Lambda}$ 是以 $\boldsymbol{A}$ 的 n 个特征值为对角线元素的对角阵.

证明 设 $\lambda_1,\lambda_2,\cdots,\lambda_s$ 是 $\boldsymbol{A}$ 的互不相等的特征值,它们的重数依次为 $r_1,r_2,\cdots,r_s$,则 $r_1+r_2+\cdots+r_s=n$.

由定理 5.3.7,对应每个特征值 $\lambda_i(i=1,2,\cdots,s)$,有 r_i 个线性无关的特征向量,利用施密特正交化方法把它们正交单位化,容易知道,正交单位化后的向量仍为属于 λ_i 的特征向量,于是得到属于 λ_i 的 r_i 个两两正交的单位特征向量.再由定理 5.3.6,对于 $i=1,2,\cdots,s$,将它们合在一起得到 $\boldsymbol{A}$ 的 n 个两两正交的单位特征向量.

以这 n 个两两正交的单位特征向量为列向量构成正交矩阵 $\boldsymbol{P}$,则有

$$\boldsymbol{P}^{-1}\boldsymbol{AP}=\boldsymbol{\Lambda},$$

其中 $\boldsymbol{\Lambda}$ 是以 $\boldsymbol{A}$ 的 n 个特征值为对角线元素的对角阵.

因为 $\boldsymbol{P}$ 是正交阵,所以 $\boldsymbol{P}^{-1}=\boldsymbol{P}^{\mathrm{T}}$,于是 $\boldsymbol{P}^{\mathrm{T}}\boldsymbol{AP}=\boldsymbol{\Lambda}$.

注 上面的证明过程也给出了用正交相似变换把实对称矩阵 $\boldsymbol{A}$ 化为对角阵的具体方法.

例 5.3.3 设实对称矩阵

$$\boldsymbol{A}=\begin{pmatrix}1&0&1\\0&1&1\\1&1&2\end{pmatrix},$$

求正交矩阵 $\boldsymbol{P}$,使 $\boldsymbol{P}^{-1}\boldsymbol{AP}=\boldsymbol{\Lambda}$ 为对角阵.

解 $\boldsymbol{A}$ 的特征方程为

$$|\lambda\boldsymbol{E}-\boldsymbol{A}|=\begin{vmatrix}\lambda-1&0&-1\\0&\lambda-1&-1\\-1&-1&\lambda-2\end{vmatrix}=\lambda(\lambda-1)(\lambda-3)=0,$$

所以 $\boldsymbol{A}$ 的特征值为 $\lambda_1=0,\lambda_2=1,\lambda_3=3$.

当 $\lambda_1=0$ 时,解方程组 $-\boldsymbol{Ax}=\boldsymbol{0}$,得基础解系 $\boldsymbol{\xi}_1=\begin{pmatrix}1\\1\\-1\end{pmatrix}$,单位化得 $\boldsymbol{p}_1=\dfrac{1}{\sqrt{3}}\begin{pmatrix}1\\1\\-1\end{pmatrix}$.

当 $\lambda_2=1$ 时,解方程组 $(\boldsymbol{E}-\boldsymbol{A})\boldsymbol{x}=\boldsymbol{0}$,得基础解系 $\boldsymbol{\xi}_2=\begin{pmatrix}1\\-1\\0\end{pmatrix}$,单位化得 $\boldsymbol{p}_2=$

$\frac{1}{\sqrt{2}}\begin{pmatrix}1\\-1\\0\end{pmatrix}$.

当 $\lambda_3=3$ 时，解方程组 $(3\boldsymbol{E}-\boldsymbol{A})\boldsymbol{x}=\boldsymbol{0}$，得基础解系 $\boldsymbol{\xi}_3=\begin{pmatrix}1\\1\\2\end{pmatrix}$，单位化得 $\boldsymbol{p}_3=\frac{1}{\sqrt{6}}\begin{pmatrix}1\\1\\2\end{pmatrix}$.

取

$$\boldsymbol{P}=(\boldsymbol{p}_1,\boldsymbol{p}_2,\boldsymbol{p}_3)=\begin{pmatrix}\frac{1}{\sqrt{3}} & \frac{1}{\sqrt{2}} & \frac{1}{\sqrt{6}}\\ \frac{1}{\sqrt{3}} & -\frac{1}{\sqrt{2}} & \frac{1}{\sqrt{6}}\\ -\frac{1}{\sqrt{3}} & 0 & \frac{2}{\sqrt{6}}\end{pmatrix},$$

则 $\boldsymbol{P}$ 为正交矩阵，使得

$$\boldsymbol{P}^{-1}\boldsymbol{A}\boldsymbol{P}=\begin{pmatrix}0 & & \\ & 1 & \\ & & 3\end{pmatrix}.$$

例 5.3.4　设实对称矩阵

$$\boldsymbol{A}=\begin{pmatrix}2 & 1 & 1\\1 & 2 & 1\\1 & 1 & 2\end{pmatrix},$$

求正交矩阵 $\boldsymbol{P}$，使 $\boldsymbol{P}^{-1}\boldsymbol{A}\boldsymbol{P}=\boldsymbol{\Lambda}$ 为对角阵.

解　$\boldsymbol{A}$ 的特征方程为

$$|\lambda\boldsymbol{E}-\boldsymbol{A}|=\begin{vmatrix}\lambda-2 & -1 & -1\\-1 & \lambda-2 & -1\\-1 & -1 & \lambda-2\end{vmatrix}=(\lambda-1)^2(\lambda-4)=0,$$

所以 $\boldsymbol{A}$ 的特征值为 $\lambda_1=\lambda_2=1,\lambda_3=4$.

当 $\lambda_1=\lambda_2=1$ 时，解方程组 $(\boldsymbol{E}-\boldsymbol{A})\boldsymbol{x}=\boldsymbol{0}$，得基础解系

$$\boldsymbol{\xi}_1=\begin{pmatrix}-1\\1\\0\end{pmatrix},\quad \boldsymbol{\xi}_2=\begin{pmatrix}-1\\0\\1\end{pmatrix}.$$

当 $\lambda_3=4$ 时，解方程组 $(4\boldsymbol{E}-\boldsymbol{A})\boldsymbol{x}=\boldsymbol{0}$，得基础解系 $\boldsymbol{\xi}_3=\begin{pmatrix}1\\1\\1\end{pmatrix}$.

将 $\boldsymbol{\xi}_1,\boldsymbol{\xi}_2$ 正交、单位化，并将 $\boldsymbol{\xi}_3$ 单位化.

令 $\boldsymbol{\beta}_1=\boldsymbol{\xi}_1=\begin{pmatrix}-1\\1\\0\end{pmatrix}$，$\boldsymbol{\beta}_2=\boldsymbol{\xi}_2-\dfrac{[\boldsymbol{\xi}_2,\boldsymbol{\beta}_1]}{[\boldsymbol{\beta}_1,\boldsymbol{\beta}_1]}\boldsymbol{\beta}_1=\dfrac{1}{2}\begin{pmatrix}-1\\-1\\2\end{pmatrix}$，于是得两两正交的单位特征向量

$$\boldsymbol{p}_1=\begin{pmatrix}-\frac{1}{\sqrt{2}}\\ \frac{1}{\sqrt{2}}\\ 0\end{pmatrix},\quad \boldsymbol{p}_2=\begin{pmatrix}-\frac{1}{\sqrt{6}}\\ -\frac{1}{\sqrt{6}}\\ \frac{2}{\sqrt{6}}\end{pmatrix},\quad \boldsymbol{p}_3=\begin{pmatrix}\frac{1}{\sqrt{3}}\\ \frac{1}{\sqrt{3}}\\ \frac{1}{\sqrt{3}}\end{pmatrix}.$$

取

$$\boldsymbol{P}=(\boldsymbol{p}_1,\boldsymbol{p}_2,\boldsymbol{p}_3)=\begin{pmatrix}-\frac{1}{\sqrt{2}} & -\frac{1}{\sqrt{6}} & \frac{1}{\sqrt{3}}\\ \frac{1}{\sqrt{2}} & -\frac{1}{\sqrt{6}} & \frac{1}{\sqrt{3}}\\ 0 & \frac{2}{\sqrt{6}} & \frac{1}{\sqrt{3}}\end{pmatrix},$$

则 $\boldsymbol{P}$ 为正交矩阵，使得

$$\boldsymbol{P}^{-1}\boldsymbol{A}\boldsymbol{P}=\begin{pmatrix}1 & & \\ & 1 & \\ & & 4\end{pmatrix}.$$

习 题 5.3

1. 下列方阵能否与对角阵相似？如果能，将其化为对角阵：

(1) $\begin{pmatrix}0 & 1\\ 2 & 0\end{pmatrix}$； (2) $\begin{pmatrix}2 & 3 & 2\\ 1 & 4 & 2\\ 1 & -3 & 1\end{pmatrix}$.

2. 设 $\boldsymbol{A}=\begin{pmatrix}-1 & 1 & 0\\ -4 & 3 & 0\\ 1 & 0 & 2\end{pmatrix}$，证明 $\boldsymbol{A}$ 不能对角化.

3. 设 3 阶方阵 $\boldsymbol{A}$ 的特征值为 1，0，−1，它们对应的特征向量依次为

$$\boldsymbol{p}_1=\begin{pmatrix}1\\2\\2\end{pmatrix},\quad \boldsymbol{p}_2=\begin{pmatrix}2\\-2\\1\end{pmatrix},\quad \boldsymbol{p}_3=\begin{pmatrix}-2\\-1\\2\end{pmatrix}.$$

求方阵 $\boldsymbol{A}$.

4. 若方阵 $\boldsymbol{A}$ 与 $\boldsymbol{B}$ 相似，证明 $|\boldsymbol{A}|=|\boldsymbol{B}|$.

5. 若方阵 $\boldsymbol{A}$ 与 $\boldsymbol{B}$ 相似，证明 $\boldsymbol{A}^n$ 与 $\boldsymbol{B}^n$ 也相似，其中 n 为正整数.

6. 试求一个正交矩阵 $\boldsymbol{P}$，使得 $\boldsymbol{P}^{-1}\boldsymbol{A}\boldsymbol{P}=\boldsymbol{\Lambda}$ 为对角阵：

(1) $\begin{pmatrix}4&0&0\\0&3&1\\0&1&3\end{pmatrix}$； (2) $\begin{pmatrix}2&2&-2\\2&5&-4\\-2&-4&5\end{pmatrix}$.

7. 设 $\boldsymbol{A}$,$\boldsymbol{B}$ 都是实对称矩阵，证明存在正交矩阵 $\boldsymbol{P}$，使 $\boldsymbol{P}^{-1}\boldsymbol{A}\boldsymbol{P}=\boldsymbol{B}$ 的充分必要条件是 $\boldsymbol{A}$ 与 $\boldsymbol{B}$ 的特征多项式相同.

8. 设 3 阶实对称矩阵 $\boldsymbol{A}$ 的特征值为 6,3,3，与特征值 6 对应的特征向量为 $\boldsymbol{p}_1=(1,1,1)^{\mathrm{T}}$，求 $\boldsymbol{A}$.

5.4 二 次 型

二次型来源于解析几何中对于二次曲线和二次曲面的研究.在解析几何中，为了便于研究二次曲线 $ax^2+bxy+cy^2=1$ 的几何性质，可以选择适当的坐标变换，将方程化为只含平方项的形式，即 $mx'^2+ny'^2=1$.注意到二次曲线方程的左边是二次齐次多项式，利用对称矩阵的性质，可以讨论含有 n 个变量的二次齐次多项式(二次型)经过适当的变换后化为只含变量的平方项的形式，这就是下面讨论的二次型化为标准形问题.

5.4.1 二次型的概念

定义 5.4.1 含有 n 个变量 $x_1,x_2,\cdots,x_n$ 的二次齐次多项式

$$f(x_1,x_2,\cdots,x_n)=a_{11}x_1^2+a_{22}x_2^2+\cdots+a_{nn}x_n^2+2a_{12}x_1x_2+2a_{13}x_1x_3+\cdots+2a_{n-1,n}x_{n-1}x_n \tag{5.4.1}$$

称为变量 $x_1,x_2,\cdots,x_n$ 的 n 元二次型，简记为 f.当 a_{ij} 为复数时，f 称为复二次型；当 a_{ij} 为实数时，f 称为实二次型.

在(5.4.1)式中，当 $i<j$ 时，取 $a_{ji}=a_{ij}$，则 $2a_{ij}x_ix_j=a_{ij}x_ix_j+a_{ji}x_jx_i$，于是(5.4.1)式为

$$f(x_1,x_2,\cdots,x_n)=\sum_{i,j=1}^{n}a_{ij}x_ix_j,$$

写成矩阵形式

$$f(x_1,x_2,\cdots,x_n)=(x_1,x_2,\cdots,x_n)\begin{pmatrix}a_{11}&a_{12}&\cdots&a_{1n}\\a_{21}&a_{22}&\cdots&a_{2n}\\\vdots&\vdots&&\vdots\\a_{n1}&a_{n2}&\cdots&a_{nn}\end{pmatrix}\begin{pmatrix}x_1\\x_2\\\vdots\\x_n\end{pmatrix},$$

记

$$\boldsymbol{A}=\begin{pmatrix} a_{11} & a_{12} & \cdots & a_{1n} \\ a_{21} & a_{22} & \cdots & a_{2n} \\ \vdots & \vdots & & \vdots \\ a_{n1} & a_{n2} & \cdots & a_{nn} \end{pmatrix},\quad \boldsymbol{x}=\begin{pmatrix} x_1 \\ x_2 \\ \vdots \\ x_n \end{pmatrix},$$

则

$$f(x_1,x_2,\cdots,x_n)=f(\boldsymbol{x})=\boldsymbol{x}^{\mathrm{T}}\boldsymbol{A}\boldsymbol{x}. \tag{5.4.2}$$

注意 $\boldsymbol{A}$ 中元素在二次型中的意义,a_{ii} 是 x_i^2 的系数,$a_{ij}(i\neq j)$ 是 x_ix_j 的系数的一半. 因为 $a_{ij}=a_{ji}$,所以 $\boldsymbol{A}$ 为对称矩阵.

任给一个二次型 f,可以唯一地确定一个对称矩阵 $\boldsymbol{A}$;反之任给一个对称矩阵 $\boldsymbol{A}$,由(5.4.2)式可以唯一确定一个二次型. 这样,在此意义下二次型与对称矩阵之间存在着一一对应关系,对称矩阵 $\boldsymbol{A}$ 称为二次型 f 的矩阵,而 f 称为对称矩阵 $\boldsymbol{A}$ 的二次型. 对称矩阵 $\boldsymbol{A}$ 的秩称为二次型 f 的秩,记作 $R(f)$.

例 5.4.1 用矩阵形式表示下列二次型

(1) $f(x_1,x_2,x_3)=x_1^2-2x_2^2+5x_3^2+2x_1x_2-3x_2x_3$;

(2) $f(x,y,z)=3y^2+z^2+2xy+yz-4xz$.

解 (1) 矩阵形式为 $f(x_1,x_2,x_3)=(x_1,x_2,x_3)\begin{pmatrix} 1 & 1 & 0 \\ 1 & -2 & -\dfrac{3}{2} \\ 0 & -\dfrac{3}{2} & 5 \end{pmatrix}\begin{pmatrix} x_1 \\ x_2 \\ x_3 \end{pmatrix}$;

(2) 矩阵形式为 $f(x,y,z)=(x,y,z)\begin{pmatrix} 0 & 1 & -2 \\ 1 & 3 & \dfrac{1}{2} \\ -2 & \dfrac{1}{2} & 1 \end{pmatrix}\begin{pmatrix} x \\ y \\ z \end{pmatrix}$.

5.4.2 二次型的标准形

前面提到过,本节我们将研究如何把二次齐次多项式经过适当的变换化为只含变量的平方项的形式,即二次型化为标准形问题,为此先给出二次型标准形的概念.

若二次型 f 只含变量 $x_1,x_2,\cdots,x_n$ 的平方项,即

$$f(x_1,x_2,\cdots,x_n)=k_1x_1^2+k_2x_2^2+\cdots+k_nx_n^2,$$

称这种形式为标准形.

将二次型化为标准形有若干方法,下面先通过例子介绍一种简单方法,称为配方法.

例 5.4.2 给定二次型 $f=x_1^2+x_2^2+3x_3^2-2x_1x_2+2x_1x_3+2x_2x_3$,将其化为标

准形.

解　因为 f 中含有变量 x_1 的平方项,把含 x_1 的所有项归并在一起,配方得

$$\begin{aligned} f &= (x_1^2-2x_1x_2+2x_1x_3)+x_2^2+3x_3^2+2x_2x_3 \\ &= (x_1-x_2+x_3)^2+2x_3^2+4x_2x_3. \end{aligned}$$

除第一项外,其余项中含变量 x_3,继续配方得

$$f=(x_1-x_2+x_3)^2+2(x_2+x_3)^2-2x_2^2.$$

引入新变量 y_1,y_2,y_3,作变量替换

$$\begin{cases} y_1=x_1-x_2+x_3, \\ y_2=\qquad x_2+x_3, \\ y_3=\qquad x_2, \end{cases} \quad 即 \quad \begin{cases} x_1=y_1-y_2+2y_3, \\ x_2=\qquad\qquad y_3, \\ x_3=\qquad y_2-y_3, \end{cases} \tag{5.4.3}$$

可将 f 化为标准形

$$f=y_1^2+2y_2^2-2y_3^2.$$

将上述变量替换(5.4.3)推广,可引入如下线性变换的概念.

定义 5.4.2　设变量 $x_1,x_2,\cdots,x_n$ 能用变量 $y_1,y_2,\cdots,y_n$ 线性地表示为

$$\begin{cases} x_1=c_{11}y_1+c_{12}y_2+\cdots+c_{1n}y_n, \\ x_2=c_{21}y_1+c_{22}y_2+\cdots+c_{2n}y_n, \\ \qquad\cdots\cdots \\ x_n=c_{n1}y_1+c_{n2}y_2+\cdots+c_{nn}y_n, \end{cases} \tag{5.4.4}$$

其中 $c_{ij}(i,j=1,2,\cdots,n)$ 为常数,则称(5.4.4)为从 $y_1,y_2,\cdots,y_n$ 到 $x_1,x_2,\cdots,x_n$ 的线性变换.

(5.4.4)也可写成矩阵形式

$$\boldsymbol{x}=\boldsymbol{C}\boldsymbol{y}, \tag{5.4.5}$$

其中

$$\boldsymbol{x}=\begin{pmatrix} x_1 \\ x_2 \\ \vdots \\ x_n \end{pmatrix},\quad \boldsymbol{y}=\begin{pmatrix} y_1 \\ y_2 \\ \vdots \\ y_n \end{pmatrix},\quad \boldsymbol{C}=\begin{pmatrix} c_{11} & c_{12} & \cdots & c_{1n} \\ c_{21} & c_{22} & \cdots & c_{2n} \\ \vdots & \vdots & & \vdots \\ c_{n1} & c_{n2} & \cdots & c_{nn} \end{pmatrix}.$$

给定一个从 $y_1,y_2,\cdots,y_n$ 到 $x_1,x_2,\cdots,x_n$ 的线性变换,就可以唯一地确定一个系数矩阵 $\boldsymbol{C}$;反之,任给一个矩阵 $\boldsymbol{C}$,由(5.4.5)式亦可以唯一地确定一个线性变换. 因此在这一意义下,线性变换和它的系数矩阵之间是一一对应的. 矩阵 $\boldsymbol{C}$ 称为线性变换(5.4.4)的系数矩阵,或简称为线性变换(5.4.4)的矩阵.

特别地,当 $\boldsymbol{C}$ 为单位矩阵时,(5.4.5)称为恒等变换,即 $\boldsymbol{x}=\boldsymbol{y}$;当 $\boldsymbol{C}$ 为可逆矩阵时,(5.4.5)称为可逆的线性变换;当 $\boldsymbol{C}$ 为正交矩阵时,(5.4.5)称为正交变换. 由正交矩阵的可逆性得,正交变换必是可逆变换,它是一种重要的线性变换.

前面例子中所作的变量替换(5.4.3)是可逆的线性变换,该线性变换的矩阵为

$$\boldsymbol{C}=\begin{pmatrix}1 & -1 & 2\\ 0 & 0 & 1\\ 0 & 1 & -1\end{pmatrix}\quad(\boldsymbol{x}=\boldsymbol{C}\boldsymbol{y}).$$

例 5.4.3 已知二次型

$$f(\boldsymbol{x})=x_1x_2+x_1x_3-5x_2x_3,$$

将 $f(\boldsymbol{x})$ 化为标准形,并求出所作的线性变换的矩阵.

解 由于二次型 $f(\boldsymbol{x})$ 中不含平方项,可以先作可逆线性变换

$$\begin{cases}x_1=y_1+y_2,\\ x_2=y_1-y_2,\\ x_3=y_3,\end{cases}\quad 即\quad \boldsymbol{x}=\boldsymbol{C}_1\boldsymbol{y},\tag{5.4.6}$$

其中 $\boldsymbol{C}_1=\begin{pmatrix}1 & 1 & 0\\ 1 & -1 & 0\\ 0 & 0 & 1\end{pmatrix}$,将其代入 $f(\boldsymbol{x})$,得

$$f(\boldsymbol{C}_1\boldsymbol{y})=y_1^2-y_2^2-4y_1y_3+6y_2y_3.$$

再配方,得

$$f(\boldsymbol{C}_1\boldsymbol{y})=(y_1-2y_3)^2-(y_2-3y_3)^2+5y_3^2,$$

令

$$\begin{cases}z_1=y_1-2y_3,\\ z_2=y_2-3y_3,\\ z_3=y_3,\end{cases}\quad 或\quad \begin{cases}y_1=z_1+2z_3,\\ y_2=z_2+3z_3,\\ y_3=z_3,\end{cases}\tag{5.4.7}$$

即 $\boldsymbol{y}=\boldsymbol{C}_2\boldsymbol{z}$,其中 $\boldsymbol{C}_2=\begin{pmatrix}1 & 0 & 2\\ 0 & 1 & 3\\ 0 & 0 & 1\end{pmatrix}$,可将 $f(\boldsymbol{C}_1\boldsymbol{y})$ 化为标准形

$$f(\boldsymbol{C}_1\boldsymbol{C}_2\boldsymbol{z})=z_1^2-z_2^2+5z_3^2.\tag{5.4.8}$$

于是,将二次型 $f(\boldsymbol{x})$ 化为标准形(5.4.8)所作的线性变换的矩阵为

$$\boldsymbol{C}=\boldsymbol{C}_1\boldsymbol{C}_2=\begin{pmatrix}1 & 1 & 0\\ 1 & -1 & 0\\ 0 & 0 & 1\end{pmatrix}\begin{pmatrix}1 & 0 & 2\\ 0 & 1 & 3\\ 0 & 0 & 1\end{pmatrix}=\begin{pmatrix}1 & 1 & 5\\ 1 & -1 & -1\\ 0 & 0 & 1\end{pmatrix}.$$

一般地,任何二次型都可用上面两例的方法找到可逆线性变换,把二次型化为标准形.下面我们将进一步研究将二次型化为标准形的其他方法.

给定二次型

$$f(\boldsymbol{x})=\boldsymbol{x}^{\mathrm{T}}\boldsymbol{A}\boldsymbol{x},\tag{5.4.9}$$

经可逆线性变换

$$\boldsymbol{x} = \boldsymbol{C}\boldsymbol{y}, \tag{5.4.10}$$

可使二次型 $f(\boldsymbol{x})$ 变为新的二次型

$$f(\boldsymbol{C}\boldsymbol{y}) = (\boldsymbol{C}\boldsymbol{y})^{\mathrm{T}}\boldsymbol{A}(\boldsymbol{C}\boldsymbol{y}) = \boldsymbol{y}^{\mathrm{T}}(\boldsymbol{C}^{\mathrm{T}}\boldsymbol{A}\boldsymbol{C})\boldsymbol{y} = \boldsymbol{y}^{\mathrm{T}}\boldsymbol{B}\boldsymbol{y}, \tag{5.4.11}$$

这里 $\boldsymbol{B}=\boldsymbol{C}^{\mathrm{T}}\boldsymbol{A}\boldsymbol{C}$. 因为 $\boldsymbol{A}^{\mathrm{T}}=\boldsymbol{A}$,所以

$$\boldsymbol{B}^{\mathrm{T}} = (\boldsymbol{C}^{\mathrm{T}}\boldsymbol{A}\boldsymbol{C})^{\mathrm{T}} = \boldsymbol{C}^{\mathrm{T}}\boldsymbol{A}^{\mathrm{T}}(\boldsymbol{C}^{\mathrm{T}})^{\mathrm{T}} = \boldsymbol{C}^{\mathrm{T}}\boldsymbol{A}\boldsymbol{C} = \boldsymbol{B},$$

即 $\boldsymbol{B}$ 也是对称矩阵,它是新二次型 $f(\boldsymbol{C}\boldsymbol{y})$的矩阵. 由此可引进如下定义.

定义 5.4.3 设 $\boldsymbol{A}$、$\boldsymbol{B}$ 为 n 阶方阵,如果存在可逆矩阵 $\boldsymbol{C}$,使 $\boldsymbol{B}=\boldsymbol{C}^{\mathrm{T}}\boldsymbol{A}\boldsymbol{C}$,则称 $\boldsymbol{A}$ 与 $\boldsymbol{B}$ 合同.

合同是矩阵之间的一种关系,不难证明以下性质:

(1) 反身性 $\boldsymbol{A}$ 与 $\boldsymbol{A}$ 合同;

(2) 对称性 若 $\boldsymbol{A}$ 与 $\boldsymbol{B}$ 合同,则 $\boldsymbol{B}$ 与 $\boldsymbol{A}$ 合同;

(3) 传递性 若 $\boldsymbol{A}$ 与 $\boldsymbol{B}$ 合同,且 $\boldsymbol{B}$ 与 $\boldsymbol{C}$ 合同,则 $\boldsymbol{A}$ 与 $\boldsymbol{C}$ 合同.

根据前面的讨论及矩阵的合同定义,不难证明如下定理.

定理 5.4.1 设 $\boldsymbol{A}$,$\boldsymbol{B}$ 为 n 阶方阵,若 $\boldsymbol{A}$ 为对称矩阵,并且 $\boldsymbol{B}$ 与 $\boldsymbol{A}$ 合同,则 $\boldsymbol{B}$ 也为对称矩阵,且 $R(\boldsymbol{B})=R(\boldsymbol{A})$.

用二次型的语言来讲,则有

定理 5.4.2 设二次型 $f(\boldsymbol{x})=\boldsymbol{x}^{\mathrm{T}}\boldsymbol{A}\boldsymbol{x}$,如果存在可逆线性变换 $\boldsymbol{x}=\boldsymbol{C}\boldsymbol{y}$ 将其变为新二次型 $f(\boldsymbol{C}\boldsymbol{y})=\boldsymbol{x}^{\mathrm{T}}\boldsymbol{B}\boldsymbol{x}$,则新二次型的矩阵 $\boldsymbol{B}=\boldsymbol{C}^{\mathrm{T}}\boldsymbol{A}\boldsymbol{C}$,且二次型的秩保持不变.

若二次型(5.4.9)经可逆线性变换(5.4.10)变为只含变量平方项的二次型

$$f(\boldsymbol{C}\boldsymbol{y}) = k_1 y_1^2 + k_2 y_2^2 + \cdots + k_n y_n^2. \tag{5.4.12}$$

因为标准形(5.4.12)的矩阵为

$$\boldsymbol{\Lambda} = \begin{pmatrix} k_1 & & & \\ & k_2 & & \\ & & \ddots & \\ & & & k_n \end{pmatrix},$$

所以由定理 5.4.2,二次型化为标准形的问题就转化为:给定对称矩阵 $\boldsymbol{A}$,寻找可逆矩阵 $\boldsymbol{C}$,使 $\boldsymbol{C}^{\mathrm{T}}\boldsymbol{A}\boldsymbol{C}$ 成为对角阵.

由上节定理 5.3.7 知,任给实对称矩阵 $\boldsymbol{A}$,总有正交矩阵 $\boldsymbol{P}$,使

$$\boldsymbol{P}^{\mathrm{T}}\boldsymbol{A}\boldsymbol{P} = \boldsymbol{P}^{-1}\boldsymbol{A}\boldsymbol{P} = \boldsymbol{\Lambda},$$

其中 $\boldsymbol{\Lambda}$ 是对角矩阵,主对角线上的 n 个元素为 $\boldsymbol{A}$ 的 n 个特征值,于是有

定理 5.4.3 给定实二次型 $f(\boldsymbol{x})=\boldsymbol{x}^{\mathrm{T}}\boldsymbol{A}\boldsymbol{x}$,总有正交变换 $\boldsymbol{x}=\boldsymbol{P}\boldsymbol{y}$, 使 f 化为标准形

$$f = \lambda_1 y_1^2 + \lambda_2 y_2^2 + \cdots + \lambda_n y_n^2,$$

其中 $\lambda_1,\lambda_2,\cdots,\lambda_n$ 是二次型 f 的矩阵 $\boldsymbol{A}=(a_{ij})_{n\times n}$ 的 n 个特征值.

按照上一节的内容,可得求正交变换将二次型化为标准形的步骤如下:

(1) 写出二次型 f 的矩阵 $\boldsymbol{A}$；

(2) 求正交矩阵 $\boldsymbol{P}$,使得 $\boldsymbol{P}^{\mathrm{T}}\boldsymbol{A}\boldsymbol{P}=\boldsymbol{\Lambda}$；

(3) 作正交变换 $\boldsymbol{x}=\boldsymbol{P}\boldsymbol{y}$,即可将二次型 f 化为标准形.

注 上述定理告诉我们,将实对称阵经过相似正交变换化为对角阵,与实二次型经过正交变换化为标准形,本质上讲是相同的.

例 5.4.4 求一个正交变换 $\boldsymbol{x}=\boldsymbol{P}\boldsymbol{y}$,把二次型

$$f(x_1,x_2,x_3)=x_1^2+x_2^2+2x_3^2+2x_1x_3+2x_2x_3$$

化为标准形.

解 二次型 $f(x_1,x_2,x_3)$的矩阵为

$$\boldsymbol{A}=\begin{pmatrix}1&0&1\\0&1&1\\1&1&2\end{pmatrix}$$

由上节例 5.3.4,存在正交矩阵

$$\boldsymbol{P}=\begin{pmatrix}\frac{1}{\sqrt{3}}&\frac{1}{\sqrt{2}}&\frac{1}{\sqrt{6}}\\\frac{1}{\sqrt{3}}&-\frac{1}{\sqrt{2}}&\frac{1}{\sqrt{6}}\\-\frac{1}{\sqrt{3}}&0&\frac{2}{\sqrt{6}}\end{pmatrix},$$

使得

$$\boldsymbol{P}^{-1}\boldsymbol{A}\boldsymbol{P}=\begin{pmatrix}0&&\\&1&\\&&3\end{pmatrix};$$

于是作正交变换 $\boldsymbol{x}=\boldsymbol{P}\boldsymbol{y}$($\boldsymbol{P}$ 如上正交矩阵),则二次型 $f(x_1,x_2,x_3)$化为标准形

$$f(x_1,x_2,x_3)=y_2^2+3y_3^2.$$

例 5.4.5 证明二次型 $f=\boldsymbol{x}^{\mathrm{T}}\boldsymbol{A}\boldsymbol{x}$ 在 $\|\boldsymbol{x}\|=1$ 时的最大值是方阵 $\boldsymbol{A}$ 的最大特征值.

证明 设在正交变换 $\boldsymbol{x}=\boldsymbol{P}\boldsymbol{y}$ 下,$f=\boldsymbol{x}^{\mathrm{T}}\boldsymbol{A}\boldsymbol{x}$ 化为标准形

$$f=\lambda_1y_1^2+\lambda_2y_2^2+\cdots+\lambda_ny_n^2.$$

由于 $\lambda_1,\lambda_2,\cdots,\lambda_n$ 都是实数,记 $\lambda=\max\{\lambda_1,\lambda_2,\cdots,\lambda_n\}$,即 λ 为 $\boldsymbol{A}$ 的最大特征值.

因为正交变换 $\boldsymbol{x}=\boldsymbol{P}\boldsymbol{y}$ 的逆变换 $\boldsymbol{y}=\boldsymbol{P}^{-1}\boldsymbol{x}$ 也是正交变换,又由正交矩阵的性质知,$\|\boldsymbol{x}\|=1$ 当且仅当 $\|\boldsymbol{y}\|=1$. 于是

$$\begin{aligned}f=\boldsymbol{x}^{\mathrm{T}}\boldsymbol{A}\boldsymbol{x}&=\lambda_1y_1^2+\lambda_2y_2^2+\cdots+\lambda_ny_n^2\\&\leqslant\lambda(y_1^2+y_2^2+\cdots+y_n^2)=\lambda\|\boldsymbol{y}\|^2=\lambda.\end{aligned}$$

当以最大特征值 λ 为系数的变量 $y_i=1$,而其余变量 $y_i(i\neq1)$为 0 时,$\|\boldsymbol{y}\|=$

1,从而 $\|x\|=1$. 这时

$$f = x^{\mathrm{T}}Ax = \lambda.$$

故当 $\|x\|=1$ 时,$f=x^{\mathrm{T}}Ax$ 的最大值为 λ.

下面研究一种特殊而重要的二次型.

5.4.3 正定二次型

首先,我们指出二次型的标准形具有下面重要的性质.

定理 5.4.4(惯性定理) 设实二次型 $f=x^{\mathrm{T}}Ax$ 的秩为 r,若有两个可逆线性变换 $x=Cy$ 及 $x=Pz$,使

$$f = k_1y_1^2 + k_2y_2^2 + \cdots + k_ry_r^2 \quad (k_i \neq 0),$$

及

$$f = \lambda_1z_1^2 + \lambda_2z_2^2 + \cdots + \lambda_rz_r^2 \quad (\lambda_i \neq 0),$$

则 $k_1,k_2,\cdots,k_r$ 中正数的个数与 $\lambda_1,\lambda_2,\cdots,\lambda_r$ 中正数的个数相等.

由此可知,二次型的标准形中正系数的个数是不变的,从而负系数的个数也是不变的. 标准形中正系数的个数称为二次型的正惯性指数,负系数的个数称为二次型的负惯性指数.

定义 5.4.4 设有实二次型 $f=x^{\mathrm{T}}Ax$,若对任何 $x\neq 0$,有 $f(x)>0$,则称 f 为正定二次型,而正定二次型的对称矩阵 A 称为正定矩阵,记作 $A>0$.

显然,二次型 $f(x_1,x_2,\cdots,x_n)=x_1^2+x_2^2+\cdots+x_n^2$ 是正定的.

定理 5.4.5 n 元实二次型 $f=x^{\mathrm{T}}Ax$ 为正定的充分必要条件是它的标准形的 n 个系数全为正,即它的正惯性指数等于 n.

证明 设有可逆线性变换 $x=Cy$,使

$$f(x) = f(Cy) = \sum_{i=1}^{n} k_iy_i^2.$$

充分性. 设 $k_i>0(i=1,2,\cdots,n)$. 任给 $x\neq 0$,则有 $y=C^{-1}x\neq 0$,于是

$$f(x) = \sum_{i=1}^{n} k_iy_i^2 > 0,$$

这说明 f 是正定的.

必要性.(反证法)假设存在某个 $k_s\leqslant 0$,取 $y=\varepsilon_s$(n 维单位坐标向量),则 $f(C\varepsilon_s)=k_s\leqslant 0$,而 $x=C\varepsilon_s\neq 0$,这与 f 为正定二次型矛盾,故 $k_i>0,i=1,2,\cdots,n$.

推论 n 元实二次型 $f=x^{\mathrm{T}}Ax$ 为正定的充分必要条件是对称矩阵 A 的 n 个特征值全为正.

定义 5.4.5 设

$$\boldsymbol{A} = \begin{pmatrix} a_{11} & a_{12} & \cdots & a_{1n} \\ a_{21} & a_{22} & \cdots & a_{2n} \\ \vdots & \vdots & & \vdots \\ a_{n1} & a_{n2} & \cdots & a_{nn} \end{pmatrix},$$

$\boldsymbol{A}$ 的 k 阶子式

$$\Delta_k = \begin{vmatrix} a_{11} & a_{12} & \cdots & a_{1k} \\ a_{21} & a_{22} & \cdots & a_{2k} \\ \vdots & \vdots & & \vdots \\ a_{k1} & a_{k2} & \cdots & a_{kk} \end{vmatrix} \quad (k = 1, 2, \cdots, n)$$

称为矩阵 $\boldsymbol{A}$ 的 k 阶顺序主子式. 可以证明

定理 5.4.6 实二次型 $f = \boldsymbol{x}^{\mathrm{T}}\boldsymbol{A}\boldsymbol{x}$ 正定的充要条件是 $\boldsymbol{A}$ 的各阶顺序主子式为正.

例 5.4.6 判别二次型

$$f = 2x_1^2 + 5x_2^2 + 5x_3^2 + 4x_1x_2 - 4x_1x_3 - 8x_2x_3$$

的正定性.

解 二次型 f 的矩阵为

$$\boldsymbol{A} = \begin{pmatrix} 2 & 2 & -2 \\ 2 & 5 & -4 \\ -2 & -4 & 5 \end{pmatrix},$$

$\boldsymbol{A}$ 的各阶顺序主子式

$$\Delta_1 = |\,2\,| = 2 > 0,$$

$$\Delta_2 = \begin{vmatrix} 2 & 2 \\ 2 & 5 \end{vmatrix} = 6 > 0,$$

$$\Delta_3 = \begin{vmatrix} 2 & 2 & -2 \\ 2 & 5 & -4 \\ -2 & -4 & 5 \end{vmatrix} = 10 > 0,$$

所以 f 为正定二次型.

综上讨论，易得 n 元实二次型 $f = \boldsymbol{x}^{\mathrm{T}}\boldsymbol{A}\boldsymbol{x}$ 的下列说法等价：

① $f = \boldsymbol{x}^{\mathrm{T}}\boldsymbol{A}\boldsymbol{x}$ 正定；

② $f = \boldsymbol{x}^{\mathrm{T}}\boldsymbol{A}\boldsymbol{x}$ 的矩阵 $\boldsymbol{A}$ 正定；

③ $f = \boldsymbol{x}^{\mathrm{T}}\boldsymbol{A}\boldsymbol{x}$ 的矩阵 $\boldsymbol{A}$ 的特征值全为正；

④ $f = \boldsymbol{x}^{\mathrm{T}}\boldsymbol{A}\boldsymbol{x}$ 的标准形的系数全为正；

⑤ $f = \boldsymbol{x}^{\mathrm{T}}\boldsymbol{A}\boldsymbol{x}$ 的正惯性指数为 n；

⑥ $f = \boldsymbol{x}^{\mathrm{T}}\boldsymbol{A}\boldsymbol{x}$ 的矩阵 $\boldsymbol{A}$ 的各阶顺序主子式全为正；

⑦ $f = \boldsymbol{x}^{\mathrm{T}}\boldsymbol{A}\boldsymbol{x}$ 的矩阵 $\boldsymbol{A}$ 与单位阵合同.

例 5.4.7　设 $\boldsymbol{A},\boldsymbol{B}$ 均为正定矩阵,证明 $\boldsymbol{A}+\boldsymbol{B}$ 也是正定矩阵.

证明　$\boldsymbol{A}+\boldsymbol{B}$ 显然是对称矩阵.

因为 $\boldsymbol{A},\boldsymbol{B}$ 是正定的,所以对任意 $\boldsymbol{x}\neq\boldsymbol{0}$,有

$$\boldsymbol{x}^{\mathrm{T}}\boldsymbol{A}\boldsymbol{x}>0 \quad \text{及} \quad \boldsymbol{x}^{\mathrm{T}}\boldsymbol{B}\boldsymbol{x}>0,$$

从而

$$\boldsymbol{x}^{\mathrm{T}}(\boldsymbol{A}+\boldsymbol{B})\boldsymbol{x}=\boldsymbol{x}^{\mathrm{T}}\boldsymbol{A}\boldsymbol{x}+\boldsymbol{x}^{\mathrm{T}}\boldsymbol{B}\boldsymbol{x}>0.$$

故 $\boldsymbol{A}+\boldsymbol{B}$ 是正定矩阵.

与正定二次型相仿,还有下面的概念.

定义 5.4.6　设有实二次型 $f=\boldsymbol{x}^{\mathrm{T}}\boldsymbol{A}\boldsymbol{x}$,若对任何 $\boldsymbol{x}\neq\boldsymbol{0}$,

(1) 都有 $f(\boldsymbol{x})<0$,则称 f 为负定二次型,而二次型的对称矩阵 $\boldsymbol{A}$ 称为负定矩阵,记作 $\boldsymbol{A}<0$;

(2) 都有 $f(\boldsymbol{x})\geqslant 0$,则称 f 为半正定二次型,而二次型的对称矩阵 $\boldsymbol{A}$ 称为半正定矩阵,记作 $\boldsymbol{A}\geqslant 0$;

(3) 都有 $f(\boldsymbol{x})\leqslant 0$,则称 f 为半负定二次型,而二次型的对称矩阵 $\boldsymbol{A}$ 称为半负定矩阵,记作 $\boldsymbol{A}\leqslant 0$.

显然,当二次型 $f(\boldsymbol{x})=\boldsymbol{x}^{\mathrm{T}}\boldsymbol{A}\boldsymbol{x}$ 是负定时,$-f(\boldsymbol{x})$ 就是正定的,由此读者不难得到二次型负定的判别条件.

习　题　5.4

1. 将下列二次型表示成矩阵形式:

(1) $f(x_1,x_2,x_3)=x_1^2-2x_3^2+x_1x_2-3x_1x_3+8x_2x_3$;

(2) $f(x_1,x_2,x_3,x_4)=x_1x_3-x_2x_4$;

(3) $f(x_1,x_2,x_3,x_4)=x_1^2+x_2^2+x_3^2+x_4^2-2x_1x_2+4x_1x_3-4x_2x_3-6x_2x_4$.

2. 求下列二次型的秩:

(1) $f(x_1,x_2,x_3)=x_1^2+2x_2^2+x_3^2-2x_1x_2-2x_1x_3+2x_2x_3$;

(2) $f(x_1,x_2,x_3,x_4)=2x_1x_2-2x_3x_4$.

3. 已知线性变换

$$\begin{cases} x_1=2y_1+2y_2+y_3, \\ x_2=3y_1+y_2+5y_3, \\ x_3=3y_1+2y_2+3y_3. \end{cases}$$

求从变量 x_1,x_2,x_3 到变量 y_1,y_2,y_3 的线性变换.

4. 已知两个线性变换

$$\begin{cases} x_1=y_1+y_3, \\ x_2=3y_1-y_2+5y_3, \\ x_3=y_1+2y_2-4y_3 \end{cases} \quad \text{和} \quad \begin{cases} y_1=-2z_1+3z_2, \\ y_2=3z_1-z_3, \\ y_3=-z_2+z_3. \end{cases}$$

求从 z_1,z_2,z_3 到 x_1,x_2,x_3 的线性变换.

5. 求一个正交变换,把下列二次型化为标准形：

(1) $f(x_1,x_2,x_3,x_4)=2x_1^2+5x_2^2+5x_3^2+2x_1x_2-2x_1x_3+4x_2x_3$；

(2) $f(x_1,x_2,x_3)=2x_1^2+x_2^2-4x_1x_2-4x_2x_3$.

6. 设二次型 $f(x_1,x_2,x_3)=2x_1^2+3x_2^2+3x_3^2+2ax_2x_3$,其中 $a>0$,通过正交变换 $\boldsymbol{x}=\boldsymbol{P}\boldsymbol{y}$ 将其化为标准形 $y_1^2+2y_2^2+5y_3^2$,求参数 a 及所用的正交变换.

7. 用配方法把下列二次型化为标准形,并求出所用的线性变换矩阵：

(1) $f(x_1,x_2,x_3)=x_1^2+2x_1x_2+2x_2x_3$；

(2) $f(x_1,x_2,x_3,x_4)=x_1x_3-x_2x_4$.

8. 判别下列二次型的正定性：

(1) $f(x_1,x_2,x_3)=x_1^2+3x_2^2+20x_3^2-2x_1x_2-2x_1x_3-10x_2x_3$；

(2) $f(x_1,x_2,x_3)=-3x_1^2-4x_2^2-5x_3^2-4x_1x_2+4x_1x_3$；

(3) $f(x_1,x_2,x_3,x_4)=x_1^2+2x_2^2+3x_3^2+4x_4^2-2x_1x_2+4x_2x_3-8x_3x_4$.

9. 确定参数 t,使二次型 $f(x_1,x_2,x_3)=5x_1^2+x_2^2+tx_3^2+4x_1x_2-2x_1x_3-2x_2x_3$ 为正定二次型.

10. 若 $\boldsymbol{A}$ 为正定矩阵,证明 $\boldsymbol{A}$ 可逆.

11. 设 $\boldsymbol{M}$ 可逆,$\boldsymbol{A}$ 为正定矩阵,试证 $\boldsymbol{M}^{\mathrm{T}}\boldsymbol{A}\boldsymbol{M}$ 是正定矩阵.

12. 证明 $\boldsymbol{A}$ 为正定矩阵的充分必要条件是存在可逆矩阵 $\boldsymbol{U}$,使 $\boldsymbol{A}=\boldsymbol{U}^{\mathrm{T}}\boldsymbol{U}$.

第 6 章　线性空间与线性变换

本章将介绍两个内容，线性空间与线性变换，它们是线性代数中两个最基本，也是最重要的概念. 线性空间是第 2 章中向量空间概念的推广，而线性变换则是定义在线性空间上的一种特殊映射.

6.1　线性空间

在第 2 章中，我们把 n 元有序数组称为 n 维向量，并对 n 维向量引入了加法及数乘两种运算，这两种运算满足八条基本的运算规律，称为 n 维向量空间. 事实上，我们不难发现，还有许多集合，比如 n 阶方阵的全体关于矩阵的加法及数乘两种运算，仍满足类似的八条运算规律. 这里虽然研究的对象不同，定义的运算不同，但它们有一个共同点，就是在非空集合与实数域 $\mathbf{R}$ 上定义了两种运算，且这两种运算满足八条性质. 将此抽象可给出线性空间的概念.

6.1.1　线性空间的概念

定义 6.1.1　设 V 是一个非空集合，$\mathbf{R}$ 为实数域. 如果对于 V 中任意两个元素 $\boldsymbol{\alpha},\boldsymbol{\beta}$，在 V 中总有唯一的元素 $\boldsymbol{\gamma}$ 与它们对应，称为 $\boldsymbol{\alpha}$ 与 $\boldsymbol{\beta}$ 之和，记作 $\boldsymbol{\gamma}=\boldsymbol{\alpha}+\boldsymbol{\beta}$. 对 $\mathbf{R}$ 中任一数 λ 与 V 中任一元素 $\boldsymbol{\alpha}$，在 V 中总有唯一的元素 $\boldsymbol{\delta}$ 与它们对应，称为 λ 与 $\boldsymbol{\alpha}$ 的乘积，记作 $\boldsymbol{\delta}=\lambda\boldsymbol{\alpha}$. 如果加法与数乘两种运算满足下面八条运算规律（设 $\boldsymbol{\alpha},\boldsymbol{\beta},\boldsymbol{\gamma}\in V,\lambda,\mu\in\mathbf{R}$）：

(1) $\boldsymbol{\alpha}+\boldsymbol{\beta}=\boldsymbol{\beta}+\boldsymbol{\alpha}$；

(2) $(\boldsymbol{\alpha}+\boldsymbol{\beta})+\boldsymbol{\gamma}=\boldsymbol{\alpha}+(\boldsymbol{\beta}+\boldsymbol{\gamma})$；

(3) 在 V 中存在元素 $\mathbf{0}$，使对任何 $\boldsymbol{\alpha}\in V$，都有 $\boldsymbol{\alpha}+\mathbf{0}=\boldsymbol{\alpha}$，称 $\mathbf{0}$ 为零元素；

(4) 对任何 $\boldsymbol{\alpha}\in V$，都有元素 $\boldsymbol{\beta}\in V$，使 $\boldsymbol{\alpha}+\boldsymbol{\beta}=\mathbf{0}$，称 $\boldsymbol{\beta}$ 为 $\boldsymbol{\alpha}$ 的负元素，记为 $-\boldsymbol{\alpha}$；

(5) $1\cdot\boldsymbol{\alpha}=\boldsymbol{\alpha}$；

(6) $\lambda(\mu\boldsymbol{\alpha})=(\lambda\mu)\boldsymbol{\alpha}$；

(7) $(\lambda+\mu)\boldsymbol{\alpha}=\lambda\boldsymbol{\alpha}+\mu\boldsymbol{\alpha}$；

(8) $\lambda(\boldsymbol{\alpha}+\boldsymbol{\beta})=\lambda\boldsymbol{\alpha}+\lambda\boldsymbol{\beta}$，

则称 V 为（实数域 $\mathbf{R}$ 上的）线性空间. V 中的元素有时也称为向量.

简言之，定义了加法、数乘运算，且满足上述八条运算规律的非空集合称为线性空间. 通常，凡满足上述八条规律的加法及数乘运算，称为线性运算. 线性空间就是定义了线性运算的非空集合.

下面看一些例子.

例 6.1.1 实数域 $\mathbf{R}$ 按照实数间的加法与乘法,构成一个自身上的线性空间,仍记为 $\mathbf{R}$.

例 6.1.2 在实数域上,次数不超过 n 的多项式的全体

$$P[x]_n = \{a_n x^n + a_{n-1}x^{n-1} + \cdots + a_1 x + a_0 \mid a_n, a_{n-1}, \cdots, a_0 \in \mathbf{R}\},$$

对于通常的多项式加法,多项式与数的乘法构成线性空间.

注 在同一集合上,可以定义不同的线性运算,从而得到不同的线性空间.

例 6.1.3 在实数域上,二元有序数组的全体,按照通常向量的加法和数与向量的乘法,即定义

$$(a_1, a_2) + (b_1, b_2) = (a_1 + b_1, a_2 + b_2),$$

$$\lambda(a_1, a_2) = (\lambda a_1, \lambda a_2)$$

构成一个线性空间.若加法与数乘运算按照下列方式定义:

$$(a_1, a_2) \oplus (b_1, b_2) = (a_1 + b_1, a_2 + b_2 + a_1 b_1),$$

$$\lambda \circ (a_1, a_2) = \left(\lambda a_1, \lambda a_2 + \frac{1}{2}\lambda(\lambda - 1)a_1^2\right).$$

不难验证,此时它仍构成一个线性空间.显然它们具有相同的元素,但却是两个截然不同的线性空间.

例 6.1.4 在实数域上,$m \times n$ 矩阵全体 $\mathbf{R}^{m\times n}$,按照通常矩阵的加法,数与矩阵的乘法构成一个线性空间.

例 6.1.5 在实数域上,次数等于 n 的多项式全体,在多项式加法,多项式与数的乘法运算下,由于运算不封闭,从而不构成线性空间.

6.1.2 线性空间的性质

性质 1 线性空间中零元素是唯一的.

证明 设 $\mathbf{0}_1, \mathbf{0}_2$ 是线性空间 V 中的两个零元素,即对于任何 $\boldsymbol{\alpha} \in V$,有

$$\boldsymbol{\alpha} + \mathbf{0}_1 = \boldsymbol{\alpha}, \quad \boldsymbol{\alpha} + \mathbf{0}_2 = \boldsymbol{\alpha}.$$

因此有

$$\mathbf{0}_2 + \mathbf{0}_1 = \mathbf{0}_2, \quad \mathbf{0}_1 + \mathbf{0}_2 = \mathbf{0}_1.$$

从而根据定义 6.1.1 的(1),得

$$\mathbf{0}_1 = \mathbf{0}_1 + \mathbf{0}_2 = \mathbf{0}_2 + \mathbf{0}_1 = \mathbf{0}_2.$$

故线性空间 V 中零元素是唯一的.

性质 2 线性空间中任一元素的负元素是唯一的.

证明 设 V 为线性空间,$\boldsymbol{\alpha} \in V$,$\boldsymbol{\beta}$ 与 $\boldsymbol{\gamma}$ 都是 $\boldsymbol{\alpha}$ 的负元素,则

$$\boldsymbol{\alpha} + \boldsymbol{\beta} = \mathbf{0}, \quad \boldsymbol{\alpha} + \boldsymbol{\gamma} = \mathbf{0}.$$

于是

$$\boldsymbol{\beta}=\boldsymbol{\beta}+\mathbf{0}=\boldsymbol{\beta}+(\boldsymbol{\alpha}+\boldsymbol{\gamma})=(\boldsymbol{\alpha}+\boldsymbol{\beta})+\boldsymbol{\gamma},$$

唯一性证毕.

性质 3 $0\boldsymbol{\alpha}=\mathbf{0},(-1)\boldsymbol{\alpha}=-\boldsymbol{\alpha},\lambda\mathbf{0}=\mathbf{0}$.

证明 因为 $\boldsymbol{\alpha}+0\boldsymbol{\alpha}=1\boldsymbol{\alpha}+0\boldsymbol{\alpha}=(1+0)\boldsymbol{\alpha}=1\boldsymbol{\alpha}=\boldsymbol{\alpha}$,根据负元素的唯一性知 $0\boldsymbol{\alpha}=\mathbf{0}$;又因为

$$\boldsymbol{\alpha}+(-1)\boldsymbol{\alpha}=1\boldsymbol{\alpha}+(-1)\boldsymbol{\alpha}=[1+(-1)]\boldsymbol{\alpha}=0\boldsymbol{\alpha}=\mathbf{0},$$

所以$(-1)\boldsymbol{\alpha}=-\boldsymbol{\alpha}$;

$$\lambda\mathbf{0}=\lambda[\boldsymbol{\alpha}+(-1)\boldsymbol{\alpha}]=\lambda\boldsymbol{\alpha}+(-\lambda)\boldsymbol{\alpha}=[\lambda+(-\lambda)]\boldsymbol{\alpha}=0\boldsymbol{\alpha}=\mathbf{0}.$$

性质 4 如果 $\lambda\boldsymbol{\alpha}=\mathbf{0}$,则 $\lambda=0$ 或 $\boldsymbol{\alpha}=\mathbf{0}$.

证明 如果 $\lambda=0$,则结论真. 如果 $\lambda\neq0$,则在 $\lambda\boldsymbol{\alpha}=\mathbf{0}$ 两边乘$\frac{1}{\lambda}$,可得

$$\boldsymbol{\alpha}=\left(\frac{1}{\lambda}\lambda\right)\boldsymbol{\alpha}=\frac{1}{\lambda}(\lambda\boldsymbol{\alpha})=\frac{1}{\lambda}\mathbf{0}=\mathbf{0}.$$

定义 6.1.2 设 W 是线性空间 V 的一个非空子集合,如果 W 对于 V 中所定义的加法和数乘两种运算也构成一个线性空间,则称 W 是 V 的子空间.

根据上述定义,要验证线性空间 V 的非空子集合 W 是 V 的子空间,需验证 W 对于 V 中运算封闭且满足运算规律(3)、(4)即可. 因为运算规律(1)、(2)、(5)、(6)、(7)、(8)显然是成立的,而由线性空间的性质可知,只要 W 对于 V 中运算封闭,运算规律(3)、(4)也就自然满足,故有下面定理.

定理 6.1.1 线性空间 V 的非空子集 W 构成 V 的子空间的充分必要条件是:W 对于 V 中的线性运算封闭.

根据上述定理,设 V 是线性空间,$\mathbf{0}$ 为 V 的零元素,那么 $W=\{\mathbf{0}\}$就是 V 的一个子空间. 当然 V 也是 V 的子空间.

例 6.1.6 设 $\boldsymbol{\alpha}_1,\boldsymbol{\alpha}_2,\cdots,\boldsymbol{\alpha}_s$ 是线性空间 V 中一组向量,不难看出这组向量所有可能的线性组合所成集合

$$\{k_1\boldsymbol{\alpha}_1+k_2\boldsymbol{\alpha}_2+\cdots+k\boldsymbol{\alpha}_s \mid k_i\in\mathbf{R}(i=1,2,\cdots,s)\}$$

是非空的,而且对线性运算封闭,从而构成 V 的一个子空间,称为由 $\boldsymbol{\alpha}_1,\boldsymbol{\alpha}_2,\cdots,\boldsymbol{\alpha}_s$ 生成的子空间,记为 $L(\boldsymbol{\alpha}_1,\boldsymbol{\alpha}_2,\cdots,\boldsymbol{\alpha}_s)$.

在实数域上,次数等于 n 的多项式全体,在多项式加法,多项式与数的乘法运算下,由于运算不封闭,从而不构成线性空间.

6.1.3 线性空间的基与维数

在第 2 章中,我们对于 n 维向量空间 $\mathbf{R}^n$ 中的向量组,介绍了一系列重要概念,如线性组合、线性相关与线性无关等. 这些概念以及有关的性质只涉及线性运算,

因此不难将这些概念和性质完全平行地搬到线性空间上来.以后我们将直接引用这些概念和性质.

n 维向量空间 $\mathbf{R}^n$ 及其子空间的基与维数的概念,同样也可以推广到一般的线性空间中.

定义 6.1.3 设 V 为线性空间,如果 V 中存在 r 个元素 $\boldsymbol{\alpha}_1,\boldsymbol{\alpha}_2,\cdots,\boldsymbol{\alpha}_r$ 满足

(1) $\boldsymbol{\alpha}_1,\boldsymbol{\alpha}_2,\cdots,\boldsymbol{\alpha}_r$ 线性无关;

(2) V 中任一元素 $\boldsymbol{\alpha}$ 总可由 $\boldsymbol{\alpha}_1,\boldsymbol{\alpha}_2,\cdots,\boldsymbol{\alpha}_r$ 线性表示,

那么 $\boldsymbol{\alpha}_1,\boldsymbol{\alpha}_2,\cdots,\boldsymbol{\alpha}_r$ 就称为线性空间 V 的一个基,r 称为线性空间 V 的维数.维数为 r 的线性空间称为 r 维线性空间,记为 V_r.

例 6.1.7 证明线性空间 $P[x]_n$ 是 $n+1$ 维的,并求 $P[x]_n$ 的一个基.

证明 因为 $1,x,x^2,\cdots,x^n$ 是 $P[x]_n$ 中的 $n+1$ 个向量(多项式),而

$$k_0\cdot 1+k_1x+k_2x^2+\cdots+k_nx^n=0,$$

只有当 $k_0=k_1=k_2=\cdots=k_n=0$ 时才成立.故

$$\alpha_0=1,\alpha_1=x,\alpha_2=x^2,\cdots,\alpha_n=x^n$$

是 $P[x]_n$ 中的 $n+1$ 个线性无关向量.

对于任意一个次数不超过 n 的多项式 $f(x)\in P[x]_n$,记

$$f(x)=a_0+a_1x+\cdots+a_nx^n,$$

或

$$f(x)=a_0\alpha_0+a_1\alpha_1+\cdots+a_n\alpha_n.$$

即 $f(x)$ 可由 $\alpha_0,\alpha_1,\cdots,\alpha_n$ 线性表示.

因此,线性空间 $P[x]_n$ 是 $n+1$ 维的,并且 $1,x,x^2,\cdots,x^n$ 是 $P[x]_n$ 的一个基.

一般地,r 维线性空间 V_r 的基不唯一.例如

$$1,(x-1),(x-1)^2,\cdots,(x-1)^n$$

也是 $P[x]_n$ 的一个基.

设 V_r 为 r 维线性空间,$\boldsymbol{\alpha}_1,\boldsymbol{\alpha}_2,\cdots,\boldsymbol{\alpha}_r$ 为 V_r 的一个基,对于任意 $\boldsymbol{\alpha}\in V$,由有关性质可知,$\boldsymbol{\alpha}$ 可由 $\boldsymbol{\alpha}_1,\boldsymbol{\alpha}_2,\cdots,\boldsymbol{\alpha}_r$ 唯一线性表示,即

$$\boldsymbol{\alpha}=x_1\boldsymbol{\alpha}_1+x_2\boldsymbol{\alpha}_2+\cdots+x_r\boldsymbol{\alpha}_r,\quad x_1,x_2,\cdots,x_r\in\mathbf{R},$$

称有序数组 $x_1,x_2,\cdots,x_r$ 为 $\boldsymbol{\alpha}$ 在基 $\boldsymbol{\alpha}_1,\boldsymbol{\alpha}_2,\cdots,\boldsymbol{\alpha}_r$ 下的坐标,记为 $(x_1,x_2,\cdots,x_r)^{\mathrm{T}}$.

例 6.1.8 求线性空间 $\mathbf{R}^{2\times 2}$ 的维数和一个基,并求 $\mathbf{R}^{2\times 2}$ 中任一元素在该基下的坐标.

解 在线性空间 $\mathbf{R}^{2\times 2}$ 中,

$$\boldsymbol{E}_{11}=\begin{pmatrix}1&0\\0&0\end{pmatrix},\quad \boldsymbol{E}_{12}=\begin{pmatrix}0&1\\0&0\end{pmatrix},\quad \boldsymbol{E}_{21}=\begin{pmatrix}0&0\\1&0\end{pmatrix},\quad \boldsymbol{E}_{22}=\begin{pmatrix}0&0\\0&1\end{pmatrix}$$

是 4 个线性无关的向量，并且 $\mathbf{R}^{2\times 2}$ 中任一元素 $\mathbf{A}=\begin{pmatrix} a & b \\ c & d \end{pmatrix}$ 都可以由它们线性表示

$$\mathbf{A} = a\boldsymbol{E}_{11} + b\boldsymbol{E}_{12} + c\boldsymbol{E}_{21} + d\boldsymbol{E}_{22},$$

故 $\mathbf{R}^{2\times 2}$ 是 4 维线性空间，$\boldsymbol{E}_{11}, \boldsymbol{E}_{12}, \boldsymbol{E}_{21}, \boldsymbol{E}_{22}$ 为线性空间 $\mathbf{R}^{2\times 2}$ 的一个基，元素 $\mathbf{A}$ 在该基下的坐标为 $(a,b,c,d)^{\mathrm{T}}$.

6.1.4　基变换与坐标变换

线性空间中一个元素在给定的一个基下的坐标是唯一确定的. 但同一元素在不同的基下的坐标一般是不同的. 那么它们之间有怎样的关系呢？下面来讨论这个问题.

定义 6.1.4　设 (A)：$\boldsymbol{\alpha}_1, \boldsymbol{\alpha}_2, \cdots, \boldsymbol{\alpha}_n$ 及 (B)：$\boldsymbol{\beta}_1, \boldsymbol{\beta}_2, \cdots, \boldsymbol{\beta}_n$ 是 n 维线性空间 V_n 的两个基，且

$$\begin{cases} \boldsymbol{\beta}_1 = p_{11}\boldsymbol{\alpha}_1 + p_{21}\boldsymbol{\alpha}_2 + \cdots + p_{n1}\boldsymbol{\alpha}_n, \\ \boldsymbol{\beta}_2 = p_{12}\boldsymbol{\alpha}_1 + p_{22}\boldsymbol{\alpha}_2 + \cdots + p_{n2}\boldsymbol{\alpha}_n, \\ \qquad \cdots\cdots \\ \boldsymbol{\beta}_n = p_{1n}\boldsymbol{\alpha}_1 + p_{2n}\boldsymbol{\alpha}_2 + \cdots + p_{nn}\boldsymbol{\alpha}_n. \end{cases} \tag{6.1.1}$$

则称(6.1.1)为基变换公式. 称

$$\boldsymbol{P} = \begin{pmatrix} p_{11} & p_{12} & \cdots & p_{1n} \\ p_{21} & p_{22} & \cdots & p_{2n} \\ \vdots & \vdots & & \vdots \\ p_{n1} & p_{n2} & \cdots & p_{nn} \end{pmatrix}$$

为由基 (A) 到基 (B) 的过渡矩阵. 此时(6.1.1)式也可改写为

$$(\boldsymbol{\beta}_1, \boldsymbol{\beta}_2, \cdots, \boldsymbol{\beta}_n) = (\boldsymbol{\alpha}_1, \boldsymbol{\alpha}_2, \cdots, \boldsymbol{\alpha}_n)\boldsymbol{P}, \tag{6.1.2}$$

称为基变换公式的矩阵形式.

由基变换公式(6.1.1)可以看出，过渡矩阵 $\boldsymbol{P}$ 的第 j 列元素实际是基 (B) 中第 j 个向量 $\boldsymbol{\beta}_j$ 在基 (A) 下的坐标. 可以证明过渡矩阵 $\boldsymbol{P}$ 是可逆的.

定理 6.1.2　设 V_n 为 n 维线性空间，元素 $\boldsymbol{\alpha}$ 在基 (A)：$\boldsymbol{\alpha}_1, \boldsymbol{\alpha}_2, \cdots, \boldsymbol{\alpha}_n$ 及 (B)：$\boldsymbol{\beta}_1, \boldsymbol{\beta}_2, \cdots, \boldsymbol{\beta}_n$ 下的坐标分别为 $(x_1, x_2, \cdots, x_n)^{\mathrm{T}}$ 和 $(y_1, y_2, \cdots, y_n)^{\mathrm{T}}$. 若这两个基满足基变换公式(6.1.2)，则有坐标变换公式

$$\begin{pmatrix} x_1 \\ x_2 \\ \vdots \\ x_n \end{pmatrix} = \boldsymbol{P}\begin{pmatrix} y_1 \\ y_2 \\ \vdots \\ y_n \end{pmatrix} \quad \text{或} \quad \begin{pmatrix} y_1 \\ y_2 \\ \vdots \\ y_n \end{pmatrix} = \boldsymbol{P}^{-1}\begin{pmatrix} x_1 \\ x_2 \\ \vdots \\ x_n \end{pmatrix}. \tag{6.1.3}$$

证明 因为

$$(\boldsymbol{\alpha}_1,\boldsymbol{\alpha}_2,\cdots,\boldsymbol{\alpha}_n)\begin{pmatrix}x_1\\x_2\\\vdots\\x_n\end{pmatrix}=\boldsymbol{\alpha}=(\boldsymbol{\beta}_1,\boldsymbol{\beta}_2,\cdots,\boldsymbol{\beta}_n)\begin{pmatrix}y_1\\y_2\\\vdots\\y_n\end{pmatrix}=(\boldsymbol{\alpha}_1,\boldsymbol{\alpha}_2,\cdots,\boldsymbol{\alpha}_n)\boldsymbol{P}\begin{pmatrix}y_1\\y_2\\\vdots\\y_n\end{pmatrix}.$$

又因为 $\boldsymbol{\alpha}_1,\boldsymbol{\alpha}_2,\cdots,\boldsymbol{\alpha}_n$ 线性无关,故(6.1.3)式成立.

例 6.1.9 对于 n 维线性空间 $\mathbf{R}^n$,求由基

$$(A)\quad \boldsymbol{\varepsilon}_1=\begin{pmatrix}1\\0\\\vdots\\0\end{pmatrix},\boldsymbol{\varepsilon}_2=\begin{pmatrix}0\\1\\\vdots\\0\end{pmatrix},\cdots,\boldsymbol{\varepsilon}_n=\begin{pmatrix}0\\0\\\vdots\\1\end{pmatrix}$$

到基

$$(B)\quad \boldsymbol{e}_1=\begin{pmatrix}1\\1\\\vdots\\1\end{pmatrix},\boldsymbol{e}_2=\begin{pmatrix}0\\1\\\vdots\\1\end{pmatrix},\cdots,\boldsymbol{e}_n=\begin{pmatrix}0\\0\\\vdots\\1\end{pmatrix}$$

的过渡矩阵,并写出相应的坐标变换公式.

解 因为

$$(\boldsymbol{e}_1,\boldsymbol{e}_2,\cdots,\boldsymbol{e}_n)=(\boldsymbol{\varepsilon}_1,\boldsymbol{\varepsilon}_2,\cdots,\boldsymbol{\varepsilon}_n)\begin{pmatrix}1&0&\cdots&0\\1&1&\cdots&0\\\vdots&\vdots&&\vdots\\1&1&\cdots&1\end{pmatrix},$$

所以,从基(A)到基(B)的过渡矩阵为

$$\boldsymbol{P}=\begin{pmatrix}1&0&\cdots&0\\1&1&\cdots&0\\\vdots&\vdots&&\vdots\\1&1&\cdots&1\end{pmatrix}.$$

设向量 $\boldsymbol{\alpha}\in\mathbf{R}^n$ 在两个基(A)、(B)下的坐标分别为$(x_1,x_2,\cdots,x_n)^{\mathrm{T}}$、$(y_1,y_2,\cdots,y_n)^{\mathrm{T}}$,则有坐标变换公式

$$\begin{pmatrix}x_1\\x_2\\\vdots\\x_n\end{pmatrix}=\boldsymbol{P}\begin{pmatrix}y_1\\y_2\\\vdots\\y_n\end{pmatrix}.$$

习　题　6.1

1. 验证下列集合对于所给的运算构成实数域上的线性空间：

(1) $V_m=\{\boldsymbol{\alpha}\in\mathbf{R}^n \mid \boldsymbol{\alpha}=(a_1,a_2,\cdots,a_m,0,\cdots,0)^{\mathrm{T}},m<n\}$ 按照向量的加法和数乘；

(2) V_1 是 $\mathbf{R}^{n\times n}$ 中全体对称矩阵组成的集合，对于矩阵的加法与数乘；

(3) V_2 是 $\mathbf{R}^{n\times n}$ 中全体反对称阵组成的集合，对于矩阵的加法与数乘.

2. 验证下列集合对于所给的运算，不构成线性空间：

(1) V 是 $\mathbf{R}^{n\times n}$ 中全体可逆矩阵组成的集合，按照矩阵的加法与数乘；

(2) W 是全体 n 次实系数多项式组成的集合，按照多项式的加法与数乘.

3. 验证：与向量 $(0,0,1)^{\mathrm{T}}$ 不平行的全体 3 维向量组成的集合 V，对于向量的加法和乘数运算不构成线性空间.

4. 求 $f(x)=a_0+a_1x+a_2x^2+\cdots+a_nx^n$ 在 $P[x]_n$ 的基 $1,(x-1),(x-1)^2,\cdots,(x-1)^n$ 下的坐标.

5. 证明 $\boldsymbol{e}_1=(1,1,1,1)^{\mathrm{T}},\boldsymbol{e}_2=(1,1,-1,-1)^{\mathrm{T}},\boldsymbol{e}_3=(1,-1,1,-1)^{\mathrm{T}},\boldsymbol{e}_4=(1,-1,-1,1)^{\mathrm{T}}$ 构成 $\mathbf{R}^4$ 的一个基。并求 $\boldsymbol{\alpha}=(1,2,1,1)^{\mathrm{T}}$ 在该基下的坐标.

6. 设 U 是 n 维线性空间 V 的一个子空间，试证：若 U 与 V 的维数相等，则 $U=V$.

7. 设 V_r 是 n 维线性空间 V_n 的一个子空间，$\boldsymbol{\alpha}_1,\cdots,\boldsymbol{\alpha}_r$ 是 V_r 的一个基，试证：V_n 中存在元素 $\boldsymbol{\alpha}_{r+1},\cdots,\boldsymbol{\alpha}_n$，使 $\boldsymbol{\alpha}_1,\cdots,\boldsymbol{\alpha}_r,\boldsymbol{\alpha}_{r+1},\cdots,\boldsymbol{\alpha}_n$ 成为 V_n 的一个基.

8. 证明下面两组向量均是线性空间 $\mathbf{R}^3$ 的基：

(A)：$\boldsymbol{\alpha}_1=(1,2,1)^{\mathrm{T}},\boldsymbol{\alpha}_2=(2,3,3)^{\mathrm{T}},\boldsymbol{\alpha}_3=(3,7,1)^{\mathrm{T}}$；

(B)：$\boldsymbol{\beta}_1=(3,1,4)^{\mathrm{T}},\boldsymbol{\beta}_2=(5,2,1)^{\mathrm{T}},\boldsymbol{\beta}_3=(1,1,-6)^{\mathrm{T}}$.

并求出向量 $\boldsymbol{\alpha}\in\mathbf{R}^3$ 在这两个基下的坐标关系.

9. 在线性空间 $\mathbf{R}^4$ 中，求基(A)：$\boldsymbol{\alpha}_1,\boldsymbol{\alpha}_2,\boldsymbol{\alpha}_3,\boldsymbol{\alpha}_4$ 到基(B)：$\boldsymbol{\beta}_1,\boldsymbol{\beta}_2,\boldsymbol{\beta}_3,\boldsymbol{\beta}_4$ 的过渡矩阵，其中

(A)：$\boldsymbol{\alpha}_1=(1,1,1,1)^{\mathrm{T}},\boldsymbol{\alpha}_2=(1,1,-1,-1)^{\mathrm{T}},\boldsymbol{\alpha}_3=(1,-1,1,-1)^{\mathrm{T}},\boldsymbol{\alpha}_4=(1,-1,-1,1)^{\mathrm{T}}$；

(B)：$\boldsymbol{\beta}_1=(1,1,0,1)^{\mathrm{T}},\boldsymbol{\beta}_2=(2,1,3,1)^{\mathrm{T}},\boldsymbol{\beta}_3=(1,1,0,0)^{\mathrm{T}},\boldsymbol{\beta}_4=(0,1,-1,-1)^{\mathrm{T}}$.

并求 $\boldsymbol{\alpha}=(1,0,0,-1)^{\mathrm{T}}$ 在基(B)下的坐标.

10. 在 $\mathbf{R}^4$ 中取两个基

(A)：$\boldsymbol{\varepsilon}_1=(1,0,0,0)^{\mathrm{T}},\boldsymbol{\varepsilon}_2=(0,1,0,0)^{\mathrm{T}},\boldsymbol{\varepsilon}_3=(0,0,1,0)^{\mathrm{T}},\boldsymbol{\varepsilon}_4=(0,0,0,1)^{\mathrm{T}}$；

(B)：$\boldsymbol{\alpha}_1=(2,1,-1,1)^{\mathrm{T}},\boldsymbol{\alpha}_2=(0,3,1,0)^{\mathrm{T}},\boldsymbol{\alpha}_3=(5,3,2,1)^{\mathrm{T}},\boldsymbol{\alpha}_4=(6,6,1,3)^{\mathrm{T}}$.

(1) 求(A)到(B)的过渡矩阵；

(2) 求向量 $\boldsymbol{\alpha}=(x_1,x_2,x_3,x_4)^{\mathrm{T}}$ 在基(B)下的坐标；

(3) 求在两个基下有相同坐标的向量.

11. 设 $\boldsymbol{\alpha}_1,\boldsymbol{\alpha}_2,\cdots,\boldsymbol{\alpha}_n$ 是 n 维线性空间 V_n 的一个基，且

$$(\boldsymbol{\beta}_1,\boldsymbol{\beta}_2,\cdots,\boldsymbol{\beta}_n)=(\boldsymbol{\alpha}_1,\boldsymbol{\alpha}_2,\cdots,\boldsymbol{\alpha}_n)\boldsymbol{A},$$

则 $\boldsymbol{\beta}_1,\boldsymbol{\beta}_2,\cdots,\boldsymbol{\beta}_n$ 是 V_n 的一个基的充要条件是 $\boldsymbol{A}$ 可逆. 此时，$\boldsymbol{A}$ 恰好是由基 $\boldsymbol{\alpha}_1,\boldsymbol{\alpha}_2,\cdots,\boldsymbol{\alpha}_n$ 到基 $\boldsymbol{\beta}_1,\boldsymbol{\beta}_2,\cdots,\boldsymbol{\beta}_n$ 的过渡矩阵.

6.2 线性变换

在线性空间中,元素之间的各种各样的联系反映为线性空间上的映射,也叫变换.本节讨论的变换则是最基本、最常用的一种变换,称为线性变换.

6.2.1 线性变换的定义

定义 6.2.1 设 V_n 为实数域上的 n 维线性空间,T 是一个从 V_n 到 V_n 的变换,如果满足

(1) 对于任意给定的 $\boldsymbol{\alpha}_1,\boldsymbol{\alpha}_2\in V_n$(从而 $\boldsymbol{\alpha}_1+\boldsymbol{\alpha}_2\in V_n$),有

$$T(\boldsymbol{\alpha}_1+\boldsymbol{\alpha}_2)=T(\boldsymbol{\alpha}_1)+T(\boldsymbol{\alpha}_2);$$

(2) 对于任意给定的 $\boldsymbol{\alpha}\in V_n,\lambda\in\mathbf{R}$(从而 $\lambda\boldsymbol{\alpha}\in V_n$),有

$$T(\lambda\boldsymbol{\alpha})=\lambda T(\boldsymbol{\alpha}),$$

则称 T 为从线性空间 V_n 到其自身的线性变换,简称为 V_n 中的线性变换.

事实上,线性变换就是保持线性运算的变换.

例 6.2.1 试证在线性空间 $P[x]_n$ 中,微商运算:$Df(x)=f'(x)$是一个线性变换.

证明 因为任取 $f(x)\in P[x]_n$ 时,都有

$$Df(x)=f'(x)\in P[x]_n.$$

从而 D 是从 $P[x]_n$ 到自身的变换.

任取 $f(x),g(x)\in P[x]_n,\lambda\in\mathbf{R}$ 时,都有

$$\begin{aligned}D(f(x)+g(x))&=[f(x)+g(x)]'=f'(x)+g'(x)\\&=Df(x)+Dg(x).\end{aligned}$$

$$D(\lambda f(x))=(\lambda f(x))'=\lambda f'(x)=\lambda Df(x).$$

由定义 6.2.1 知,微商运算 D 是 $P[x]_n$ 中的一个线性变换.

例 6.2.2 试证在线性空间

$$\begin{aligned}L&=L(\sin x,\cos x,x\sin x,x\cos x)\\&=\{k_1\sin x+k_2\cos x+k_3x\sin x+k_4x\cos x\mid k_i\in\mathbf{R},i=1,2,3,4\}\end{aligned}$$

中积分运算 J,即

$$J(f(x))=\int_{-x}^{x}f(x)\mathrm{d}x,\quad f(x)\in L,$$

是一个线性变换.

证明 因为对于 $f(x)\in L$,有

$$J(f(x))=\int_{-x}^{x}f(x)\mathrm{d}x$$

$$= \int_{-x}^{x} (k_1 \sin x + k_2 \cos x + k_3 x \sin x + k_4 x \cos x) \mathrm{d}x$$
$$= (2k_2 + 2k_3) \sin x - 2k_3 x \cos x \in L.$$

因此 J 是 L 中的变换.再由积分的基本性质知,J 是 L 中的线性变换.

6.2.2 线性变换的性质

设 V_n 是 n 维线性空间,T 是 V_n 中的线性变换,则线性变换 T 具有下列基本性质:

性质 1 $T(\mathbf{0})=\mathbf{0}, T(-\boldsymbol{\alpha})=-T(\boldsymbol{\alpha})$.

性质 2 若 $\boldsymbol{\beta}=k_1\boldsymbol{\alpha}_1+k_2\boldsymbol{\alpha}_2+\cdots+k_m\boldsymbol{\alpha}_m$,则

$$T(\boldsymbol{\beta}) = k_1 T(\boldsymbol{\alpha}_1) + k_2 T(\boldsymbol{\alpha}_2) + \cdots + k_m T(\boldsymbol{\alpha}_m).$$

性质 3 若 $\boldsymbol{\alpha}_1, \boldsymbol{\alpha}_2, \cdots, \boldsymbol{\alpha}_m$ 线性相关,则 $T(\boldsymbol{\alpha}_1), T(\boldsymbol{\alpha}_2), \cdots, T(\boldsymbol{\alpha}_m)$ 也线性相关.

性质 4 线性变换 T 的像集 $T(V_n)$ 是 V_n 的一个线性子空间,称为线性变换的像空间.

证明 设 $\boldsymbol{\beta}_1, \boldsymbol{\beta}_2 \in T(V_n)$,则有 $\boldsymbol{\alpha}_1, \boldsymbol{\alpha}_2 \in V_n$,使

$$T(\boldsymbol{\alpha}_1) = \boldsymbol{\beta}_1, \quad T(\boldsymbol{\alpha}_2) = \boldsymbol{\beta}_2,$$

从而

$$\boldsymbol{\beta}_1 + \boldsymbol{\beta}_2 = T(\boldsymbol{\alpha}_1) + T(\boldsymbol{\alpha}_2) = T(\boldsymbol{\alpha}_1 + \boldsymbol{\alpha}_2) \in T(V_n),$$
$$\lambda \boldsymbol{\beta}_1 = \lambda T(\boldsymbol{\alpha}_1) = T(\lambda \boldsymbol{\alpha}_1) \in T(V_n).$$

又 $T(V_n) \subset V_n$,由上证明可知 $T(V_n)$ 对 V_n 中的线性运算封闭.故 $T(V_n)$ 是 V_n 的一个线性子空间.

性质 5 在线性变换 T 下,零向量的全体原像,记为

$$S_T = \{\boldsymbol{\alpha} \mid \boldsymbol{\alpha} \in V_n, T(\boldsymbol{\alpha}) = \mathbf{0}\},$$

则 S_T 也是 V_n 的子空间,称为线性变换 T 的核空间.

证明 显然 $S_T \subset V_n$.若 $\boldsymbol{\alpha}_1, \boldsymbol{\alpha}_2 \in S_T$,即 $T(\boldsymbol{\alpha}_1)=\mathbf{0}, T(\boldsymbol{\alpha}_2)=\mathbf{0}$,则

$$T(\boldsymbol{\alpha}_1 + \boldsymbol{\alpha}_2) = T(\boldsymbol{\alpha}_1) + T(\boldsymbol{\alpha}_2) = \mathbf{0},$$

所以 $\boldsymbol{\alpha}_1 + \boldsymbol{\alpha}_2 \in S_T$.若 $\boldsymbol{\alpha}_1 \in S_T, \lambda \in \mathbf{R}$,则

$$T(\lambda \boldsymbol{\alpha}_1) = \lambda T(\boldsymbol{\alpha}_1) = \lambda \mathbf{0} = \mathbf{0},$$

所以 $\lambda \boldsymbol{\alpha}_1 \in S_T$.

以上表明 S_T 对 V_n 的线性运算封闭,故 S_T 是 V_n 的子空间.

例 6.2.3 设 n 阶方阵 $\mathbf{A}=(a_{ij})_{n\times n}$,定义 n 维线性空间 $\mathbf{R}^n$ 中的变换 T 为

$$y = T(\boldsymbol{x}) = \mathbf{A}\boldsymbol{x}, \quad \boldsymbol{x} \in \mathbf{R}^n.$$

试证 T 为 $\mathbf{R}^n$ 中的线性变换,并求 T 的核.

证明 因为对于任意的 $\boldsymbol{\alpha}_1, \boldsymbol{\alpha}_2 \in \mathbf{R}^n, \lambda \in \mathbf{R}$,有

$$T(\boldsymbol{\alpha}_1 + \boldsymbol{\alpha}_2) = \mathbf{A}(\boldsymbol{\alpha}_1 + \boldsymbol{\alpha}_2) = \mathbf{A}\boldsymbol{\alpha}_1 + \mathbf{A}\boldsymbol{\alpha}_2 = T(\boldsymbol{\alpha}_1) + T(\boldsymbol{\alpha}_2),$$

$$T(\lambda\boldsymbol{\alpha}_1)=\mathbf{A}(\lambda\boldsymbol{\alpha}_1)=\lambda(\mathbf{A}\boldsymbol{\alpha}_1)=\lambda T(\boldsymbol{\alpha}_1).$$

所以 T 是线性变换.

由线性变换 T 的定义知,T 的核空间 $S_T=\{\boldsymbol{x}\mid\mathbf{A}\boldsymbol{x}=\mathbf{0}\}$ 就是齐次线性方程组 $\mathbf{A}\boldsymbol{x}=\mathbf{0}$ 的解空间.

6.2.3 线性变换的矩阵

由例 6.2.3 可知,给定 n 阶方阵 $\mathbf{A}$ 可定义 $\mathbf{R}^n$ 中的一个线性变换,那么在一般的线性空间 V 上一个线性变换与矩阵有什么关系呢?下面讨论这个问题.

设 V_n 为实数域上的 n 维线性空间,$\boldsymbol{\alpha}_1,\boldsymbol{\alpha}_2,\cdots,\boldsymbol{\alpha}_n$ 为 V_n 的一个基,T 为 V_n 中的线性变换.设 $\boldsymbol{\alpha}$ 为 V_n 中任一向量,它在基 $\boldsymbol{\alpha}_1,\boldsymbol{\alpha}_2,\cdots,\boldsymbol{\alpha}_n$ 下的坐标为 $(x_1,x_2,\cdots,x_n)^{\mathrm{T}}$,即

$$\boldsymbol{\alpha}=x_1\boldsymbol{\alpha}_1+x_2\boldsymbol{\alpha}_2+\cdots+x_r\boldsymbol{\alpha}_r,$$

那么,$\boldsymbol{\alpha}$ 在线性变换 T 下的像

$$T(\boldsymbol{\alpha})=x_1T(\boldsymbol{\alpha}_1)+x_2T(\boldsymbol{\alpha}_2)+\cdots+x_rT(\boldsymbol{\alpha}_r).$$

上式表明,如果知道了线性变换 T 在基 $\boldsymbol{\alpha}_1,\boldsymbol{\alpha}_2,\cdots,\boldsymbol{\alpha}_n$ 下的像,就可确定 V_n 中任一向量 $\boldsymbol{\alpha}$ 在线性变换 T 下的像.换句话说,一个线性变换完全由它在一个基上的作用所确定.

定义 6.2.2 设 T 是 n 维线性空间 V_n 中的线性变换,$\boldsymbol{\alpha}_1,\boldsymbol{\alpha}_2,\cdots,\boldsymbol{\alpha}_n$ 为 V_n 的一个基,如果这个基在线性变换 T 下的像可表示为

$$\begin{cases}T(\boldsymbol{\alpha}_1)=a_{11}\boldsymbol{\alpha}_1+a_{21}\boldsymbol{\alpha}_2+\cdots+a_{n1}\boldsymbol{\alpha}_n,\\T(\boldsymbol{\alpha}_2)=a_{12}\boldsymbol{\alpha}_1+a_{22}\boldsymbol{\alpha}_2+\cdots+a_{n2}\boldsymbol{\alpha}_n,\\\qquad\cdots\cdots\\T(\boldsymbol{\alpha}_n)=a_{1n}\boldsymbol{\alpha}_1+a_{2n}\boldsymbol{\alpha}_2+\cdots+a_{nn}\boldsymbol{\alpha}_n,\end{cases}\tag{6.2.1}$$

则称 n 阶方阵

$$\mathbf{A}=\begin{pmatrix}a_{11}&a_{12}&\cdots&a_{1n}\\a_{21}&a_{22}&\cdots&a_{2n}\\\vdots&\vdots&&\vdots\\a_{n1}&a_{n2}&\cdots&a_{nn}\end{pmatrix}$$

为线性变换 T 在基 $\boldsymbol{\alpha}_1,\boldsymbol{\alpha}_2,\cdots\boldsymbol{\alpha}_n$ 下的矩阵.

若记 $T(\boldsymbol{\alpha}_1,\boldsymbol{\alpha}_2,\cdots\boldsymbol{\alpha}_n)=(T(\boldsymbol{\alpha}_1),\cdots,T(\boldsymbol{\alpha}_n))$,则(6.2.1)式可表示为

$$T(\boldsymbol{\alpha}_1,\boldsymbol{\alpha}_2,\cdots\boldsymbol{\alpha}_n)=(\boldsymbol{\alpha}_1,\boldsymbol{\alpha}_2,\cdots,\boldsymbol{\alpha}_n)\mathbf{A}.\tag{6.2.2}$$

由定义可以看出矩阵 A 由基的像 $T(\boldsymbol{\alpha}_1),T(\boldsymbol{\alpha}_2),\cdots,T(\boldsymbol{\alpha}_n)$ 唯一确定.

综上讨论可知,在线性空间 V_n 中取定一个基以后,V_n 上的一个线性变换 T 就完全被一个矩阵所确定.也就是说由线性变换 T 可唯一地确定一个矩阵 $\mathbf{A}$,反

之由一个矩阵 $\mathbf{A}$ 可唯一地确定一个线性变换. 从而在线性变换与矩阵之间就建立了一一对应的关系.

例 6.2.4　在线性空间 $P[x]_n$ 中,取基

$$\alpha_0 = 1, \alpha_1 = x, \alpha_2 = x^2, \cdots, \alpha_n = x^n,$$

求微分运算 D 的矩阵.

解　因为

$$D\alpha_0 = 0\alpha_0 + 0\alpha_1 + 0\alpha_2 + \cdots + 0\alpha_{n-1} + 0\alpha_n,$$
$$D\alpha_1 = \alpha_0 + 0\alpha_1 + 0\alpha_2 + \cdots + 0\alpha_{n-1} + 0\alpha_n,$$
$$D\alpha_2 = 0\alpha_0 + 2\alpha_1 + 0\alpha_2 + \cdots + 0\alpha_{n-1} + 0\alpha_n,$$
$$\cdots\cdots$$
$$D\alpha_n = 0\alpha_0 + 0\alpha_1 + 0\alpha_2 + \cdots + n\alpha_{n-1} + 0\alpha_n,$$

所以,线性变换 D 在这个基下的矩阵为

$$\mathbf{A} = \begin{pmatrix} 0 & 1 & 0 & \cdots & 0 \\ 0 & 0 & 2 & \cdots & 0 \\ \vdots & \vdots & \vdots & & \vdots \\ 0 & 0 & 0 & \cdots & n \\ 0 & 0 & 0 & \cdots & 0 \end{pmatrix}.$$

例 6.2.5　在 $\mathbf{R}^3$ 中,T 表示将向量投影到 xOz 面的线性变换,即

$$T(x\boldsymbol{i} + y\boldsymbol{j} + z\boldsymbol{k}) = x\boldsymbol{i} + z\boldsymbol{k},$$

(1) 取基为 $\boldsymbol{i},\boldsymbol{j},\boldsymbol{k}$,求线性变换 T 在基 $\boldsymbol{i},\boldsymbol{j},\boldsymbol{k}$ 下的矩阵 $\mathbf{A}$;

(2) 取基为 $\boldsymbol{\alpha}=\boldsymbol{i},\boldsymbol{\beta}=\boldsymbol{k},\boldsymbol{\gamma}=\boldsymbol{i}+\boldsymbol{j}+\boldsymbol{k}$,求线性变换 T 在基 $\boldsymbol{\alpha},\boldsymbol{\beta},\boldsymbol{\gamma}$ 下的矩阵 $\mathbf{B}$.

解　(1) 因为

$$\begin{cases} T\boldsymbol{i} = \boldsymbol{i}, \\ T\boldsymbol{j} = \mathbf{0}, \\ T\boldsymbol{k} = \boldsymbol{k}, \end{cases}$$

即

$$T(\boldsymbol{i},\boldsymbol{j},\boldsymbol{k}) = (\boldsymbol{i},\boldsymbol{j},\boldsymbol{k})\begin{pmatrix} 1 & 0 & 0 \\ 0 & 0 & 0 \\ 0 & 0 & 1 \end{pmatrix},$$

所以 T 在基 $\boldsymbol{i},\boldsymbol{j},\boldsymbol{k}$ 下的矩阵 $\mathbf{A}=\begin{pmatrix} 1 & 0 & 0 \\ 0 & 0 & 0 \\ 0 & 0 & 1 \end{pmatrix}$.

(2) 因为

$$\begin{cases} T\boldsymbol{\alpha} = \boldsymbol{i} = \boldsymbol{\alpha}, \\ T\boldsymbol{\beta} = \boldsymbol{k} = \boldsymbol{\beta}, \\ T\boldsymbol{\gamma} = \boldsymbol{i}+\boldsymbol{k} = \boldsymbol{\alpha}+\boldsymbol{\beta}, \end{cases}$$

即

$$T(\boldsymbol{\alpha},\boldsymbol{\beta},\boldsymbol{\gamma})=(\boldsymbol{\alpha},\boldsymbol{\beta},\boldsymbol{\gamma})\begin{pmatrix}1&0&1\\0&1&1\\0&0&0\end{pmatrix},$$

所以 T 在基 $\boldsymbol{\alpha},\boldsymbol{\beta},\boldsymbol{\gamma}$ 下的矩阵 $\boldsymbol{B}=\begin{pmatrix}1&0&1\\0&1&1\\0&0&0\end{pmatrix}$.

由上例可见,同一个线性变换在不同基下的矩阵是不同,但它们有如下关系.

定理 6.2.1 设在 n 维线性空间 V_n 中取定两个基

$$\boldsymbol{\alpha}_1,\boldsymbol{\alpha}_2,\cdots,\boldsymbol{\alpha}_n;$$
$$\boldsymbol{\beta}_1,\boldsymbol{\beta}_2,\cdots,\boldsymbol{\beta}_n,$$

由基 $\boldsymbol{\alpha}_1,\boldsymbol{\alpha}_2,\cdots,\boldsymbol{\alpha}_n$ 到基 $\boldsymbol{\beta}_1,\boldsymbol{\beta}_2,\cdots,\boldsymbol{\beta}_n$ 的过渡矩阵为 $\boldsymbol{P}$,V_n 中的线性变换 T 在这两个基下的矩阵依次为 $\boldsymbol{A}$ 和 $\boldsymbol{B}$,那么 $\boldsymbol{B}=\boldsymbol{P}^{-1}\boldsymbol{AP}$.

证明 根据假设,有

$$(\boldsymbol{\beta}_1,\cdots,\boldsymbol{\beta}_n)=(\boldsymbol{\alpha}_1,\cdots,\boldsymbol{\alpha}_n)\boldsymbol{P},$$

其中 $\boldsymbol{P}$ 可逆;由

$$T(\boldsymbol{\alpha}_1,\cdots,\boldsymbol{\alpha}_n)=(\boldsymbol{\alpha}_1,\cdots,\boldsymbol{\alpha}_n)\boldsymbol{A},$$
$$T(\boldsymbol{\beta}_1,\cdots,\boldsymbol{\beta}_n)=(\boldsymbol{\beta}_1,\cdots,\boldsymbol{\beta}_n)\boldsymbol{B},$$

于是

$$\begin{aligned}(\boldsymbol{\beta}_1,\cdots,\boldsymbol{\beta}_n)\boldsymbol{B}&=T(\boldsymbol{\beta}_1,\cdots,\boldsymbol{\beta}_n)=T[(\boldsymbol{\alpha}_1,\cdots,\boldsymbol{\alpha}_n)\boldsymbol{P}]\\&=[T(\boldsymbol{\alpha}_1,\cdots,\boldsymbol{\alpha}_n)]\boldsymbol{P}=(\boldsymbol{\alpha}_1,\cdots,\boldsymbol{\alpha}_n)\boldsymbol{AP}\\&=(\boldsymbol{\beta}_1,\cdots,\boldsymbol{\beta}_n)\boldsymbol{P}^{-1}\boldsymbol{AP},\end{aligned}$$

因为 $\boldsymbol{\beta}_1,\cdots,\boldsymbol{\beta}_n$ 线性无关,所以 $\boldsymbol{B}=\boldsymbol{P}^{-1}\boldsymbol{AP}$.

这定理表明 $\boldsymbol{B}$ 与 $\boldsymbol{A}$ 相似,且两个基之间的过渡矩阵 $\boldsymbol{P}$ 就是相似变换矩阵.

例 6.2.6 设 V_2 中的线性变换 T 在基 $\boldsymbol{\alpha}_1,\boldsymbol{\alpha}_2$ 下的矩阵为

$$\boldsymbol{A}=\begin{pmatrix}2&1\\-1&0\end{pmatrix}.$$

求 T 在基 $\boldsymbol{\beta}_1,\boldsymbol{\beta}_2$ 下的矩阵,这里

$$(\boldsymbol{\beta}_1,\boldsymbol{\beta}_2)=(\boldsymbol{\alpha}_1,\boldsymbol{\alpha}_2)\begin{pmatrix}1&-1\\-1&2\end{pmatrix}.$$

解 由定理 6.2.1,T 在 $\boldsymbol{\beta}_1,\boldsymbol{\beta}_2$ 下的矩阵为

$$\begin{aligned}\boldsymbol{B}&=\begin{pmatrix}1&-1\\-1&2\end{pmatrix}^{-1}\begin{pmatrix}2&1\\-1&0\end{pmatrix}\begin{pmatrix}1&-1\\-1&2\end{pmatrix}\\&=\begin{pmatrix}2&1\\1&1\end{pmatrix}\begin{pmatrix}2&1\\-1&0\end{pmatrix}\begin{pmatrix}1&-1\\-1&2\end{pmatrix}\end{aligned}$$

$$=\begin{pmatrix}3 & 2\\ 1 & 1\end{pmatrix}\begin{pmatrix}1 & -1\\ -1 & 2\end{pmatrix}=\begin{pmatrix}1 & 1\\ 0 & 1\end{pmatrix}.$$

习　题　6.2

1. 设 V 是 n 阶实对称矩阵的全体构成的线性空间，给定 n 阶方阵 $\boldsymbol{P}$，令合同变换

$$T(\boldsymbol{A})=\boldsymbol{P}^{\mathrm{T}}\boldsymbol{A}\boldsymbol{P},\quad \boldsymbol{A}\in V,$$

试证合同变换 T 是 V 中的线性变换.

2. 设 $\boldsymbol{\alpha}_1,\boldsymbol{\alpha}_2,\cdots,\boldsymbol{\alpha}_s$ 是线性空间 V 中的一组向量，T 是 V 上的一个线性变换，证明：

$$T(L(\boldsymbol{\alpha}_1,\boldsymbol{\alpha}_2,\cdots,\boldsymbol{\alpha}_s))=L(T(\boldsymbol{\alpha}_1),T(\boldsymbol{\alpha}_2),\cdots,T(\boldsymbol{\alpha}_s)).$$

3. 在 $\mathbf{R}^3$ 中定义线性变换

$$T(x_1,x_2,x_3)^{\mathrm{T}}=(2x_1-x_2,x_2+x_3,x_1)^{\mathrm{T}},$$

求线性变换 T 在 $\mathbf{R}^3$ 的基 $\boldsymbol{\alpha}_1=(1,0,0)^{\mathrm{T}},\boldsymbol{\alpha}_2=(0,1,0)^{\mathrm{T}},\boldsymbol{\alpha}_3=(0,0,1)^{\mathrm{T}}$ 下的矩阵.

4. 给定 $\mathbf{R}^3$ 中的两个基

(A)：$\boldsymbol{\alpha}_1=(1,0,1)^{\mathrm{T}},\boldsymbol{\alpha}_2=(2,1,0)^{\mathrm{T}},\boldsymbol{\alpha}_3=(1,1,1)^{\mathrm{T}}$；

(B)：$\boldsymbol{\beta}_1=(1,2,-1)^{\mathrm{T}},\boldsymbol{\beta}_2=(2,2,-1)^{\mathrm{T}},\boldsymbol{\beta}_3=(2,-1,-1)^{\mathrm{T}}$.

设 T 是 $\mathbf{R}^3$ 中的线性变换，且 $T(\boldsymbol{\alpha}_j)=\boldsymbol{\beta}_j,j=1,2,3$.

(1) 写出从基(A)到基(B)的过渡矩阵；

(2) 写出线性变换 T 在基(A)下的矩阵；

(3) 写出线性变换 T 在基(B)下的矩阵.

部分习题参考答案

第　一　章

习　题　1.1

1. $x_1=2,x_2=3$.

2. $f(x)=2x^2-6x+4,x=1,2$.

3. (1) 5,奇排列;(2) 11,奇排列;

(3) $\frac{(n-1)(n-2)}{2}$,当 $n=4k+1,n=4k+2$ 时为偶排列,当 $n=4k+3,n=4k+4$ 时为奇排列.

4. $\frac{n(n-1)}{2}-k$,因为 k 是偶数,故有当 $n=4k,n=4k+1$ 时为偶排列,当 $n=4k+2,n=4k+3$ 时为奇排列.

5. (1,3)、(3,2)、(5,3)、(6,5).

6. $-a_{11}a_{23}a_{32}a_{44}, a_{11}a_{24}a_{32}a_{43}$.

习　题　1.2

1. (1) 0;(2) 0;(3) -4.5;(4) $4abcdef$.

2. (1) 2,59;(2) -4.

3. 12,-9.

习　题　1.3

1. $(-1)^{n-1}$.

2. $\left(\prod_{k=1}^{n+1}a_k-x\right)\left(1+x\sum_{k=1}^{n}\frac{1}{a_k-x}\right)$.

3. $n!\left(1-\sum_{k=2}^{n}\frac{1}{k}\right)$.

4. $\sum_{k=0}^{n}a^{n-k}b^k$;或当 $b=a$ 时为 $(n+1)a$,当 $b\neq a$ 时为 $\frac{a^{n+1}-b^{n+1}}{a-b}$.

5. 同 4 题.

6. $\prod_{k=1}^{n}a_k+\sum_{j=1}^{n}\left(\prod_{k=1}^{j-1}a_k\prod_{k=j+1}^{n}a_k\right)$.

7. $\left(\prod_{k=1}^{n+1} a_k\right)^n \prod_{1\leqslant i<j\leqslant n+1}\left(\frac{b_i}{a_i}-\frac{b_j}{a_j}\right)$.

8. $x_1=\frac{11}{10},x_2=\frac{37}{20},x_3=-\frac{9}{10},x_4=-\frac{39}{20}$.

9. $a^2-4a+4b-1=0$.

10. 4.

第　二　章

习　题　2.1

1. (14,15,−3,9,5).

2. (1,2,3,4).

3. $a=1,b=-1,c=-2$.

4. $\boldsymbol{\beta}=\frac{5}{4}\boldsymbol{\alpha}_1+\frac{1}{4}\boldsymbol{\alpha}_2-\frac{1}{4}\boldsymbol{\alpha}_3-\frac{1}{4}\boldsymbol{\alpha}_4$.

习　题　2.2

1. (1) 线性无关;(2) 线性相关;(3) 线性相关.

2. $a=-2,1$.

3. 已知向量组 $\boldsymbol{\alpha}_1,\boldsymbol{\alpha}_2,\cdots,\boldsymbol{\alpha}_m$ 线性无关,证明向量组 $\boldsymbol{\alpha}_1-\boldsymbol{\alpha}_m,\boldsymbol{\alpha}_2-\boldsymbol{\alpha}_m,\cdots,\boldsymbol{\alpha}_{m-1}-\boldsymbol{\alpha}_m$ 也线性无关.

6. (1) 错误;(2) 正确;(3) 错误;(4) 错误;(5) 正确;(6) 正确.

习　题　2.3

1. (1) 秩为 2,最大无关组为 $\boldsymbol{\alpha}_1,\boldsymbol{\alpha}_2$;(2) 秩为 3,最大无关组为 $\boldsymbol{\alpha}_1,\boldsymbol{\alpha}_2,\boldsymbol{\alpha}_3$.

习　题　2.4

1. (1) 是;(2) 是;(3) 不是;(4) 是.

3. $9a+3b-ab-17\neq 0$.

5. (2) $\dim V=r$,基可取为

$$\begin{aligned}\boldsymbol{\eta}_1&=(1,0,\cdots,0,0,\cdots,0),\\ \boldsymbol{\eta}_2&=(0,1,\cdots,0,0,\cdots,0),\\ &\cdots\cdots\\ \boldsymbol{\eta}_r&=(0,0,\cdots,1,0,\cdots,0).\end{aligned}$$

第　三　章

习　题　3.1

1. $\boldsymbol{A}-\boldsymbol{B}=\begin{pmatrix}3&-1&-2\\-3&6&-4\end{pmatrix},3\boldsymbol{A}+\boldsymbol{B}=\begin{pmatrix}1&1&-6\\-1&6&12\end{pmatrix}$.

2. (1) $\begin{pmatrix} 6 & -7 & 8 \\ 20 & -5 & -6 \end{pmatrix}$;(2) $\begin{pmatrix} 35 \\ 6 \\ 49 \end{pmatrix}$;(3) $\begin{pmatrix} 4 & 0 & 0 & 0 \\ 9 & -1 & 0 & 0 \\ 12 & -5 & -3 & 0 \\ 4 & 8 & 0 & 6 \end{pmatrix}$;(4) (0);

(5) $\begin{pmatrix} 3 & 0 & -9 \\ 2 & 0 & -6 \\ 2 & 0 & -6 \end{pmatrix}$;(6) $ax_1^2+cx_2^2+2bx_1x_2$.

3. 不成立.

4. (1) $\begin{pmatrix} 1 & 1 \\ 0 & 0 \end{pmatrix}$;(2) $\boldsymbol{O}$;(3) $\begin{pmatrix} \cos n\theta & -\sin n\theta \\ \sin n\theta & \cos n\theta \end{pmatrix}$;(4) $\boldsymbol{A}^n=\begin{cases} \boldsymbol{E}, & n \text{ 偶数}, \\ \boldsymbol{A}, & n \text{ 奇数}. \end{cases}$

5. (1) $\begin{pmatrix} 7 & 2 & 8 \\ 7 & -3 & 4 \\ -3 & 0 & -7 \end{pmatrix}$;(2) $\begin{pmatrix} 6 & 12 \\ 4 & 14 \end{pmatrix}$;(3) $\boldsymbol{O}$.

7. 140.

8. $\boldsymbol{A}^{\mathrm{T}}+\boldsymbol{B}^{\mathrm{T}}=\begin{pmatrix} 2 & 5 \\ 4 & -3 \\ 5 & 5 \end{pmatrix}$; $\boldsymbol{AB}^{\mathrm{T}}=\begin{pmatrix} 1 & 17 \\ 2 & 8 \end{pmatrix}$.

习　题　3.2

1. (1) $\begin{pmatrix} 2 & -1 \\ -3 & 2 \end{pmatrix}$;(2) $\begin{pmatrix} -1 & 9 & -4 \\ 0 & 2 & -1 \\ 2 & -5 & 7 \end{pmatrix}$;(3) $\begin{pmatrix} \frac{3}{8} & \frac{1}{4} & -\frac{1}{8} \\ -\frac{7}{16} & \frac{3}{8} & \frac{5}{16} \\ \frac{5}{16} & -\frac{1}{8} & \frac{1}{16} \end{pmatrix}$.

2. (1) $\begin{pmatrix} 1 \\ 3 \\ 2 \end{pmatrix}$;(2) $\begin{pmatrix} -3 & 3 & 1 \\ -2 & \frac{13}{3} & -\frac{2}{3} \end{pmatrix}$.

3. $\begin{pmatrix} 3 & -8 & -6 \\ 2 & -9 & -6 \\ -2 & 12 & 9 \end{pmatrix}$.

5. $-(\boldsymbol{A}+\boldsymbol{E})$.

习　题　3.3

1. $\boldsymbol{A}+\boldsymbol{B}=\left(\begin{array}{cc:cc} 5 & 2 & 3 & -3 \\ -1 & 2 & 0 & 6 \\ \cdots & \cdots & \cdots & \cdots \\ 0 & 0 & -1 & 3 \\ 0 & 0 & -2 & 4 \end{array}\right)$;$\boldsymbol{AB}=\left(\begin{array}{cc:cc} 4 & 2 & 6 & 1 \\ -1 & 1 & -1 & 10 \\ \cdots & \cdots & \cdots & \cdots \\ 0 & 0 & 0 & 5 \\ 0 & 0 & 8 & 1 \end{array}\right)$.

2. (1) $\begin{pmatrix} \frac{1}{6} & 0 & 0 \\ 0 & \frac{1}{2} & -\frac{1}{2} \\ 0 & -\frac{3}{2} & \frac{5}{2} \end{pmatrix}$;(2) $\begin{pmatrix} \frac{2}{5} & -\frac{1}{5} & 0 & 0 \\ -\frac{1}{5} & \frac{3}{5} & 0 & 0 \\ 0 & 0 & 3 & 2 \\ 0 & 0 & 2 & 1 \end{pmatrix}$.

3. $\begin{pmatrix} \boldsymbol{O} & \boldsymbol{B}^{-1} \\ \boldsymbol{A}^{-1} & \boldsymbol{O} \end{pmatrix}$.

4. 10^{16}.

习 题 3.4

1. (1) 3;(2) 2;(3) 4.

2. (1) 线性相关,最大无关组为 $\boldsymbol{\alpha}_1,\boldsymbol{\alpha}_2$;

(2) 线性相关,最大无关组为 $\boldsymbol{\alpha}_1,\boldsymbol{\alpha}_2$;

(3) 线性相关,最大无关组为 $\boldsymbol{\alpha}_1,\boldsymbol{\alpha}_2$.

3. 不正确.

4. $R(\boldsymbol{A})\geqslant R(\boldsymbol{B})$.

习 题 3.5

1. (1) 2;(2) 3.

2. (1) $\begin{pmatrix} 1 & 0 & 0 & 0 \\ 0 & 1 & 0 & 0 \\ 0 & 0 & 1 & 0 \\ 0 & 0 & 0 & 0 \end{pmatrix}$;(2) $\begin{pmatrix} 1 & 0 & 0 & 0 \\ 0 & 1 & 0 & 0 \\ 0 & 0 & 0 & 0 \end{pmatrix}$.

3. 向量组 $\boldsymbol{\alpha}_1,\boldsymbol{\alpha}_2,\boldsymbol{\alpha}_3,\boldsymbol{\alpha}_4$ 的秩是 3;该向量组是线性相关的;其一个极大线性无关组是 $\boldsymbol{\alpha}_1,\boldsymbol{\alpha}_2,\boldsymbol{\alpha}_3$;$\boldsymbol{\beta}=-\frac{2}{3}\boldsymbol{\alpha}_1-\frac{5}{3}\boldsymbol{\alpha}_2+\boldsymbol{\alpha}_3$.

4. (1) $\begin{pmatrix} 2 & 1 & -3 & 0 \\ -1 & 3 & 2 & 1 \\ 1 & -2 & 1 & 3 \end{pmatrix}$;(2) $\begin{pmatrix} 2 & 1 & 3 & 0 \\ 1 & -2 & -1 & 3 \\ -1 & 3 & -2 & 1 \end{pmatrix}$;(3) $\begin{pmatrix} 2 & 1 & -3 & 0 \\ 7 & 1 & -8 & 3 \\ 1 & -3 & 2 & 1 \end{pmatrix}$;

(4) $\begin{pmatrix} 5 & 1 & -3 & 0 \\ -5 & -2 & 1 & 3 \\ 8 & 3 & 2 & 1 \end{pmatrix}$.

6. (1) $\begin{pmatrix} 1 & 7 & -4 \\ 1 & 4 & -2 \\ -2 & -9 & 5 \end{pmatrix}$;(2) $\begin{pmatrix} 1 & 1 & -2 & -4 \\ 0 & 1 & 0 & -1 \\ -1 & -1 & 3 & 6 \\ 2 & 1 & -6 & -10 \end{pmatrix}$.

第　四　章

习　题　4.1

1. (1) 系数矩阵 $\boldsymbol{A}=\begin{pmatrix}1 & 2 & -1 & 2\\ 2 & 4 & 1 & 1\\ -1 & -2 & -1 & 1\end{pmatrix}$,常向量 $\boldsymbol{b}=\begin{pmatrix}1\\5\\-4\end{pmatrix}$,增广矩阵 $\overline{\boldsymbol{A}}=(\boldsymbol{A}\quad \boldsymbol{b})$;

(2) 矩阵形式是 $\boldsymbol{Ax}=\boldsymbol{b}$,向量形式是 $x_1\boldsymbol{\alpha}_1+x_2\boldsymbol{\alpha}_2+x_3\boldsymbol{\alpha}_3+x_4\boldsymbol{\alpha}_4=\boldsymbol{b}$,其中 $\boldsymbol{\alpha}_1=\begin{pmatrix}1\\2\\-1\end{pmatrix}$,$\boldsymbol{\alpha}_2=\begin{pmatrix}2\\4\\-2\end{pmatrix}$,$\boldsymbol{\alpha}_3=\begin{pmatrix}-1\\1\\-1\end{pmatrix}$,$\boldsymbol{\alpha}_4=\begin{pmatrix}2\\1\\1\end{pmatrix}$;

(3) 因为 $\boldsymbol{A\xi}=\boldsymbol{0}$,$\boldsymbol{A\eta}=\boldsymbol{b}$,所以 $\boldsymbol{A}(k\boldsymbol{\xi}+\boldsymbol{\eta})=k\boldsymbol{A\xi}+\boldsymbol{A\eta}=\boldsymbol{b}$,因此,对任意常数 k,$\boldsymbol{x}=k\boldsymbol{\xi}+\boldsymbol{\eta}$ 都是它的解向量.

2. $\boldsymbol{x}=(A_{11}\quad A_{12}\quad \cdots\quad A_{1n})^{\mathrm{T}}$,其中 A_{1j} 是行列式 $|\boldsymbol{A}|=|a_{ij}|$ 中元素 a_{1j} 的代数余子式,$j=1,2,\cdots,n$.

习　题　4.2

1. (1) 有非零解;(2) 没有非零解.

2. (1) $\boldsymbol{x}=k\begin{pmatrix}4\\-9\\4\\-3\end{pmatrix}$;(2) $\boldsymbol{x}=\boldsymbol{0}$;(3) $\boldsymbol{x}=k_1\begin{pmatrix}-1\\1\\1\\0\\0\end{pmatrix}+k_2\begin{pmatrix}7\\5\\0\\2\\6\end{pmatrix}$;

(4) $\boldsymbol{x}=k_1\begin{pmatrix}-2\\1\\0\\\vdots\\0\end{pmatrix}+k_2\begin{pmatrix}-3\\0\\1\\\vdots\\0\end{pmatrix}+\cdots+k_{99}\begin{pmatrix}-100\\0\\0\\\vdots\\1\end{pmatrix}$;(5) $\boldsymbol{x}=k\begin{pmatrix}1\\1\\\vdots\\1\end{pmatrix}$.

习　题　4.3

1. (1) 无解;(2) 有解;(3) 有解.

2. $\lambda=-2$ 或者 $\lambda=1$ 时有解.

3. (1) $\boldsymbol{x}=k_1\begin{pmatrix}1\\1\\1\\0\end{pmatrix}+k_2\begin{pmatrix}-1\\1\\0\\1\end{pmatrix}+\begin{pmatrix}-3\\-4\\0\\0\end{pmatrix}$;

(2) $\boldsymbol{x}=k_1\begin{pmatrix}3\\-5\\1\\0\end{pmatrix}+k_2\begin{pmatrix}-3\\5\\0\\1\end{pmatrix}+\begin{pmatrix}1\\2\\0\\0\end{pmatrix}$;

(3) $\boldsymbol{x}=\begin{pmatrix}2\\-1\\1\\-3\end{pmatrix}$.

4. $a=-2$ 时有解，通解为 $\boldsymbol{x}=k\begin{pmatrix}-3\\2\\1\\0\end{pmatrix}+\begin{pmatrix}-2\\5\\0\\-10\end{pmatrix}$.

5. $t\neq-2$ 时无解，$t=-2$ 时有解，通解为 $\boldsymbol{x}=k_1\begin{pmatrix}4\\-2\\1\\0\end{pmatrix}+k_2\begin{pmatrix}-1\\-2\\0\\1\end{pmatrix}+\begin{pmatrix}-1\\1\\0\\0\end{pmatrix}$.

6. (1) $\lambda\neq1$ 且 $\lambda\neq10$；(2) $\lambda=10$；(3) $\lambda=1$.

第 五 章

习 题 5.1

1. (1) 不是；(2) 不是；(3) 是.
2. 不存在.
3. (1) $\boldsymbol{e}_1=\begin{pmatrix}\frac{2}{3}\\-\frac{1}{3}\\-\frac{2}{3}\end{pmatrix}$，$\boldsymbol{e}_2=\begin{pmatrix}\frac{1}{3\sqrt{2}}\\\frac{4}{3\sqrt{2}}\\-\frac{1}{3\sqrt{2}}\end{pmatrix}$，$\boldsymbol{e}_3=\begin{pmatrix}\frac{1}{\sqrt{2}}\\0\\\frac{1}{\sqrt{2}}\end{pmatrix}$；

(2) $\boldsymbol{e}_1=\begin{pmatrix}\frac{1}{2}\\\frac{1}{2}\\\frac{1}{2}\\\frac{1}{2}\end{pmatrix}$，$\boldsymbol{e}_2=\begin{pmatrix}\frac{1}{2}\\-\frac{1}{2}\\\frac{1}{2}\\-\frac{1}{2}\end{pmatrix}$，$\boldsymbol{e}_3=\begin{pmatrix}\frac{1}{2}\\\frac{1}{2}\\-\frac{1}{2}\\-\frac{1}{2}\end{pmatrix}$，$\boldsymbol{e}_4=\begin{pmatrix}\frac{1}{2}\\-\frac{1}{2}\\-\frac{1}{2}\\\frac{1}{2}\end{pmatrix}$.

4. (1) 不是；(2) 不是；(3) 是；(4) 是.

习 题 5.2

1. (1) $\lambda_1=5,\lambda_2=2,\lambda_3=-1$; $\boldsymbol{p}_1=\begin{pmatrix}1\\2\\2\end{pmatrix},\boldsymbol{p}_2=\begin{pmatrix}2\\1\\-2\end{pmatrix},\boldsymbol{p}_3=\begin{pmatrix}2\\-2\\1\end{pmatrix}$.

(2) $\lambda_1=1,\lambda_2=\lambda_3=2$; $\boldsymbol{p}_1=\begin{pmatrix}0\\1\\1\end{pmatrix},\boldsymbol{p}_2=\begin{pmatrix}1\\1\\0\end{pmatrix}$.

(3) $\lambda_1=\lambda_2=\lambda_3=1$; $\boldsymbol{p}_1=\begin{pmatrix}-1\\1\\1\end{pmatrix}$.

习 题 5.3

1. (1) $\boldsymbol{P}=\begin{pmatrix}\sqrt{2} & -\sqrt{2}\\ 2 & 2\end{pmatrix},\boldsymbol{P}^{-1}\boldsymbol{AP}=\begin{pmatrix}\sqrt{2} & 0\\ 0 & -\sqrt{2}\end{pmatrix}$;

(2) 不能对角化.

3. $\begin{pmatrix}-\frac{1}{3} & 0 & \frac{2}{3}\\ 0 & \frac{1}{3} & \frac{2}{3}\\ \frac{2}{3} & \frac{2}{3} & 0\end{pmatrix}$.

6. (1) $\boldsymbol{P}=\begin{pmatrix}0 & 1 & 0\\ \frac{1}{\sqrt{2}} & 0 & \frac{1}{\sqrt{2}}\\ -\frac{1}{\sqrt{2}} & 0 & \frac{1}{\sqrt{2}}\end{pmatrix},\boldsymbol{P}^{-1}\boldsymbol{AP}=\begin{pmatrix}2 & & \\ & 4 & \\ & & 4\end{pmatrix}$;

(2) $\boldsymbol{P}=\frac{1}{3}\begin{pmatrix}1 & 2 & -2\\ 2 & 1 & 2\\ -2 & 2 & 1\end{pmatrix},\boldsymbol{P}^{-1}\boldsymbol{AP}=\begin{pmatrix}10 & & \\ & 1 & \\ & & 1\end{pmatrix}$.

8. $\boldsymbol{A}=\begin{pmatrix}4 & 1 & 1\\ 1 & 4 & 1\\ 1 & 1 & 4\end{pmatrix}$.

习 题 5.4

1. (1) $f=(x_1,x_2,x_3)\begin{pmatrix}1 & \frac{1}{2} & -\frac{3}{2}\\ \frac{1}{2} & 0 & 4\\ -\frac{3}{2} & 4 & -2\end{pmatrix}\begin{pmatrix}x_1\\x_2\\x_3\end{pmatrix}$;

(2) $f=(x_1,x_2,x_3,x_4)\begin{pmatrix} 0 & 0 & \frac{1}{2} & 0 \\ 0 & 0 & 0 & -\frac{1}{2} \\ \frac{1}{2} & 0 & 0 & 0 \\ 0 & -\frac{1}{2} & 0 & 0 \end{pmatrix}\begin{pmatrix} x_1 \\ x_2 \\ x_3 \\ x_4 \end{pmatrix}$;

(3) $f=(x_1,x_2,x_3,x_4)\begin{pmatrix} 1 & -1 & 2 & 0 \\ -1 & 1 & -2 & -3 \\ 2 & -2 & 1 & 0 \\ 0 & -3 & 0 & 1 \end{pmatrix}\begin{pmatrix} x_1 \\ x_2 \\ x_3 \\ x_4 \end{pmatrix}$.

2. (1) 2;(2) 4.

3. $\begin{cases} y_1=-7x_1-4x_2+9x_3, \\ y_2=6x_1+3x_2-7x_3, \\ y_3=3x_1+2x_2-4x_3. \end{cases}$

4. $\begin{cases} x_1=-2z_1+2z_2+z_3, \\ x_2=-9z_1+4z_2+6z_3, \\ x_3=4z_1+7z_2-6z_3. \end{cases}$

5. (1) $\begin{pmatrix} x_1 \\ x_2 \\ x_3 \end{pmatrix}=\begin{pmatrix} \frac{2}{\sqrt{6}} & \frac{1}{\sqrt{3}} & 0 \\ -\frac{1}{\sqrt{6}} & \frac{1}{\sqrt{3}} & \frac{1}{\sqrt{2}} \\ \frac{1}{\sqrt{6}} & -\frac{1}{\sqrt{3}} & \frac{1}{\sqrt{2}} \end{pmatrix}\begin{pmatrix} y_1 \\ y_2 \\ y_3 \end{pmatrix}$, $f=y_1^2+4y_2^2+7y_3^2$;

(2) $\begin{pmatrix} x_1 \\ x_2 \\ x_3 \end{pmatrix}=\begin{pmatrix} \frac{1}{3} & \frac{2}{3} & \frac{2}{3} \\ \frac{2}{3} & \frac{1}{3} & -\frac{2}{3} \\ \frac{2}{3} & -\frac{2}{3} & \frac{1}{3} \end{pmatrix}\begin{pmatrix} y_1 \\ y_2 \\ y_3 \end{pmatrix}$, $f=-2y_1^2+y_2^2+4y_3^2$.

6. $a=2$, $\boldsymbol{P}=\begin{pmatrix} 0 & 1 & 0 \\ \frac{1}{\sqrt{2}} & 0 & \frac{1}{\sqrt{2}} \\ -\frac{1}{\sqrt{2}} & 0 & \frac{1}{\sqrt{2}} \end{pmatrix}$.

7. (1) $f=y_1^2-y_2^2+y_3^2$, $\boldsymbol{C}=\begin{pmatrix} 1 & -1 & -1 \\ 0 & 1 & 1 \\ 0 & 0 & 1 \end{pmatrix}$;

(2) $f=y_1^2-y_2^2-y_3^2+y_4^2$, $\boldsymbol{C}=\begin{pmatrix} 1 & 0 & 1 & 0 \\ 0 & 1 & 0 & 1 \\ 1 & 0 & -1 & 0 \\ 0 & 1 & 0 & -1 \end{pmatrix}$.

8. (1) 正定;(2) 负定;(3) 既不是正定,也不是负定.

9. $t>2$.

第 六 章

习 题 6.1

4. $\left(f(1),\quad f'(1),\quad \frac{1}{2!}f''(1),\quad \cdots,\quad \frac{1}{n!}f^{(n)}(1)\right)$.

5. $\boldsymbol{\alpha}=\frac{5}{4}\boldsymbol{\varepsilon}_1+\frac{1}{4}\boldsymbol{\varepsilon}_2-\frac{1}{4}\boldsymbol{\varepsilon}_3-\frac{1}{4}\boldsymbol{\varepsilon}_4$.

8. $\begin{pmatrix}y_1\\y_2\\y_3\end{pmatrix}=\begin{pmatrix}13&9&\frac{181}{4}\\-9&-13&-\frac{63}{2}\\7&-10&\frac{99}{4}\end{pmatrix}\begin{pmatrix}x_1\\x_2\\x_3\end{pmatrix}$.

9. $\boldsymbol{A}=\frac{1}{4}\begin{pmatrix}3&7&2&-1\\1&-1&2&3\\-1&3&0&-1\\1&-1&0&-1\end{pmatrix}$, $\boldsymbol{\alpha}=-2\boldsymbol{\beta}_1-\frac{1}{2}\boldsymbol{\beta}_2+4\boldsymbol{\beta}_3-\frac{3}{2}\boldsymbol{\beta}_4$.

10. (1) $\boldsymbol{P}=\begin{pmatrix}2&0&5&6\\1&3&3&6\\-1&1&2&1\\1&0&1&3\end{pmatrix}$;

(2) $\begin{pmatrix}x_1'\\x_2'\\x_3'\\x_4'\end{pmatrix}=\frac{1}{27}\begin{pmatrix}12&9&-27&-33\\1&12&-9&-23\\9&0&0&-18\\-7&-3&9&26\end{pmatrix}\begin{pmatrix}x_1\\x_2\\x_3\\x_4\end{pmatrix}$;

(3) $k(1,\quad 1,\quad 1,\quad -1)$.

习 题 6.2

3. $\boldsymbol{A}=\begin{pmatrix}2&-1&0\\0&1&1\\1&0&0\end{pmatrix}$.

4. (1) $\boldsymbol{A}=\frac{1}{2}\begin{pmatrix}-4&-3&3\\2&3&3\\2&1&-5\end{pmatrix}$.

(2),(3) $\boldsymbol{T}$ 的矩阵为过渡矩阵 $\boldsymbol{A}$.